海岸带生态环境变化遥感监测

陈劲松　郭善昕　等　著

科 学 出 版 社

北 京

内 容 简 介

　　本书总结了作者及其团队最近十余年的研究工作，系统讲述了卫星遥感的海岸带监测及其在深圳海岸带监测的应用。其中，第 1 章介绍海岸带生态环境的特点；第 2～3 章讲述遥感技术在海岸带监测的环境要素和对于海岸带遥感监测技术的难点以及解决方法；第 4～7 章主要以深圳为例，通过具体的不同实例阐明如何利用遥感技术为海岸带监测服务，其中包括快速城市化进程中人类活动对深圳沿海生态环境的影响，深圳海域生态环境要素的遥感监测，海岸带区域生态环境时空变化特征与评价方法，以及深圳近岸海域赤潮灾害的时空分析。

　　本书是一本应用性较强的专业书，可供高校相关专业教师、学生以及该领域的研究人员参考。

图书在版编目（CIP）数据

海岸带生态环境变化遥感监测/陈劲松等著. —北京：科学出版社，2020.1
ISBN 978-7-03-062327-0

Ⅰ. ①海…　Ⅱ. ①陈…　Ⅲ. ①环境遥感–应用–海岸带–生态环境–环境监测–中国　Ⅳ. ①X321 ②X87

中国版本图书馆 CIP 数据核字(2019)第 205759 号

责任编辑：石　珺　朱　丽 / 责任校对：何艳萍
责任印制：吴兆东 / 封面设计：图阅盛世

科 学 出 版 社 出版
北京东黄城根北街 16 号
邮政编码：100717
http://www.sciencep.com

北京虎彩文化传播有限公司 印刷
科学出版社发行　各地新华书店经销
*
2020 年 1 月第 一 版　　开本：787×1092　1/16
2020 年 1 月第一次印刷　　印张：12 1/4
字数：290 000
定价：128.00 元
(如有印装质量问题，我社负责调换)

《海岸带生态环境变化遥感监测》
作者名单

陈劲松　郭善昕　王久娟　张彦南

段广拓　袁凯瑞　李文娟　周　凯

序

　　海岸带是地球系统中最有生机的部分之一，是陆地、海洋和大气之间各种过程相互作用最活跃的界面。我国拥有 18400 多千米的大陆海岸线和 300 多万平方千米的管辖海区，是中华民族持续发展的重要生存空间。一方面海岸带是我国利用程度最高的国土，是人口最密集、经济最发达的地区，这里集中分布了最好的渔场，又是海上交通的主要通道；另一方面，由于海岸带是陆地和大洋之间的过渡地带，所以其环境和生态系统分别受来自陆地和海洋（包括大气）的双重影响，因此它们对于大范围各种自然过程变化所引起的波动和人类活动的影响十分敏感，生态系统平衡十分脆弱。当前，我国海岸带在自然和人工作用下，变化剧烈，特别是深圳经济飞速地发展，海岸工程的建设，致使海岸冲击变迁，直接影响着国土资源开发与城市建设。由此，急需快速、及时、同步地获取海岸带生态环境及其演变信息，为海岸海洋的规划、开发和环境保护提供决策支持。

　　20 世纪 90 年代以来，国际卫星遥感技术的高速发展为海洋海岸带监测与信息服务提供了技术可能。目前卫星遥感为对地、对海观测提供了海岸带近海动态监测的数据源，但现存的理论、方法和技术缺乏对空间时序过程的处理分析能力。同时，海岸带诸多问题，需要集成多技术才能完成综合监测。为此需要完成对海量时空数据的综合集成、管理、自动处理和信息分发，从而及时、全面、实时、持续地提供生态环境信息。

　　该书针对目前海岸带环境遥感的研究现状，内容涵盖了海岸带环境遥感的各个主要方面，对于遥感技术在海岸带监测的环境要素和海岸带遥感监测技术的难点以及解决方法均有涉及，同时结合深圳丰富的海域浮标监测数据，建立了一种基于遥感数据、浮标实测数据与模糊质量评价的浮标水质评价方法的深圳海岸带区域水质评价体系。读者从中能学到复杂的海洋水色遥感的机理和反演模式，同时该书还介绍了利用大数据综合方法，对遥感数据进行插补和重构，从时间序列的角度深入挖掘深圳海域 30 年的赤潮发生规律，既立足基本原理与基本方法，又面向学科前沿和发展趋势，作者们将多年点滴辛勤汗水洒在海洋水色遥感机理、反演模型以及算法研究中，积累的丰富科研硕果汇于该书中。

　　我赞赏该书作者们在这一领域的不懈努力、不停追求和取得的较大进步，由衷祝贺他们在利用卫星监测海岸带生态环境这一领域所取得的丰富成果！我推荐该书出版，相信它的问世将会为我国海岸带生态环境监测带来新的视角与发展，并为我国海岸带监测发挥重要的促进作用！

2019 年 11 月

前　　言

海岸带是人类活动频繁而生态环境又十分敏感脆弱的连接海洋和陆地的特殊地理地带。近年来，卫星遥感已成为海岸带环境监测的重要技术之一。本书总结了作者及其团队最近十余年的研究工作，系统讲述了卫星遥感的海岸带监测及其在深圳海岸带监测的应用。其中，第 1 章介绍了海岸带生态环境的特点。第 2～3 章讲述了遥感技术在海岸带监测的环境要素和对于海岸带遥感监测技术的难点以及解决方法。第 4～7 章主要以深圳为例，通过具体不同实例阐明如何利用遥感技术为海岸带监测服务，其中包括快速城市化进程中人类活动对深圳沿海生态环境的影响，深圳海域生态环境要素的遥感监测，海岸带区域生态环境时空变化特征与评价方法，以及深圳近岸海域赤潮灾害的时空分析。同国内外已出版的同类书籍相比，本书主要聚焦在深圳海岸带的生态环境监测，范围较同类书籍更加具体，针对地方性的海岸带生态环境监测需求进行手段和方法上的丰富与完善，应用性与实用性较同类书籍更强。

本书详细地阐述遥感技术在海岸带监测的环境要素和对于海岸带遥感监测技术的难点以及解决方法，包含海岸带卫星遥感监测数据空间插补和尺度转换技术与海岸带卫星遥感监测数据时间要素插补技术。本书在结合了海域浮标监测数据的基础上，分析了海岸带区域初级生产力时空变化特征，建立了"基于遥感数据、浮标实测数据与模糊质量评价的浮标水质评价方法的深圳海岸带区域水质评价体系"和"深圳市复合生态环境安全的弹性-安全-风险的评价体系"。最后基于点（浮标在线数据）、线（现场监测数据）、面（遥感监测数据）多源监测数据，利用大数据综合方法，在对数据进行插补和重构的基础之上，从时间序列的角度对深圳海域 30 年的赤潮数据进行了挖掘，找寻赤潮的变化规律、发展趋势以及与气候的关联，为深圳近岸海域赤潮预警预报决策服务。

本书由陈劲松、郭善昕、王久娟、张彦南、段广拓、袁凯瑞、李文娟和周凯执笔，韩宇等对部分章节校订。在本书撰写过程中，深圳市海洋监测预报中心为研究工作提供了大量的海洋环境监测基础数据，并提供了多方面的支持和帮助。深圳市海洋环境信息大数据分析与应用工程实验室为本书提供了部分数据。陈凯、邓新萍、姜小砾、李洪忠、李晓丽、刘倩楠、孙鹭怡、王珬、肖红克、徐文娜、许燕燕、杨永健、郑潇柔、朱文东等在本书撰写过程中重点给予了支持和帮助。在此一并表示感谢。

由于时间仓促，书中有不当之处在所难免，敬请读者批评指正。

著　者

2019 年 7 月

目 录

第 1 章　海岸带的生态环境

　　海岸带是地球系统中最有生机的部分之一，是陆地、海洋和大气之间各种过程相互作用最活跃的界面，具有很高的自然能量和生物生产力。海岸带生物地球化学过程对于全球变化具有重大影响。约占地球面积 8% 的海岸带却向全球贡献出 1/4 的生物生产力，提供了 90% 以上的海洋水产资源和其他有价值的生物资源。目前，全世界 50% 以上的人口生活在距海大约 60km 的范围内，在食物和矿产资源的供应、社会生产和经济活动、废旧物资的处理、人类居住和娱乐场所开发等方面海岸带都是至关重要的。这里集中分布了世界上最好的渔场，又是海上交通的主要通道，因此海岸带已经成为人类生存和经济发展的重要场所。另外，因为海岸带是陆地和大洋之间的过渡地带，所以其环境和生态系统分别受来自陆地和海洋（包括大气）的双重影响，因此它们对于大范围各种自然过程变化所引起的波动和人类活动的影响十分敏感，其生态系统平衡十分脆弱。各种自然过程的长周期变化及突发事件的发生，对于海岸带生态系统平衡增加了新的压力，这里不仅遭受各种灾害性天气、海平面变化等因素的威胁，而且受到人类活动带来的许多灾难性影响。

　　我国是一个海洋大国，拥有漫长的海岸线和丰富的海岸带资源。海岸带经济在中国经济总量中占有十分重要的地位。中国的大陆岸线约长 18400km，岛屿岸线长 14247km，海岸线总长度超过 32600km，横跨 22 个纬度带。如果按向陆延伸 10km 和向海伸展至 10km 等深线计算，海岸带面积约占全国总面积的 13%。全国 40% 的人口和 60% 的国内生产总值（GDP）集中在这一地区。中国海岸带背靠急剧隆升的中国西部大陆，面临全球最大的边缘海群，具有十分特殊的地质构造背景。

1.1　海岸带的定义与划分

1.1.1　海岸带的定义

　　关于海岸带，尚无统一的定义。比较笼统的说法是，海岸带指陆地与海洋的交接、过渡地带，广义的概念则指直接入海的流域地区和外至大陆架的整个水域，但实际通常是指海岸线向海、陆两侧扩展一定距离的带状区域（房成义，1996）。徐质斌和牛增福（2003）认为，海岸带是海洋与陆地的交替过渡地带。它包括三个部分：一是沿着海岸线的陆地；二是潮水出没的滩地；三是陆地向海面以下延伸的部分。海岸带的上界是划在海浪作用可达到的地方，下界是定在海水深度相当于当地经常作用的波浪长度（L）的 1/3 或 1/2 的地方，即 $H=1/3 \sim 1/2L$ 处。赵怡本（2009）认为，海岸带是一个辐射的概念，又是一个扩散的概念，即靠得最近的是一个最基本的单元，遥远的应扩展到省、市、自治区甚至周边国家；另外，海岸线的主要根据地是海港，岸外的根据地是海岛，海岛以外能扩展到领海，领海以外是经济管辖区，再外是开放大洋。《地理学词典》对海岸带定义："海岸带是海洋和陆地相互作用的地带……海岸带由三个基本单元组成：海岸——平均高潮线以上的沿岸陆地部分；潮间带——介于平均高潮线与平均低潮线之间；水下岸坡——平均低潮线以下的浅水部分。海岸带的水下和水上部分地形演变是在一个统一的过程中进行，在成因上有着密切的联系。其范围、形态、位置可随着外力因素和内力因素的变化而变化。"陈宝红等（2001）认为，海岸带的管理边界国家宜定一个大致的标准并规定海岸带的法律定义。在国家的海岸带法规中，宜对海岸带定义做出比较全面的原则性的规定。而在沿海省、自治区、直辖市等则需依据自然条件和管理工作的实际需要，明确具体的管理范围。

联合国 2001 年 6 月在《千年生态系统评估报告》中将海岸带定义为"海洋与陆地的界面，向海洋延伸至大陆架的中间，在大陆方向包括所有受海洋因素影响的区域；具体边界为位于平均海深 50m 与潮流线以上 50m 之间的区域，或者自海岸向大陆延伸 100km 范围内的低地，包括珊瑚礁、高潮线与低潮线之间的区域、河口、滨海水产作业区，以及水草群落"。

《海岸带综合地质勘查规范》（GB-T-10202-1988）中对海岸带调查工作的范围界定为海岸线向陆延伸 10km，向海延伸 15km 等深线；在《海岸带地形图测绘规范》（CH/T 7001-1999）中定义为海水运动对于海岸作用的最上界限（约为海岸线以上 5km）至海水运动对于海底冲淤变化影响的最下界限（约为水深 20m），但至今尚未对海岸带进行明确定义，一般情况下，各个省、市政府会根据实际情况进行规定，将其定义为"海洋与陆地交汇地带，包括海岸线向陆域侧延伸至临海乡镇、街道行政区划范围内的滨海陆地和向海域侧延伸至领海基线的近岸海域"。海岸带地区是中国经济最发达、人口最密集，同时也是资源环境矛盾最突出的区域。中国亟须实施海岸带综合管理，海岸带的概念与范围是实施海岸带综合管理的前提条件。

1.1.2 海岸带划分

海岸带是海陆交互作用、自然环境很不稳定的特殊的国土区域，它有自己的特点：①地理类型多，包括滩涂、浅海、河口、港湾、沼泽等。②资源种类多，包括各种生物资源、滨海矿物资源、潮汐能源、土地资源、旅游资源以及可供利用的其他海洋资源。③人口相对集中，经济、文化科技发达，是人类活动最频繁的地带。④海洋污染集中地区。海岸带的概念，既包含近海陆地又包含海洋的范围，因此在进行整合性管理或制定海洋法律时就需要综合考虑各地的生态、地形等自然因素以及政治法律等社会因素。海岸带的管理应包括三个方面：开发、利用、保护，其是对海岸带整体即陆地部分和海洋部分的统一管理，而非仅仅其中的一部分，二者同等重要，不可偏废。

（1）地理学特性。海岸带具有整体的连贯性，由滩涂、河口、崖壁等许多复杂的地理单元所组成，因此在划分海岸带范围时应考虑到其自然单元的完整性和不可分割的特点，避免人为地造成一分为二。

（2）环境生态特性。海陆交界处是岩石圈、大气圈、水圈、生物圈重合交叉的地带，多种影响力相互作用。海岸工程对堤岸本身有影响，沿海植物对海岸带生态的保护作用、海浪潮汐等影响力对堤岸的侵蚀和破坏都有一定的影响范围。在划分海岸带宽度时应综合考虑包括物理的、化学的、生物的等客观因素的影响所构成的完整系统。

（3）人类活动影响特性。海洋性产业的经济辐射范围在十到几十千米。在划分海岸带宽度时应充分考虑到人类活动所波及的范围及对自然资源、生态环境、其他产业的直接和间接的影响。在时间尺度上应着眼于过去、现在及将来。

（4）从管理的角度上看，海岸带管理属于行政管理，从管理的效率、便利的角度出发划分的区域应明确、清楚，不应含糊不清，导致互相扯皮。总之，海岸带地区是具有特定特征的特殊区域，海岸带的边界范围要根据所应对或解决的问题进行确定。

赵锐和赵鹏（2014）梳理了各国关于海岸带划分的标准，见表 1-1。

表 1-1 海岸带划分的主要标准

标准	说明	向陆一侧边界	向海一侧边界
自然标志	指明显的土地标志或其他地形标志，又称物理标准	向陆一侧的自然标志有沿海山脉、分水线、延安主要公路等地形或植被有显著变化或自成体系部分，河口区为潮汐可达或盐分在一定浓度以上的区域	向海一侧边界一般用等深线表示
行政边界	利用国家现有的行政区划，如省界、市界或县界来确定，主要是向陆一侧	行政区划边界	—
政治边界	主要利用《联合国海洋法公约》规定的海洋界限	—	领海、专属经济区界限等
任意距离	很多国家利用任意距离法来确定海岸带向陆或向海方向上的边界	向陆方向的任意距离	向海方向的任意距离
环境单元	根据选用的环境单元来划定海岸带管理区的边界	环境单元	环境单元

1.2 海岸带类型

海岸带基本类型的分类作为海岸带环境水文地质学研究的基础，以海岸线作为一个理想的断面，其物质、能量的通量变化是海岸带科学研究的抽象或实质。在垂直海岸线方向上，不同的海岸带类型反映海水入侵和海底地下水排泄的地下水通量变化显著。在自然和人类活动共同作用下，当地表水和地下水中营养元素或污染物的含量发生变化时，其对海岸带和近海生态环境系统的影响，将严重制约海岸带地区经济的可持续发展。

海岸带的类型十分复杂，依据不同的标准与方法划分会形成不同的分类。到目前为止，还没有统一的海岸带类型划分标准，海岸带的分类往往依据特定的因素进行。刘锡清（2006）提出以地貌为基础的中国海岸分类表，将海岸进一步分为 3 个一级海岸、11个二级海岸类型，还给出了部分实例和分布示意图。宋达泉（1996）给出了中国泥质平原、基岩岬（港）湾海岸的区域岸段地貌示意图。Woodroffe（2002）在《海岸带：形成、作用和演化》一书中将海岸带分为基岩、珊瑚礁、沙滩、三角洲与河口、泥质海岸带 5

种类型,并分 5 章进行论述。李恒鹏和杨桂山(2001)利用聚类分析法和因子分析方法研究了长江三角洲和苏北海岸的动态类型划分。杨留法(1997)利用潮滩动力、潮汐水位高程、潮滩滩面物质结构、潮滩生物和滩面土壤类型等因子对长江口崇明东滩进行了微地貌划分。朱志伟从海岸带环境水文地质学角度,将中国大陆海岸带划分为松散岩类和基岩类海岸带两大类型和较粗颗粒底质、细颗粒底质、水动力条件与岩性复杂类 3 个松散类海岸带亚类;砾砂粗粒底质、砂砾石台地、水下岸坡或台地 3 个基岩类海岸带亚类。

《全国海岸带和海涂资源综合调查简明规程》将我国海岸分为河口岸、基岩岸、砂砾质岸、淤泥质岸、珊瑚礁岸和红树林岸六种基本类型。生态学上所指的海岸带包括潮上带、潮间带和潮下带三部分(图 1-1)。

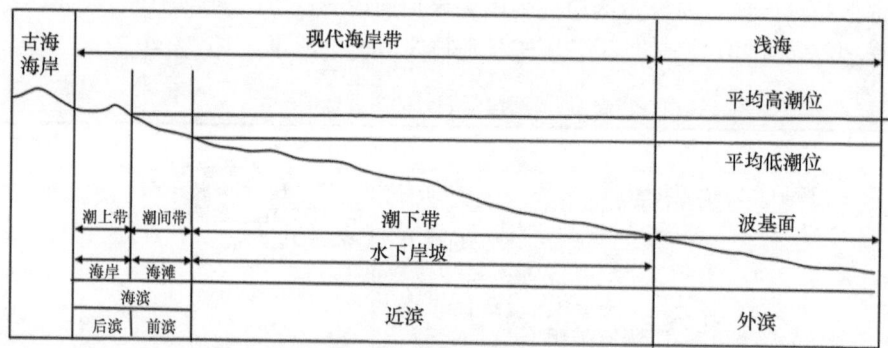

图 1-1　海岸带及其组成部分

海岸带按动力又分为三种海岸,分别为砂砾质海岸、淤泥质海岸、生物海岸等。①砂砾质海岸,又称堆积海岸,由平原的堆积物质被搬运到海岸边,又经波浪或风改造堆积而成。其特征为:组成物质以松散的砂(砾)为主,岸滩较窄而坡度较陡。②淤泥质海岸,又称平原海岸,主要由河流挟带入海的大量细颗粒泥沙在潮流与波浪作用下输运、沉积而成。其特征为:岸滩物质组成多属黏土、粉砂等,岸线平直,地势平坦。③生物海岸,生物海岸包括珊瑚礁海岸和红树林海岸,前者由热带造礁珊瑚虫遗骸聚积而成,后者由红树科植物与淤泥质潮滩组合而成。生物海岸只出现在热带与亚热带地区。

1.3　深圳海岸带的自然环境基本特征

深圳市地处广东省南部沿海,位于珠江口伶仃洋以东,北与东莞、惠州两市接壤,南接香港新界,东临大亚湾和大鹏湾,西连珠江口,具体地理坐标为 113°46′E~114°37′E,22°27′N~22°52′N,距广州 160km,距香港九龙 35km(图 1-2)。深圳作为一个环境优美、自然资源丰富的现代化滨海城市,海岸资源丰富,通海条件优越,海洋及其海岸带是深圳土地的重要组成部分,陆地总面积与海域总面积的比为 1:0.95,平均每平方千米陆地拥有海岸线 132m,滩涂面积 70km²,大小岛屿 39 个。海域面积达 1145km²,海岸线长 260.5km。如今,深圳的滨海地区已成为城市发展的"黄金岸带",是人口、资金、科技、信息等要素最为集聚的地区,分布着前海-蛇口自贸区、深圳湾超级总部基地、海洋新城等城市发展重要引擎,以及宝安机场、盐田港等重大国际交通枢纽。同时,滨海地区也承担着提升生态质量和城市品质的重要功能,分布着深圳湾15km滨海休闲带、红树林自然保护区、大鹏半岛等大量生态保育基地和公共活动空间。

目前,《深圳市海岸带综合保护与利用规划(2018—2035)》(简称《规划》)已于2018年9月7日正式发布。《规划》指出,本次海岸带规划结合沙滩、珊瑚等自然环境因素及海岸带用地用海等社会经济因素,同时考虑海水入侵、人的景观视角影响范围等,划定出深圳海岸带区域总面积约859km²,其中陆域面积约299km²,海域面积约560km²。它是指导未来深圳海岸带地区的保护与利用的总体性层面规划,是转变城市发展方式、优化陆海空间格局和统筹陆海资源配置等的战略蓝图和行动纲领。《规划》目标对标全球海洋中心城市,从"绿色生态、构建全域生态系统;活力共享、塑造多彩滨海生活;功能提升、优化岸带产业布局;区域合作,推进湾区一体发展"四个方面推进创建"世界级绿色活力海岸带"。

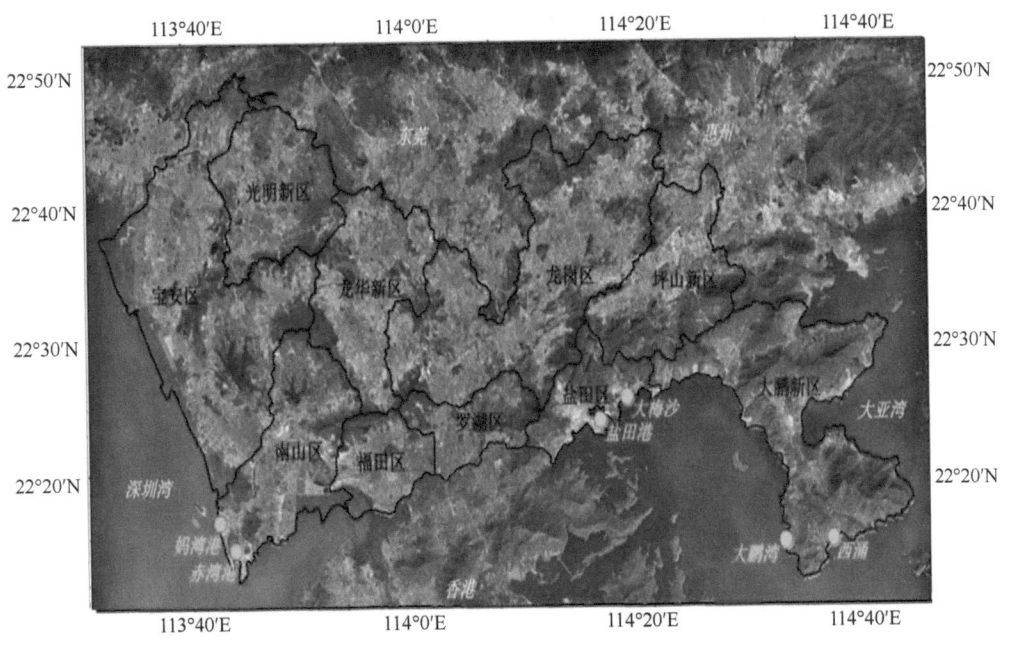

图1-2　深圳市行政区划图及主要港口分布

深圳是世界第四大集装箱港口、中国第四大航空港,可建深水港的主要有盐田、妈湾、赤湾、大梅沙、西涌和大鹏湾等,可建中型港的主要有蛇口、塘仁涌两处,可建小型港的也有多处。《2015年中国海洋环境状况公报》显示,我国在实施监测的河口、海湾、滩涂湿地、珊瑚礁、红树林和海草床等海洋生态系统中,处于健康、亚健康和不健康状态的海洋生态系统分别占14%、76%和10%,其中深圳市附近的珠江口和大亚湾海洋整体系统的健康比例均低于全国平均水平。对于珠江口和大亚湾海岸带这样脆弱的环境系统,如海水水质、珊瑚礁或淡水资源等遭到破坏,治理的成本就非常巨大,有些破坏甚至是不可逆的。因此,根据深圳海域海岸带的具体特征,对海岸带的地物类型进行地物谱类划分,并且规划合理的红线保护范围,最终可以对海岸带环境做出一种政策上及时有效的响应。

深圳市呈南北窄、东西宽的狭长形,地势西北低东南高,分为三个地貌带,分别为谷地丘陵的北带、山脉海岸地貌中带、海湾半岛地貌南带。地面坡度比较和缓,五级地貌面层状结构比较明显,地貌类型丰富。概括地说,该区中部在平面形状、构造、地貌、水系连通、寒潮路径、雨量分布乃至交通,都是一条南北向的名副其实的"走廊"。其东西部地貌差异尤为明显,东部为北东向的平行岭谷,西部为环状的地貌结构。

第2章 海岸带生态环境要素的遥感监测

海岸带是海陆之间相互作用的地带，是地球表面人类活动最为活跃的自然区域，该区域拥有着优越的资源条件及环境条件。由于区域条件的特殊性，海岸带生态环境也会受到气候变化、人类活动、社会发展等情况的严重影响。特别是近几年，随着人们对沿海地区经济发展优势的充分利用，海岸带环境资源的开发利用程度也随之不断加大，由此带来了海岸带生态系统中物质及资源的变化，引发了海岸带滩涂流失、水质恶化、近海渔业渔获量下降等各种自然环境问题。因此，各国学者逐渐加大了对海岸带的研究，并通过多种技术方法对海岸带区域生态环境进行监测与评估，以实现海岸带的可持续发展（聂鑫等，2018）。

近年来，随着传感器、物联网和遥感技术的发展，以及计算机处理水平的提高，国内外研究特别关注海岸带地理环境监测理论、技术和方法，以期为海岸带生态系统研究和管理、社会经济发展和规划以及可持续发展提供快速、高效和准确的信息支撑。遥感技术具有覆盖面广、空间和时间尺度多样、光谱信息丰富、观测灵活及数据获取方便等优势，已成为海岸带地理环境监测的重要手段，在海岸带规划、管理和保护中扮演着举足轻重的角色。我们的研究表明，利用遥感技术对海岸带地理环境的典型要素（土地利用/覆盖、土壤质量、植被、海岸线、水色、水深和水下地形及灾害）的监测为海洋城市的环境保护（Byrd et al.，2014）、海岸带生态环境污染、海岸带环境灾害（Amous and Green，2011）、海岸带生境恢复（Maina et al.，2015）及保护等多方面研究提供了技术支持。本章将介绍利用遥感监测海岸带生态环境的原理与方法及主要监测的环境要素。

2.1 遥感监测技术概述

2.1.1 遥感技术简介

遥感是在不直接接触的情况下，对目标物或自然现象远距离感知的一门探测技术。它兴起于20世纪60年代，是根据电磁波的理论，应用各种传感仪器对远距离目标所辐射和反射的电磁波信息，进行收集、处理，并最后成像，从而对地面各种景物进行探测和识别的一种综合技术。具体地讲，遥感是指在高空和外层空间的各种平台上，运用各种传感器获取反映地表特征的各种数据，通过传输、变换和处理，提取有用的信息，实现研究地物空间形状、位置、性质及其与环境的相互关系的一门现代应用技术科学。

1858年世界上第一张航空相片获得后，出现的航片判读技术是现代遥感技术的雏形，由于技术上的限制，在整整一个世纪中，一直发展十分缓慢，仅仅是在航片几何处理上有很大的突破，航空摄影测量的理论和光学机械模拟测图仪器发展到比较完善的地步。

　　1957年世界上第一颗人造地球卫星发射成功，为遥感技术的发展创造了新的条件，科学家对随后发射的卫星上回收的成千上万张地球照片进行分析，注意到卫星摄影拍摄范围大，速度快，成本低，在短期内能重复观测，有利于监测地表的动态变化，并发现了许多在地面或近距离内无法看到的宏观自然现象。传感器技术长足发展，出现了多光谱扫描仪、热红外传感器和雷达成像仪等，使得获取信息所利用的电磁波谱的波长范围大大扩展，显示信息的能力增强，一些传感器的工作能力达到全日时、全天候，并且获取图像的方式更适应现代数据传输和处理的要求。计算机技术的发展和应用，使海量卫星图像数据的处理、储存和检索快速而有效，尤其在图像的压缩、变换、复原、增强和信息提取方面，更显示了它的优越性。这样就大大突破了原先航片目视判读的狭隘性，"遥感"（remote sensing）这一更加广义和恰当的新名词，很自然地在20世纪60年代出现。美国在双子星座（Gemini）、天空实验室（Skylab）和雨云（Nimbus）等卫星和宇宙飞船上进行遥感试验的基础上，1972年7月23日发射了第一颗地球资源卫星（ERTS-1），后改称陆地卫星（Landsat），星上载有MSS多光谱扫描仪和RBV多光谱电视摄像仪两种传感器系统，空间分辨率为80m，是一颗遥感专用卫星，五年多发射采集的大量地表图像经各国科学家分析和应用，得到了大量成果，可称为遥感技术发展的第一个里程碑。

　　1982年美国发射的陆地卫星4号（Landsat-4）上装载的TM专题制图仪，将光谱段从MSS 4个波段增加到7个波段，空间分辨率提高到30m。1986年法国发射的SPOT卫星上装载的HRV线阵列推扫式成像仪将空间分辨率提高到10m，被称为第二代遥感卫星。目前已发展到第三代遥感卫星，1KONOS卫星上遥感传感器空间分辨率达到1m。快鸟（QuickBird）卫星达到0.61m。

　　遥感技术的发展不仅仅表现在传感器空间分辨率的提高，其他各个方面发展也十分迅速，遥感平台由遥感卫星、宇宙飞船、航天飞机有一定时间间隔的短中期观测，发展为以国际空间站为主的多平台、多层面、长期的动态观测，还计划发射小卫星群，获取任意时相的卫星影像，以适应不同遥感监测项目的要求。遥感传感器的光谱探测能力也在急速提高，成像光谱仪的出现，能探测到地物在某些狭窄波区光谱辐射特性的差别，目前已在运行的有36个波段的MODIS成像光谱仪，未来成像光谱仪的波段个数将达到384个，每个波段的波长区间窄到5nm。在立体成像方面，由邻轨立体观测发展到同轨立体观测，立体影像能在很短时间内获得，并且几何关系相对简单，处理更方便，侧视雷达立体成像和相干雷达（INSAR）的出现，使立体测量方法更多样化，同时实现全天候作业。这时遥感的概念也较为完备了。

　　遥感的概念在广义上与狭义上有着不同的理解。广义的遥感：遥感一词来自英语remote sensing，即"遥远的感知"，泛指一切无接触的远距离探测，包括对电磁场、力场、机械波等的探测。实际工作中，重力、磁力、声波、地震波等的探测被归为物探（物理探测）的范畴。因而，只有电磁波探测属于遥感的范畴。

　　狭义的遥感是指应用探测仪器，不与探测目标相接触，从远处把目标的电磁波特性记录下来，通过分析，揭示出物体的特征性质及其变化的综合性探测技术。遥感不同于遥测和遥控。遥测是指对被测物体某些运动参数和性质进行远距离测量的技术，分为接触测量和非接触测量。遥控是指远距离控制目标物运动状态和过程的技术。遥感，特别是空间遥感过程的完成往往需要综合运用遥测和遥控技术，如卫星遥感，必须有对卫星运行参数的遥测和卫星工作状态的控制等。

遥感的兴起得益于它独特的技术特点：

（1）可获取大范围数据资料。遥感用航摄飞机飞行高度为 10km 左右，陆地卫星的卫星轨道高度达 910km 左右，从而可及时获取大范围的信息。例如，一张陆地卫星图像，其覆盖面积可达 3 万多平方千米。这种展示宏观景象的图像，对地球资源和环境分析极为重要。

（2）获取信息的速度快，周期短。卫星围绕地球运转，能及时获取所经地区的各种自然现象的最新资料，以便更新原有资料，或根据新旧资料变化进行动态监测，这是人工实地测量和航空摄影测量无法比拟的。例如，陆地卫星 4 号、5 号，每 16 天可覆盖地球一遍，美国国家海洋和大气管理局（National Oceanic and Atmospheric Administration，NOAA）气象卫星每天能收到两次图像。Meteosat 每 30min 获得同一地区的图像。

（3）获取信息受条件限制少。在地球上有很多地方，自然条件极为恶劣，人类难以到达，如沙漠、沼泽、高山峻岭等。采用不受地面条件限制的遥感技术，特别是航天遥感可方便及时地获取各种宝贵资料。

（4）获取信息的手段多、信息量大。根据不同的任务，遥感技术可选用不同波段和遥感仪器来获取信息。例如，可采用可见光探测物体，也可采用紫外线、红外线和微波探测物体。利用不同波段对物体不同的穿透性，还可获取地物内部信息，如地面深层、水的下层、冰层下的水体、沙漠下面的地物特性等，微波波段还可以全天候的工作。

围绕着这些技术特点，遥感的实现既需要一整套的技术装备，又需要多种学科的参与和配合，因此实施遥感是一项复杂的系统工程。根据遥感的定义，遥感系统主要由以下四大部分组成：①信息源。信息源是遥感需要对其进行探测的目标物。任何目标物都具有反射、吸收、透射及辐射电磁波的特性，当目标物与电磁波发生相互作用时会形成目标物的电磁波特性，这就为遥感探测提供了获取信息的依据。②信息获取。信息获取是指运用遥感技术装备接收、记录目标物电磁波特性的探测过程。信息获取所采用的遥感技术装备主要包括遥感平台和传感器。其中，遥感平台是用来搭载传感器的运载工具，常用的有气球、飞机和人造卫星等；传感器是用来探测目标物电磁波特性的仪器设备，常用的有照相机、扫描仪和成像雷达等。③信息处理。信息处理是指运用光学仪器和计算机设备对所获取的遥感信息进行校正、分析和解译处理的技术过程。信息处理的作用是通过对遥感信息的校正、分析和解译处理，掌握或清除遥感原始信息的误差，梳理、归纳出被探测目标物的影像特征，然后依据特征从遥感信息中识别并提取所需的有用信息。④信息应用。信息应用是指专业人员按不同的目的将遥感信息应用于各业务领域的使用过程。信息应用的基本方法是将遥感信息作为地理信息系统的数据源，供人们对其进行查询、统计和分析利用。遥感的应用领域十分广泛，最主要的应用有地质矿产勘探、自然资源调查、地图测绘、环境监测以及城市建设和管理等。

得益于这些特点，遥感技术为环境的监测提供了良好的技术支持。遥感监测的目标主要有地面覆盖、大气、海洋和近地表状况等，遥感技术是通过航空或卫星等收集环境的电磁波信息,对远离的环境目标进行监测,识别环境质量状况的技术,它是一种先进的环境信息获取技术,在获取大面积同步和动态环境信息方面"快"而"全",是其他监测手段无法比拟和完成的。因此,遥感技术得到日益广泛的应用,如大气、水质遥感监测,海洋油污染事故调查,城市热环境及水域热污染调查,城市绿地、景观和环境背景调查,生态环境调查监测等。

2.1.2　遥感卫星传感器

遥感传感器是获取遥感数据的关键设备,由于设计和获取数据的特点不同,传感器的种类也繁多,就其基本结构原理来看,目前遥感中使用的传感器大体上可分为如下类型:

(1)摄影类型的传感器;

(2)扫描成像类型的传感器;

(3)雷达成像类型的传感器;

(4)非图像类型的传感器。

无论哪种类型的遥感传感器,它们都由如图 2-1 所示的基本部分组成。

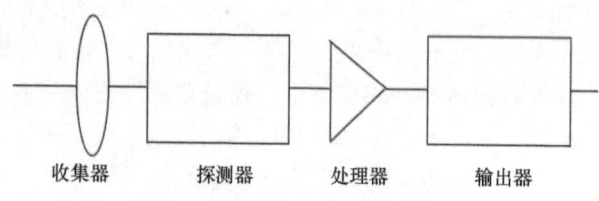

图 2-1　遥感传感器的一般结构

(1)收集器:收集地物辐射来的能量。具体的元件如透镜组、反射镜组、天线等。

(2)探测器:将收集的辐射能转变成化学能或电能。具体的元件如感光胶片、光电管、光敏和热敏探测元件、共振腔谐振器等。

(3)处理器:对收集的信号进行处理。例如,显影、定影、信号放大、变换、校正和编码等。具体的处理器类型有摄影处理装置和电子处理装置。

(4)输出器:输出获取的数据。输出器类型有扫描晒像仪、阴极射线管、电视显像管、磁带记录仪、XY 彩色喷笔记录仪等。

下面介绍现今世界上主流的卫星传感器。

1. Landsat 卫星

美国于 1961 年发射了第一颗试验型极轨气象卫星。20 世纪 70 年代,在气象卫星的基础上研制发射了第一代试验型地球资源卫星(Landsat-1、Landsat-2、Landsat-3)。这 3 颗卫星上装有返束光导摄像机和多光谱扫描仪 MSS,分别有 3 个和 4 个谱段,分辨率为 80m。各国从卫星上接收了约 45 万幅遥感图像。

20 世纪 80 年代,美国分别发射了第二代试验型地球资源卫星(Landsat-4 和

Landsat-5)。卫星在技术上有了较大改进，平台采用新设计的多任务模块，增加了新型的专题绘图仪 TM，可通过中继卫星传送数据。TM 的波谱范围比 MSS 大，每个波段范围较窄，因而波谱分辨率比 MSS 图像高，其地面分辨率为 30m（TM6 的地面分辨率只有 120m）。Landsat-5 卫星是 1984 年发射的，现仍在运行。

20 世纪 90 年代，美国又分别发射了第三代试验型地球资源卫星（Landsat-6、Landsat-7）。Landsat-6 卫星是 1993 年发射的，因未能进入轨道而失败。由于克林顿政府的支持，1999 年发射了 Landsat-7 卫星，以保持地球图像、全球变化的长期连续监测。该卫星装备了一台增强型专题绘图仪 ETM+，该设备增加了一个 15m 分辨率的全色波段，热红外信道的空间分辨率也提高了一倍，达到 60m。美国资源卫星每景影像对应的实际地面面积均为 185km×185km，16 天即可覆盖全球一次，以下是其传感器的详细介绍（表 2-1～表 2-3）。

表 2-1　MSS 成像仪

主题成像仪	Landsat1～3	类型	波长（μm）	分辨率（m）	主要作用
MSS	Band 4	绿色波段	0.5～0.6	80	对水体有一定透射能力，清洁水体中透射深度可达 10～20m，可判读浅水地形和近海海水泥沙，可探测健康绿色植被反射率
	Band 5	红色波段	0.6～0.7	80	用于城市研究，对道路、大型建筑工地、砂砾场和采矿区反应明显，可用于地质研究，可用于水中泥沙含量研究，进行植被分类
	Band 6	近红外波段	0.7～0.8	80	区分健康与病虫害植被，水陆分界，可用于土壤含水量研究
	Band 7	近红外波段	0.8～1.1	80	测定生物量和监测作物长势，水陆分界，可用于地质研究
主题成像仪	Landsat4～5	类型	波长（μm）	分辨率（m）	主要作用
MSS	Band 1	绿色波段	0.5～0.6	80	对水体有一定透射能力，清洁水体中透射深度可达 10～20m，可判读浅水地形和近海海水泥沙，可探测健康绿色植被反射率
	Band 2	红色波段	0.6～0.7	80	用于城市研究，对道路、大型建筑工地、砂砾场和采矿区反应明显，可用于地质研究，可用于水中泥沙含量研究，进行植被分类
	Band 3	近红外波段	0.7～0.8	80	区分健康与病虫害植被，水陆分界，可用于土壤含水量研究
	Band 4	近红外波段	0.8～1.1	80	测定生物量和监测作物长势，水陆分界，可用于地质研究

表 2-2　TM 成像仪

主题成像仪	Landsat4～5	类型	波长（μm）	分辨率（m）	主要作用
TM	Band 1	蓝绿波段	0.45～0.52	30	用于水体穿透，分辨土壤植被
	Band 2	绿色波段	0.52～0.60	30	分辨植被
	Band 3	红色波段	0.63～0.69	30	处于叶绿素吸收区域，用于观测道路/裸露土壤/植被种类效果很好
	Band 4	近红外波段	0.76～0.90	30	用于估算生物数量，尽管这个波段可以从植被中区分出水体，分辨潮湿土壤，但是对于道路辨认效果不如 TM3
	Band 5	中红外波段	1.55～1.75	30	用于分辨道路/裸露土壤/水，还能在不同植被之间有好的对比度，并且有较好的穿透大气、云雾的能力
	Band 6	热红外波段	10.40～12.50	120	感应发出热辐射的目标
	Band 7	中红外波段	2.08～2.35	30	对于岩石/矿物的分辨很有用，也可用于辨识植被覆盖和湿润土壤

表 2-3 ETM+成像仪

主题成像仪	Landsat4~5	类型	波长（μm）	分辨率（m）	主要作用
ETM+	Band 1	蓝绿波段	0.45~0.52	30	用于水体穿透，分辨土壤植被
	Band 2	绿色波段	0.52~0.60	30	分辨植被
	Band 3	红色波段	0.63~0.69	30	处于叶绿素吸收区域，用于观测道路/裸露土壤/植被种类效果很好
	Band 4	近红外波段	0.76~0.90	30	用于估算生物数量，尽管这个波段可以从植被中区分出水体，分辨潮湿土壤，但是对于道路辨认效果不如 TM3
	Band 5	中红外波段	1.55~1.75	30	用于分辨道路/裸露土壤/水，还能在不同植被之间有好的对比度，并且有较好的穿透大气、云雾的能力
	Band 6	热红外波段	10.40~12.50	60	感应发出热辐射的目标
	Band 7	中红外波段	2.09~2.35	30	对于岩石/矿物的分辨很有用，也可用于辨识植被覆盖和湿润土壤
	Band 8	微米全色波段	0.52~0.90	15	得到的是黑白图像，分辨率为 15m，用于增强分辨率，提供分辨能力

截至 2019 年，Landsat 系列卫星的最新型号为 Landsat-8 卫星，携带有 OLI 陆地成像仪和 TIRS 热红外传感器，Landsat8 的 OLI 陆地成像仪包括 9 个波段，OLI 包括了 ETM+ 传感器所有的波段，为了避免大气吸收特征，OLI 对波段进行了重新调整，比较大的调整是 OLI Band 5（0.845~0.885μm），其排除了 0.825μm 处水汽吸收特征；OLI 全色波段 Band 8 波段范围较窄，这种方式可以在全色图像上更好地区分植被和无植被特征；此外，还有两个新增的波段：蓝色波段（band 1，0.433~0.453μm）主要应用海岸带观测，短波红外波段（band 9，1.360~1.390μm）包括水汽强吸收特征，可用于云检测；近红外 band 5 和短波红外 band 9 与 MODIS 对应的波段接近，TIRS 包括两个单独的热红外波段。表 2-4 是 Landsat-8 中 OLI 和 TIRS 两个传感器的波段说明。

表 2-4 Landsat-8 波段介绍

序号	波段（μm）	空间分辨率（m）
TM 1 Coastal	0.433~0.453	30
TM 2 Blue	0.450~0.515	30
TM 3 Green	0.525~0.600	30
TM 4 Red	0.630~0.680	30
TM 5 NIR	0.845~0.885	30
TM 6 SWIR 1	1.560~1.660	30
TM 7 SWIR 2	2.100~2.300	30
TM 8 Pan	0.500~0.680	15
TM 9 Cirrus	1.360~1.390	30
TM 10 TIRS 1	10.6~11.19	100
TM 11 TIRS 2	11.5~12.51	100

2. MODIS 卫星

MODIS 全称 moderate-resolution imaging spectroradiometer，即中分辨率成像光谱仪。

1999 年 2 月 18 日，美国成功地发射了地球观测系统（EOS）的第一颗先进的极地轨道环境遥感卫星 Terra。它的主要目标是实现从单系列极轨空间平台上对太阳辐射、大气、海洋和陆地进行综合观测，获取有关海洋、陆地、冰雪圈和太阳动力系统等信息，进行土地利用和土地覆盖研究、气候季节和年际变化研究、自然灾害监测和分析研究、长期气候变率的变化以及大气臭氧变化研究等，进而实现对大气和地球环境变化的长期观测和研究的总体（战略）目标。2002 年 5 月 4 日成功发射 Aqua 卫星后，每天可以接收两颗卫星的资料，搭载在 Terra 和 Aqua 两颗卫星上的中分辨率成像光谱仪（MODIS）是美国地球观测系统（EOS）计划中用于观测全球生物和物理过程的重要仪器。它具有 36 个中等分辨率水平（0.25～1μm）的光谱波段，每 1～2 天对地球表面观测一次，获取陆地和海洋温度、初级生产率、陆地表面覆盖、云、气溶胶、水汽和火情等目标的图像（NASA）。

Terra 卫星发射成功标志着人类对地观测新的里程的开始。美国国家航空航天局（National Aeronautics and Space Administration，NASA）在介绍 Terra 卫星意义时采取的比喻是："如果把地球比作一位从来没有做过健康检查的中年人的话，Terra 就是科学家对具有 45 亿年历史的地球的健康状况第一次进行全面检查和综合诊断的科学工具。"由于 Terra 卫星每日地方时上午 10：30 时过境，因此也把它称作地球观测第一颗上午星（EOS-AM1）

Aqua 卫星保留了 Terra 卫星上已经有了的 CERES 和 MODIS 传感器，并在数据采集时间上与 Terra 形成补充。它也是太阳同步极轨卫星，每日地方时下午过境，因此也把它称作地球观测第一颗下午星（EOS-PM1）（表 2-5）。

表 2-5　Terra、Aqua、Aura 卫星技术指标

	Terra	Aqua	Aura
发射时间	1999 年 12 月 18 日	2002 年 5 月 4 日	2004 年 7 月 15 日
运载火箭	Atlas IIAS	DELTA CLASS	DELTA CLASS
轨道高度	太阳同步，705km	太阳同步，705km	太阳同步，705km
轨道周期	98.8min	98.8min	98.8min
过境时间	上午 10：30	下午 1：30	下午 1：30
地面重复周期	16 天	16 天	16 天
质量	5190kg	2934kg	3000kg
展开前体积	3.5m×3.5m×6.8m	2.68m×2.49m×6.49m	2.7m×2.28m×6.91m
星载传感器数据量	5 个	6 个	4 个
星载传感器名称	MODIS、MISR、CERES、MOPITT、ASTER	AIRS、AMSU-A、CERES、MODIS、HSB、AMSR-E	HIRDLS、MLS、OMI、TES
遥测	S 波段	S 波段	S 波段
数据下行	X 波段	X 波段	X 波段
总供电功率	3000W	4860W	4600W
卫星设计寿命	5 年	6 年	6 年

接下来对传感器进行详细的介绍。

Terra 卫星上共载有 5 个对地观测传感器，它们分别如下。

（1）云与地球辐射能量系统测量仪（clouds and the earth's radiant energy system，CERES）；

（2）中分辨率成像光谱仪（moderate-resolution imaging spectroradiometer，MODIS）（详见网址：http：//modis.gsfc.nasa.gov）（表2-6）；

表 2-6　Terra-MODIS 技术指标

项目	指标
轨道	705km，降轨上午 10：30 过境，升轨下午 1：30 过境，太阳同步，近极地圆轨道
扫描频率	每分钟 20.3r，与轨道垂直
测绘带宽	2330km×10km
望远镜	直径 17.78cm
体积	1.0m×1.6m×1.0m
重量	250kg
功耗	225W
数据率	11Mbit/s
量化	12bit
空间分辨率	250m、500m、1000m
设计寿命	5 年

（3）多角度成像光谱仪（multi-angle imaging spectroradiometer，MISR）（详见网址：http：//www-misr.jpl.nasa.gov）（表2-7）；

表 2-7　Terra-MISR 技术指标

项目	指标
覆盖全球时间	9 天，不同纬度 2～9 天
视角	0°、26.1°、45.6°、60.0°、70.5°
测绘带宽	360km
光谱波段	4 个（蓝、绿、红和近红外）
探测仪	CCDs
辐射精度	3%
功耗	最大 117W、平均 75W
数据率	平均 3.3Mbit/s，最大 9Mbit/s
探测仪温度	（−5±0.1）℃
主要仪器温度	5℃
设计寿命	6 年

（4）先进星载热辐射与反射测量仪（advanced spaceborn thermal emission and reflection radiometer，ASTER）（详见网址：http：//asterweb.jpl.nasa.gov）（表2-8）；

（5）对流层污染测量仪（measurements of pollution in the troposphere，MOPITT）。

表 2-8　Terra-ASTER 技术指标

项目	指标
光谱范围	VNIR（0.52～0.86μm）、SWIR（1.6～2.43μm）、TIR（8.125～11.65μm）
测绘带宽	60km、60km、60km
探测仪类型	Si、PtSi-Si、HgCdTe
数据率	62Mbit/s、23Mbit/s、4.2Mbit/s
量化	8bit、8bit、12bit

Aqua 卫星共载有 6 个传感器，它们分别是：云与地球辐射能量系统测量仪（CERES）（详见网址：http://asd-www.larc.nasa.gov/ceres/ASDceres.html）（表 2-9）、中分辨率成像光谱仪（MODIS）（详见网址：http://modis.gsfc.nasa.gov）（表 2-10）、大气红外探测器（atmospheric infrared sounder，AIRS）（表 2-11）、先进微波探测器（advanced microwave sounding unit-A，AMSU-A）（表 2-12）、巴西湿度探测器（humidity sounder for brazil，HSB）（表 2-13）、地球观测系统先进微波扫描辐射计（advanced microwave scanning radiometer-EOS，AMSR-E）（表 2-14）。

表 2-9　云与地球辐射能量系统测量仪（CERES）的主要技术指标

项目	指标
传感器	2 个
体积	60cm×60cm×70cm
质量	45kg
电力	45W
数据传输率	10kbps
光谱波段（短波）	0.3～5μm 测量太阳反射
光谱波段（长波）	8～12μm 测量地球辐射
光谱波段（全波长）	0.3～100μm 及以上测量总体辐射量
波段数	3+3（2 个传感器，每个有 3 个波段）
扫描宽度	地球边际到边际
采样方式	2 个传感器，其中一个横向扫描，另一个 360°旋转扫描
空间分辨率	20km
研制单位	TRW 公司空间电子部
组织责任单位	美国国家航空航天局 Langley 研究中心

表 2-10　Aqua-MODIS 的主要技术指标

项目	指标
扫描频率	每分钟 20.3r，与轨道垂直
测绘带宽	2330km×10km
孔径	直径 17.78cm
体积	1.0m×1.6m×1.0m
质量	250kg
功率	225W
数据率	11Mbit/s
量化	12bit
空间分辨率	250m（1～2 波段）、500m（3～7 波段）、1000m（8～36 波段）

表 2-11　大气红外探测器（AIRS）的主要技术指标

项目	指标	项目	指标
传感器存载体积	116.5cm×80cm×95.3cm	传感器展开后体积	116.5cm×158.7cm×95.3cm
质量	177kg	供电	220W
数据传输率	1.27mbps	孔径	10cm
可见光/近红外波长	0.4～1.0μm	可见光/近红外波段数	4
红外波长	3.74～15.4μm	红外波段数	2378
红外视场角	1.1°（星下点 13.5km）	可见光/近红外视场角	0.2°（星下点 2.3km）
垂直分辨率	1km		
扫描采样	红外：90°×1.1°	扫描宽度	99°（1650km）
热控	红外探测器：主动冷却器 60K，被动辐射器 150K，电子部件处于环境温度	指向精度	0.1°
开发单位	英国宇航系统公司	组织责任单位	美国喷气推动实验室

表 2-12　先进微波探测器（AMSU-A）的主要技术指标

项目	指标	
传感器	AMSU-A1	AMSU-A2
体积	72cm×34cm×59cm	73cm×1cm×86cm
质量	49kg	42kg
电力	77W	24W
数据传输率	1.5kbps	0.5kbps
波长分布	50～90GHz	23～32GHz
波段数	13	2
孔径	15cm	30cm
传感器视场角	3.3°（星下点 40.5km）	3.3°（星下点 40.5km）
扫描宽度	100°（1690km）	100°（1690km）
扫描采样	30°×3.33°	30°×3.33°
指向精度	0.2°	0.2°
热控	无（环境温度）	无（环境温度）

表 2-13　巴西湿度探测器（HSB）的主要技术指标

项目	指标	项目	指标
传感器体积	70cm×65cm×46cm	功率	56W
质量	51kg	光谱分布	150～183GHZ
波段数	5	开发单位	Matra Marconi 空间公司
组织责任单位	INPE（巴西）		

表 2-14　地球观测系统先进微波扫描辐射计（AMSR-E）的主要技术指标

项目	指标					
中心频率（GHz）	6.925	10.65	18.7	23.8	36.5	89.0
带宽（MHz）	350	100	200	400	1000	3000
灵敏度（K）	0.3	0.6	0.6	0.6	0.6	1.1
瞬时视场角（km×km）	74×43	51×30	27×16	31×18	14×8	6×4
扫描间距（km×km）	10×10	10×10	10×10	10×10	10×10	5×5
积分时间（ms）	2.6	2.6	2.6	2.6	2.6	1.3
主波束效率（%）	95.3	95.0	96.3	96.4	95.3	96.0
波束宽度（半功率点）（°）	2.2	1.4	0.8	0.9	0.4	0.18

AURA 卫星有 4 个星载传感器，它们分别如下。

（1）高分辨动力发声器（high resolution dynamics limb sounder，HIRDLS）大小约 $1m^3$，它由美国科罗拉多大学、美国国家大气研究中心、英国牛津大学和英国 Rutherford Appleton 实验室设计，由美国洛克希德·马丁公司负责制造。

（2）微波分叉发声器（microwave limb sounder，MLS）由美国宇航局喷气推进实验室研制开发。

（3）臭氧层观测仪（ozone monitoring instrument，OMI）是由荷兰航空局和芬兰气象所提供，由两家荷兰公司以及三家芬兰公司共同制造。

（4）对流层放射光谱仪（tropospheric emission spectrometer，TES）由美国宇航局喷气推进实验室研制开发。

3. Sentinel 卫星

Sentinel 系列是欧洲全球环境与安全监测系统项目——"哥白尼计划"的成员。目前共有 7 颗卫星在轨（S1A/B、S2A/B、S3A/B、S5P），最新一颗 Sentinel-3B 于北京时间 2018 年 04 月 26 日 01 时 57 分，由俄罗斯联邦国防部用 Rokot 搭载发射升空，目前已经免费公开了 S1-3 的数据。

Sentinel-1 卫星是欧洲极地轨道 C 波段雷达成像系统，是 SAR 操作应用的延续。单个卫星每 12 天映射全球一次，双星座重访周期缩短至 6 天，赤道地区重访周期 3 天，北极 2 天。其拥有干涉宽幅模式和波模式两种主要工作模式，另有条带模式和超宽幅模式两种附加模式。干涉宽幅模式幅宽 250km，地面分辨率 5m×20m；波模式幅宽 20km×20km，图像分辨率 5m×5m；条带模式幅宽 80km，分辨率 5m×5m；超宽幅模式幅宽 400km，分辨率 20m×40m。

Sentinel-1 基于 C 波段的成像系统采用 4 种成像模式（分辨率最高 5m、幅宽达到 400km）来观测，具有双极化、短重访周期、快速产品生产的能力，可精确确定卫星位置和姿态角（图 2-1）。它采用预编程、无冲突的运行模式，可以实现全球陆地、海岸带、航线的高分辨率监测，也可以实现全球海洋的大区域覆盖，这也为各种运营应用、同一地区的长时间序列监测提供了技术支撑。Sentinel-1 有多种成像方式，可实现单极化、双极化等不同的极化方式。条带成像（stripmap，SM）模式：该成像模式主要是实现其与 ERS、Envisat 卫星的连续，分辨率为 5m×5m，幅宽为 80km，可以通过改变波束入射角和波束宽度来选择 6 类成像幅宽中的 1 个，该模式的主要特点是分辨率高、入射角可选，其主要用于特殊情况下的应急管理。干涉宽幅（interferometric wide swath，IW）模式：该成像模式采用中等分辨率（5m×20m）获取幅宽 250km 的影像，它通过采用递进的地形扫描方式（terrain observation with progressive scans SAR，TOPSAR）来获取 3 个子条带。通过采用在方位向的多普勒频谱的足够覆盖和垂直向的波数谱，TOPSAR 技术确保了 InSAR 的有效分析；该技术通过相应的算法参数确保了幅宽范围内影像的一致性。因此，干涉宽幅模式由于其大范围覆盖、中等分辨率特征被当作陆地覆盖的默认模式。超幅宽（extra wide swath，EW）模式：该模式采用类似于干涉宽幅模式的 TOPSAR 技术，可以进行干涉处理，但是条带数由 3 个变至 5 个，相应的分辨率也有所降低，减为 20m×40m。该模式主要用于海上、冰川、极地等需要大范围覆盖和短重访周期的区域。波模式（wave mode）：Sentinel-1 的波束模式和全球海洋波浪模型相结合，可以用于确定公海海浪的方向、波长和高度等参数。该成像模式由 20km ×20km 的条带小块组成，在不同的入射角间切换。条带小块每相隔 100km 切换一次入射角，200km 间隔的条带小块入射角一致。该模式主要应用于海洋参数的获取。

Sentinel-2 单星重访周期为 10 天，A/B 双星重返周期为 5 天。其主要有效载荷是多光谱成像仪（MSI），共有 13 个波段，光谱范围在 0.4～2.4μm，涵盖了可见光、近红外和短波红外，幅宽 290km，空间分辨率分别为 10m（4 个波段）、20m（6 个波段）、60m（3 个波段）。

Sentinel-3 是一个极轨、多传感器卫星系统，搭载的传感器主要包括光学仪器和地形学仪器，光学仪器包括海洋和陆地彩色成像光谱仪（OLCI）、海洋和陆地表面温度辐射计（SLSTR）；地形学仪器包括合成孔径雷达高度计（SRAL）、微波辐射计（MWR）和精确定轨（POD）系统。其能够实现海洋重访周期小于 3.8 天，陆地重访周期小于 1.4 天。

2.1.3　水　色　遥　感

水域是海岸带的研究重点，水环境遥感监测的基础是水色遥感原理（潘德炉和毛志华，2012）。通俗来讲，水色遥感是指利用各类传感器来测量水体关键参数的光谱特征，而水体各参数的光谱特征又由电磁波在水中的辐射传输方程决定（Aurin and Dierssen，2012）。不同的时间、不同的入射角、不同的太阳高度、不同的水质构成甚至水体的纹理和几何形状都会影响电磁波的辐射传输过程（Liu et al.，2006）。总体而言，传感器端接收到的水体的电磁波辐射主要由三部分组成：①水体表面直接反射的电磁波（Kozai et al.，2006）；②水体底部和水体的组成成分所反射回的电磁波，这一部分被称为离水辐亮度（Cheng et al.，2002）；③大气散射后进入传感器的辐射（Hieronymi et al.，2016）。其详细过程如图 2-2 所示。

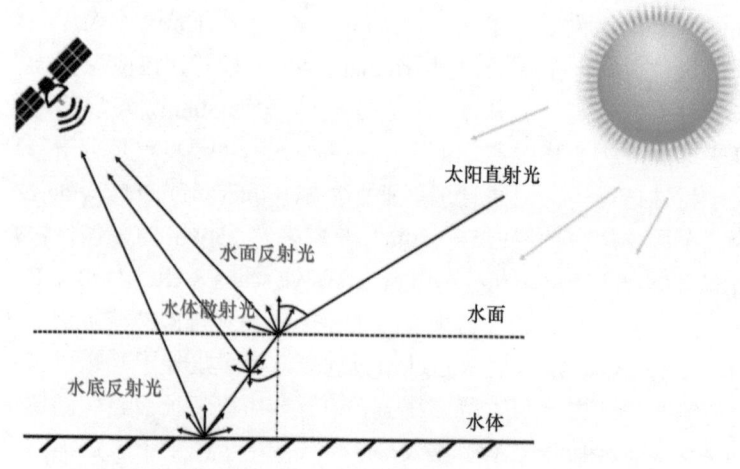

图 2-2　传感器端接收的电磁波辐射组成（Martin，2014）

使用遥感技术对水环境监测的目标是得到各项水质参数的反演模型,所以需要得到离水辐亮度部分,再通过水体各组成部分的关系和光谱分析就可以得到目标参数的反演模型。为了达到这个目标,需要对水体的辐射传输过程及其特点有充分的了解(Zhang et al.,2008)。

首先介绍海岸带水域的辐射传输方程,这是水体定量反演工作的理论基础。

$$R_{\mathrm{w}}(\lambda) = R_{\mathrm{ws}}(\lambda) + R_{\mathrm{g}}(\lambda) \tag{2-1}$$

式中,$R_{\mathrm{w}}(\lambda)$为水体的反射光谱;$R_{\mathrm{ws}}(\lambda)$为水体中散射电磁波;$R_{\mathrm{g}}(\lambda)$为水体反射电磁波。

在理想情况下,深度为h处的散射贡献比为

$$\mathrm{d}L(\lambda) = \frac{F_0 \omega(k)}{4\pi} \mathrm{e}^{-(\alpha+\beta)\left(1+\frac{1}{\cos\theta}\right)h} \tag{2-2}$$

式中,α为吸收系数;β为吸收系数;k为向上散射角;$\omega(k)$为向上散射比,由上述各类杂质的散射合数求和可得

$$\omega(\theta) = \beta_{\mathrm{w}} P_{\mathrm{w}}(\Theta) + D_s \beta_s P_s(\Theta) + D_{\mathrm{u}} \beta_{\mathrm{u}} P_{\mathrm{u}}(\Theta) \tag{2-3}$$

由此可以得到整层水的散射反射率公式为

$$
\begin{aligned}
R_{\mathrm{ws}}(\lambda) &= \frac{\pi}{F_0(\lambda)\cos\theta} \int_0^h \mathrm{d}L(\lambda)\mathrm{d}h \\
&= \frac{\omega(\Theta)}{4(1+1/\cos\theta)(\alpha+\beta)} [1 - \mathrm{e}^{-\left(1+\frac{1}{\cos\theta}\right)(\alpha+\beta)H}]
\end{aligned} \tag{2-4}
$$

水底反射为

$$R_{\mathrm{g}}(\lambda) = R_{\mathrm{b}} \mathrm{e}^{-\left(1+\frac{1}{\cos\theta}\right)(\alpha+\beta)H} \tag{2-5}$$

出水反射率为

$$R(\lambda) = \frac{\omega(\theta)}{4\mu(\alpha+\beta)} [1 - \mathrm{e}^{-(\alpha+\beta)\mu H}] + R_{\mathrm{b}} \mathrm{e}^{-\mu(\alpha+\beta)H} \tag{2-6}$$

2.2　常见的海岸带生态环境要素

本小节将对遥感监测中常见的海岸带生态环境要素进行介绍,主要的生态环境要素有:土地利用/覆盖、土壤质量、植被、海岸线、水色、水深和水下地形及灾害(李清泉等,2016)。

2.2.1　土地利用/覆盖

遥感影像是海岸带土地利用/覆盖分类的主要数据源。遥感技术可以获取大范围、长时间的湿地分布信息,有助于分析其变化趋势及影响因素等。最近几年,无人机因其灵活方便、监测精度高等特点,在国内外海岸带监测中发挥越来越多的作用,成为当前海

岸带遥感分类的重要数据源之一（klemas，2015）。

海岸带土地利用/覆盖分类一般结合遥感影像、地表高程、岸线和坡度等辅助数据，以人工调绘或已有的专题图为依据获取地物样本，对影像进行监督解译，获取最终的结果（Klemas，2010）。早期多利用中低分辨率的卫星遥感数据获取土地利用/覆盖信息，其中 Landsat TM/ETM+影像是最为可靠和廉价的数据源（Klemas，2010），其宽广的覆盖范围、30m 空间分辨率和多波段光谱信息使其在区域性的海岸带遥感中得到广泛应用。然而，由于空间分辨率的限制，中低分辨率遥感影像难以满足精细的土地利用/覆盖变化监测等应用需求。随着对海岸带监测逐步精细化，基于高分辨率遥感影像（如 SPOT5、QuickBird、IKONOS、WorldView）的海岸带土地利用/覆盖分类等应用越来越广泛（Davranche et al.，2010；McCarthy and Halls，2014）。

从方法的角度，针对中低分辨率的遥感数据，通常采用基于像素的监督分类方法获取分类结果（如最大似然法）；伴随着机器学习方法的发展，人工神经网络、支持向量机、决策树等方法也逐步在海岸带遥感分类中得到应用。伴随遥感数据空间分辨率的不断提高，面向对象的分类方法在小范围、高精度的海岸带土地利用/覆盖分类中也经常使用（陈建裕 等，2006；Heumann，2011）。海岸带湿地一直是海岸带土地利用/覆盖分类中的重要研究对象。遥感技术可以获取大范围、长时间的湿地分布信息，从而有助于分析其变化趋势及影响因素等。例如，张晓祥等（2014）对江苏省的滨海湿地分布及变化进行监测，Wang 等（2014）对福州海岸带湿地 1986~2009 年的地表覆盖分类变化进行分析。大量工作基于遥感技术研究人类活动对海岸带的影响，如滨海水产养殖区域、人类工程建设等对滨海湿地和生态环境的影响（马田田等，2015；温礼等，2016）；还有的通过对土地利用/覆盖分类信息的挖掘，研究海岸带景观格局（宗玮，2012）、湿地生态价值（邢伟等，2011）以及湿地的变化驱动力（卢晓宁等，2016）等。当前的海岸带土地利用/覆盖分类研究取得了丰硕的成果，同时也面临着一些问题：①由于海岸带多云多雨以及卫星回归周期的限制，利用卫星遥感手段对海岸带土地利用/覆盖的连续变化信息提取能力不足；②利用无人机遥感可以在一定程度上克服这一不足，但无人机由于低空平台的限制，难以应用于大范围的海岸带土地利用/覆盖信息提取，同时适用于无人机搭载的小型化多光谱/高光谱传感器尚未普及，其进行高精度定量化信息提取的能力仍显不足；③目前研究仍偏重于土地利用/覆盖信息的提取，对于其内部深层次的变化驱动因子、海岸带生态环境质量、生态价值等方面的研究仍然较为薄弱，有待进一步的研究。

2.2.2　土壤质量

滩涂土壤是海岸带湿地的重要组成部分，因其发育不明显以及理化性状差，易受到盐渍化和重金属污染的破坏。实时精准地获取海岸带滩涂土壤属性信息，监测滩涂土壤盐渍化和重金属污染的空间分布状况，对于海岸带生态环境的保护意义重大。

基于偏最小二乘回归、逐步多元线性回归、支持向量机回归以及人工神经网络等建模方法，研究者主要利用土壤高光谱数据对海岸带滩涂土壤盐度（Farifteh et al.，2007；Weng et al.，2008；Akramkhanov and Vlek，2012；Li et al.，2014）和重金属含量（Shi et al.，2014a）进行定量估测或空间制图。海岸带湿地植物的分布和生长均会受到滩涂土壤盐度和重金属污染的胁迫影响（Zinnert et al.，2012；Shi et al.，2014b），因此海岸带植被光谱信息能够间接指示土壤盐度和重金属污染状况及其空间分布。植被高光谱一方面可以解决利用影像数据反演土壤属性信息时所面临的植被覆盖问题，另一方面也可以避免土壤水分、表面粗糙度以及有机质等因素对利用土壤光谱反演土壤盐度和重金属含量的影响（Zhang et al.，2011）。研究表明，多种植被指数，如归一化植被指数（NDVI）（Anne et al.，2014）、光化学植被指数（PRI）（Naumann et al.，2008；Zinnert et al.，2012）、红边位置（REP）（Shi et al.，2016）、土壤调整盐度指数（SASI）（Zhang et al.，2011）可以较为理想地指示土壤盐度和重金属等属性含量。

目前，研究者主要利用地面实测的高光谱数据监测海岸带滩涂土壤盐度和重金属等属性信息，基于星载或机载高光谱影像的研究仍处于起步阶段，主要制约在于缺乏可用且廉价的覆盖海岸带地区的高光谱影像数据。随着无人机高光谱遥感技术的发展，基于高光谱影像的海岸带土壤质量研究及应用将迎来更大的发展机遇。

2.2.3 植 被

植被是海岸带自然资源的重要组成部分，主要包括盐土植被（陆生、沼生及水生）与沙生植被，其直接影响海岸带湿地生态服务功能与价值。海岸带植被资源的遥感监测有助于海岸带生态系统的合理开发与利用，并为入侵植物的控制与治理提供有效的信息支持。

目前，学者主要利用中等空间分辨率的单时相、多时相或融合的多光谱影像（如Landsat TM 和 SPOT）研究海岸带植被覆盖度（贺肖芳等，2016）、分类制图（Guan and Zhang，2008）、生物量（吴涛等，2011）、碳储量（许振等，2014）、净初级生产力（宗玮等，2011）等，它们为海岸带植被群落结构、滨海湿地景观格局变化、碳循环及海岸带生态系统健康评价的研究提供可靠依据。然而，多光谱影像波段数较少，难以精确反映地表植被信息，且大多数影像空间分辨率不高，严重影响小区域的植被分类精度。基于不同空间分辨率和光谱分辨率的 AVIRIS 影像对滨海湿地植物进行分类，研究表明，光谱分辨率越高，分类精度越高（Underwood et al.，2007）。激光雷达（LiDAR）与高光谱影像（AISA）的结合可进一步提高海岸带植被分类精度（Jones et al.，2010），为用户及研究者提供新的数据手段。对于面积较小的滨海区域，高空间分辨率遥感卫星影像（如 IKONOS）在植被分类与制图上具有精度高的显著优势（Gil et al.，2011）。在方法层面上，植被指数、马氏距离法、最大似然法、支持向量机、人工神经网络等是海岸带植被分类与定量遥感的常用方法。

红树林是海岸带重要的植被资源，具有促淤造陆、防浪护堤以及维持生物多样性和全球碳平衡等功能。红树林识别及其时序变化是红树林宏观、区域尺度动态监测的一个重要领域。由于动态监测主要体现在地区、国家甚至大洲的尺度上，时间间隔多以 10 年为监测尺度，因此，所使用的遥感数据以中低分辨率 Landsat 系列为主（Jia et al.，2014）。高空间分辨率数据的出现及商业化应用程度的提高，为红树林种间分类提供了基础数据，不同学者分别应用 WorldView、IKONOS、QuickBird 和 CASI 对红树林种间分类进行了识别，分类种数均在 4 种以上（Wang et al.，2016）。群落结构是红树林监测的另一个重要领域，其指标包括叶面积指数（LAI）、平均冠幅、树木高度、群落结构梯度等。国内外学者在这方面开展了广泛的研究，结果表明，借助光学植被指数可有效地对红树林 LAI 和平均冠幅进行监测（Held et al.，2003）。SAR 数据依据其穿透性，可对红树林林木高度、平均冠幅、健康状况、退化状况等进行有效监测，获得较准确的植被立体信息（Darmawan et al.，2015）。LiDAR 被学者们公认为是监测森林结构信息最为有效的方法，在红树林群落结构监测上具有巨大的潜力（Wannasiri et al.，2013），然而由于数据源的限制，目前激光雷达在红树林监测中应用的研究成果非常有限，仍主要集中于分布（Chadwick，2011）及灾后评估（Zhang et al.，2008）。

入侵植物严重威胁海岸带生态系统多样性及健康状况。互花米草（*Spartina alterniflora*）是中国海岸带最重要的入侵植物之一（章莹和卢剑波，2010），遍布中国各个沿海省份，其扩张是导致滨海湿地本土植物碳储量下降的主要原因（许振等，2014）。遥感技术已成功用于互花米草的物种群落识别（高占国和张利权，2006）、种群动态监测（黄华梅和张利权，2007）、扩张机制分析（刘会玉等，2015）以及色素含量定量反演，为互花米草的控制与治理提供可靠的信息基础，其数据源主要为多时相 Landsat 影像、SPOT 影像、机载高光谱影像（如 CASI）及冠层高光谱数据等。近年来，高分辨率遥感卫星影像，如 WorldView-2 影像（陈利等，2014）和 Pleiades-1 影像（柳帅等，2014），被用来精确地提取另一种重要的滨海入侵植物薇甘菊（*Mikaniamicrantha*）的空间分布信息。在国外，星载高光谱影像（如 Hyperion）（Pengra et al.，2007）、高空间分辨率影像（如 QuickBird）（Laba et al.，2008）以及合成孔径雷达影像（如 ALOS PALSAR）（Bourgeau-Chavez et al.，2013）被用来识别入侵植物，如芦苇（*Phragmites australis*）的空间分布并制图。尽管遥感技术能快速获取海岸带植被或入侵的植物的动态分布信息，但"同质异谱"与"同谱异质"的现象仍然突出，易造成植被种类的错分。中国南方海岸带地区多云多雨，往往难以实时获取高质量的影像，因此传统的星载影像较难获取海岸带植被或入侵植物在不同月份的动态变化，信息监测具有一定滞后性。大部分研究利用遥感技术探讨海岸带植被及入侵植物的生态学或生物物理参数，生物化学参数较少涉及，因此较难在大尺度上理解海岸带植被在碳氮循环中发挥的重要作用，其仍有待被深入研究。无人机作为一种新型的遥感平台，以其灵活、便捷、快速、高精度的特点，已经在红树林监测中展现出巨大潜力，然而现有的无人机红树林遥感监测的资料十分有限，且主要集中于高分辨率航空影像的应用（冯家莉等，2015）。

2.2.4　海　岸　线

海岸线为陆地与海洋之间的交界线，其随潮水涨落而发生位置变动（Dolan et al.，1980）。海岸线可以大致划归为人工岸线与自然岸线两个一级类，进而根据形态和组成物质将自然岸线划分为基岩岸线、砂质岸线、生物岸线、淤泥质岸线等二级分类（毋亭和侯西勇，2016）。近年来，遥感以其覆盖范围广、重复周期短、获取成本低等特点，在海岸线研究和监测中表现出显著优势（张明等，2008），成为海岸线研究中的重要手段。

基于遥感技术的海岸线研究所用到的数据源主要是光学影像，其包括 LandsatTM/ETM+MODIS（Huete et al.，2002）、FPRMOSA-2、SPOT、CBERS、资源三号卫星等，其中使用最普遍的是 Landsat 系列数据。同时，LiDAR 也在海岸线研究中有一定程度应用，受制于其成本高的缺点（隋立春和张宝印，2006），其目前仅应用于小范围的海岸线研究（Klemas，2011）。海岸线的提取多采用边缘提取算子，如 Canny 算子（Chen and Chang，2009）和 Sobel 算子（王李娟 等，2010），或利用归一化水体指数（NDWI）、修复归一化水体指数（MNDWI）法进行水陆分离后，利用轮廓边界跟踪技术进行海岸线提取（McFeeters，1996）。在此基础上，结合影像上各类型海岸线的地理及光学特征，建立海岸线解译准则并对海岸线类型进行人工目视解译，确定其类型。基于遥感影像的海岸线分类在一定程度上受到影像空间分辨率制约，误差较大，其在分类精度上仍有很大提升空间。高空间分辨率遥感影像的应用将有助于改善海岸线的提取精度。

2.2.5　水　　色

近年来受沿海地区经济高速发展及全球气候变化的影响，沿岸水体正面临着越来越大的压力，主要表现为水质下降、赤潮频繁发生等。海岸带水色遥感通过获取海面上行的离水辐亮度，经大气校正和水色信息反演，得到水体中浮游植物色素浓度、悬浮颗粒浓度等要素信息，进而实现对河口、近岸水体水质的大范围动态监测，为近海初级生产力、海洋通量、渔业资源监测等方面提供一种有效工具（潘德炉等，2000；潘德炉和白雁，2008）。

大多数水色传感器的设计与使用主要针对全球开阔大洋，而专门用于海岸带水色遥感的卫星传感器非常少（HICO 已于 2014 年 9 月停止运行）（Lucke et al.，2011；Mouw et al.，2015）。对于海岸带水体来说，受人类活动、潮汐、近海环流等影响，水体组分复杂且空间分布多变，因此对卫星传感器的光谱分辨率、时间分辨率及空间分辨率有着比大洋水体更高的要求（Lucke et al.，2011；Lee et al.，2012；Odermatt et al.，2012）。目前，海岸带的水色遥感主要采用全球性太阳同步水色卫星产品，如 MODIS 中等分辨率数据（250m 和 500m）、MERIS 全分辨率数据（300m）等，地球同步水色卫星，如 GOCI 也可为近海水体动态监测提供高时间分辨率的遥感产品；然而，已有水色卫星有限的空间分辨率阻碍了从遥感角度研究近岸及河口区域小尺度物理过程的生态效应（Lee et al.，2012）。未来将会有一系列适用于海岸带的地球同步水色卫星及高空间、高光谱分辨率的太阳同步水色卫星发射计划，以期满足人们对研究和应用过程中的需求

（McClain and Meister，2012）；除此之外，一些高分辨率非水色卫星，如 Sentinel-2 和 Landsat 8 也可应用于近岸浑浊水体透明度、叶绿素浓度等水色要素的反演与监测（Pahlevan and Schott，2013）。

近海区域大气校正是海岸带水色遥感的关键技术之一，由于近海水体悬浮物浓度高，且受吸收性沙尘气溶胶影响较大，标准的大洋一类水体大气校正算法应用于该海区会出现"过校"现象（潘德炉和白雁，2008）；针对这一难题，许多学者对算法进行了改进，使其适用于近海浑浊水体，但目前大气校正过程仍是近岸水色遥感重要的误差来源（Bailey et al.，2010；Aurin and Dierssen，2012；Kiselev et al.，2015）。在水色反演算法研究方面，应用对象已从最初关注的近岸叶绿素浓度扩展至多种水色参数（如透明度、悬浮泥沙浓度、黄色物质浓度等）和一些综合污染指标，如营养状态指数等，其类型可主要分为经验算法和半分析算法两种（Lee et al.，2002；Bailey et al.，2010；Matthews，2011）；由于近岸水体物质组成多样、来源复杂，水体生物光学特性的差异较大，水色反演算法的区域性特征明显，未来需要在大量现场数据同步采集基础上不断优化现有算法，以提高水色遥感的反演精度与应用范围（Odermatt et al.，2012；Mouw et al.，2015）。

2.2.6　水深和水下地形

近岸水深和水下地形是海岸带环境的重要因素，其测量数据在航运安全保障、海洋科学研究、近岸风暴潮模拟、沿岸设施建设、海洋生态系统监测、海岸带管理、岸线侵蚀坍塌监测等方面有着重要应用。最早的水深测深主要是通过船载铅垂线进行测量。这种作业方式效率低，测点分布稀疏，受海流影响很大。进入 20 世纪 20 年代，出现了基于声呐技术的回声测深仪，标志着海洋测绘进入了一个新的时代。但是它具有水深测量点间距太大、反映地形信息很粗糙、测深分辨率和精度较低等显著缺点（李家彪，1999；赵建虎和刘经南，2008）。为满足进一步海洋考察的需要，70 年代在回声测深仪基础上发展了多波束测深系统。该系统通过发射、接收波束相交在海底与船行方向垂直的条带区域形成数以百计的波束脚印，根据波束到达时间和几何特征计算海底深度值，从而获取船底一个条带覆盖区域多点的深度，极大地提高了海洋测绘的作业效率。如今多波束测深设备经过近 40 年的发展，其性能日益完善，已经达到了较高的水平，并逐步朝着宽覆盖、窄波束角、多功能一体化、小型化等方向发展（李海森等，2013）。

基于船载的声呐测深系统虽然是当前近岸测深的主要手段，但是其存在费时、人力成本高等缺点，而且无法测量测深船只无法航行的区域。为弥补现场测量的缺陷，基于遥感手段的近岸水深和水下地形测量的方法得以发展，这些方法主要包括光学摄影测量、多光谱遥感测深、SAR 浅海测深、卫星高度计测深和机载激光测深等（申家双和潘时祥，2002；Klemas，2013）。光学摄影测量利用不同角度拍摄的水底立体像对，通过摄影测量的方法提取水下地形（王有年等，1988）。该方法只能在水色特别清澈的情况下进行，受水体浑浊度、海水悬浮物、太阳照度、海浪大小等因素影响非常大。多光谱遥感测深基于不同光学波段接收辐射亮度与水深之间的关系，通过建立物理模型或者经验模型反演水深信息（Lee et al.，2010）。水下地形在潮流、风的作用下会影响 SAR 的海表散射强度，基于这样的物理过程可以从 SAR 散射强度信息中反演水深信息（范开国等，2012）。卫星高度计测深是根据测高卫星获取的海面高程恢复海洋重力场，再由重力异常计算海洋深度（Smith and Sandwell，1997）。不过，基于多光谱数据、SAR 数据或卫星测高数据的水深反演都是间接测量方法，其水深测量精度往往得不到保证。

机载激光测深是一种主动式的水深测量方法，它通过发射可以穿透水体的蓝绿波段激光直接进行水深测量（Guenther，2007；Wang et al.，2015），它能够快速高效精确地测量近岸水深和水下地形。20 世纪 60 年代，美国军方为满足军队潜艇搜寻和两栖登陆的需求，开始提出机载测深激光的概念。60 年代末，雪城大学研究中心开展的机载激光测深试验确定了可穿透激光在近岸水域的水深测量能力。进入 70 年代，加拿大、苏联、瑞典、澳大利亚等国家都开展了大量关于机载测深激光的试验。到 80 年代，加拿大开发出世界上第 1 个可操作使用的机载测深激光系统（LARSEN-500）。其他国家也陆续推出了可实用的测深激光系统。随着定位、惯导、激光和计算机技术的飞速发展，激光测深系统从可实用阶段慢慢进入商业化阶段。

中国从 20 世纪 90 年代开始也进行了激光水下探测系统研发，包括中国海洋大学（Liu，1990）、中国科学院上海光学精密机械研究所（胡善江等，2006）等单位都进行了相关系统研制，但比较遗憾的是，这些机载激光测深系统都还处于试验阶段，尚未实现真正产业化应用。现在已经成功商业化的机载测深系统主要有 SHOALS、ERRARL、CZMIL、LADS、HawkEye 等（翟国君等，2012）。这些系统已经被应用于一些近岸水下测绘工程中。与陆地机载激光系统相比，测深激光设备需要发射高能量穿透水体的激光，其体型和质量较大，对设备要求很高。目前，这些商用机载测深系统的成本较高，应用相对局限。近几年，为满足针对更浅海区域（<12m）的低成本测深需求（Fernandez-Diaz et al.，2014），Optech 和 Riegl 公司分别开发了 Aquarius、RIEGL VQ-880-G 轻型机载测深系统。深圳大学也在深圳市"创新链+产业链"未来产业发展专项资金的资助下开始开展轻型浅水激光测深系统的研发工作。这些测深激光设备更轻便、成本更低、应用针对性更强。它们的发展也为机载测深激光更广泛的应用奠定了基础。

2.2.7　灾　　害

海岸带灾害包括海岸带滑坡、海啸造成的海岸带地质灾害和海洋溢油污染造成的海岸带生态灾害等。对海岸带灾害进行全面系统的调查、监测、预警预报，对于海岸带防灾减灾和海洋经济的发展具有重要意义。

海岸带滑坡是一种破坏性极强的频发地质灾害。海岸带滑坡的遥感监测方法包括光学遥感和微波遥感两类。光学遥感滑坡调查通过滑坡前后基础影像的地物特征点识别滑坡运动特征，提取灾害点信息（李铁锋等，2007；王治华，2007）。微波遥感滑坡监测方法有基于雷达相位信息和基于雷达幅度信息两种模式。基于雷达相位信息的合成孔径雷达干涉测量（InSAR）是一种毫米级精度的大地测量工具，但传统的干涉测量的观测精度容易受到地形、大气和轨道等误差源的影响。此后，时序合成孔径雷达干涉测量

（MT-InSAR）技术开始用于滑坡体长周期的运动趋势研究以及短周期的季节性活动研究（Liao et al.，2012；Liu et al.，2013）。MT-InSAR 可通过多幅雷达影像干涉图对 InSAR 的误差源进行校正，从而提高滑坡监测的精度，其监测成果可用于泥石流灾害预警（Sun et al.，2015）、滑坡体积质量估计和滑坡动力学机制分析（Motagh et al.，2013）。基于雷达幅度信息的监测模式适用于部分滑坡速度快的滑坡体存在形变量超过 InSAR 可检测的最大形变梯度的情况（Jiang et al.，2011）。地表散射特性变化引起的时间去相干效应和垂直基线引入的空间去相干效应也会造成形变相位失真的情况。这两种情况下，无法通过相位干涉来获取滑坡的雷达视线方向形变量，可选择偏移量跟踪技术，获取 SAR 影像上地物对应像素点的位移量（Singleton et al.，2014）。

　　海啸是由海底地震、火山喷发、水下塌陷或滑坡触发的破坏性海浪。2004 年印度洋海啸造成 28 万人罹难（崔秋文等，2005），引起了全球对于海啸监视和预测工作的重视（叶琳等，2005）。海啸预警系统和实时监测工具包括：用于地震监测的实时强震传感器和卫星导航定位系统（BDS/GPS）网络（Chen et al.，2015）、用于感应异常海浪的深海压力记录仪（BPR）网络（如美国 NOAA 运行的 DART 系统）以及海啸接近海岸时高频（HF）雷达海流速度观测（Lipa et al.，2011）。海啸预警系统的正常运行可以为沿海居民在海啸发生过程中赢得宝贵的逃生时间。除实时预警系统外，遥感可用于海啸发生之前的潜在风险区域评估，用于海啸的前期预警（Theile-Willige，2006）和高效疏散预案的制定（Wang and Li，2008）。遥感可有效评估受灾区域房屋、建筑和工农业用地的受损程度（刘亚岚等，2005），基于长期的遥感影像时序观测可以量化评估海啸后海岸带植被的破坏和恢复过程（Villa et al.，2012）。

　　海洋油污污染的主要来源是船舶和石油平台，海洋溢油事故发生频率高、影响范围大、影响程度深，因此溢油监测对于溢油污染的及时处理和海洋生态环境保护具有重要意义。遥感溢油范围监测手段包括可见光、近红外、高光谱和微波遥感监测。可见光范围的溢油监测主要数据源包括 MODIS、MERIS 和 Landsat TM/ETM+等光学影像，此外，Landsat 8 影像还可识别海上的石油和天然气开发平台。近红外光谱分析系统主要用于实地实时的溢油检测。高光谱遥感根据光谱特征可区分不同类型的油污。微波遥感具备全天候的油污探测能力，但需要在一定的风力条件下，油膜才会减少雷达波的后向散射，在 SAR 影像上以暗区域存在。另外，根据 SAR 影像的极化信息和散射特征，也可以实现溢油信息的提取。

　　遥感在海岸带灾害领域具有不可忽视的监测能力，但在突发性的海岸带灾害面前，获取任意时间地点的遥感数据暂时还无法实现，所以为了实现遥感对于海岸带灾害的快速反应，还需要进一步开发海岸带遥感监测平台，提高海岸带遥感观测技术水平。

2.3　基于遥感技术的海岸带生态环境要素监测

2.3.1　遥感监测海岸带生态环境的要素选择

　　遥感技术的发展为海岸带生态环境质量的监测与评价带来了极大的便利。遥感具有覆盖范围大、探测频率高、时效性强、成本低等特点，为遥感信息的快速、准确、动态监测与预测提供了重要的技术手段。利用遥感方法提取生态环境评价指标，对生态环境进行跟踪监测，可以有效地把握区域生态环境质量态势，提高决策质量，及时防止生态环境过度恶化，通常利用遥感技术进行海岸带生态环境评价选取的参数有两类。

1. 水质参数的反演

叶绿素 a 浓度：叶绿素 a 是浮游植物用于光合作用的主要色素，能反映水中浮游生物和初级生产力的分布，对水色、水质产生影响，对水体环境具有重大研究价值，其含量变化也是反映水体富营养化程度的重要指标，还是指示海岸带环境质量的重要指标。

悬浮物浓度：悬浮物是水体中最重要的水质参数之一，直接影响水体的透明度和浑浊度等光学性质，同时悬浮物还是可溶解氮、磷等污染物的载体，监测水体中悬浮物浓度，对水质污染的防治有重大意义。

海表温度：海表温度与水中生物群落活性、溶解氧含量等密切相关，水温的变化超出了常规区间的现象往往伴随着温排水、赤潮等水污染现象的发生，因此海表温度水域环境健康具有良好的指示意义。

2. 地表变化的监测

海岸带的变迁对环境具有显著的指示意义，通过遥感技术对卫星影像的时序进行分析就可以得到海岸带近年来的变迁，这为海岸带环境的研究提供了强有力的支持。海岸带变化检测的内容将在本书第 4 章进行详细的研究，在此不再赘述。

2.3.2　遥感监测海岸带生态环境的原理

Han（1994）对不同叶绿素 a 浓度的水体的光谱曲线进行了研究，发现水体的光谱特征会随着叶绿素 a 浓度的不同而产生差异，这种差异为遥感反演叶绿素 a 浓度提供了理论基础（图 2-3）。水体在 0.575μm 及 0.725μm 附近存在发射峰，在 0.675μm 及 0.45μm 附近存在吸收峰，同时随着叶绿素 a 浓度的提高反射率也会相应提高。

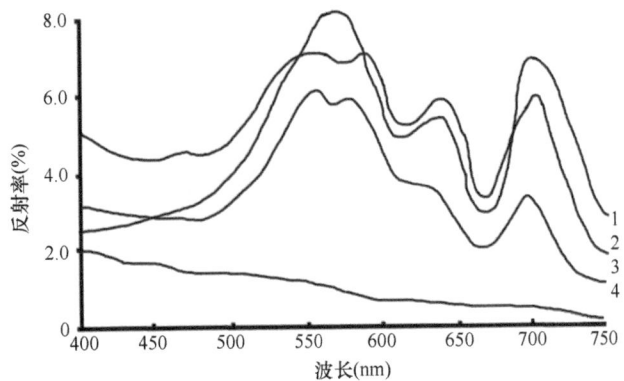

图 2-3　传感器端接收的电磁波辐射组成（Han，1994）

1-90μg/L；2-70μg/L；3-48μg/L；4-2μg/L

　　海表温度不等于水体温度，由于只有在海水表面附近的极薄的海水层发射的电磁波可以跃出水面，卫星遥感技术测量到的海表温度往往仅代表水体最上非常薄的水体温度（Kozai et al.，2006）。遥感领域常利用卫星影像的红外通道来反演海表温度，传感器端口接收的红外波段的辐射信号不仅包括海表温度的部分还包括部分噪声，因此需要滤除这些噪声（Cheng et al.，2002）。大气散射是主要的噪声之一，红外波段受大气影响较小，是良好的反演波段（Hieronymi et al.，2016）（图 2-4）。

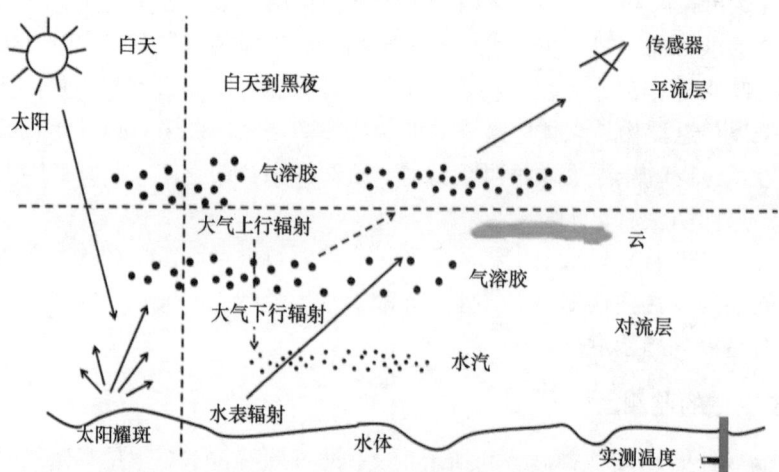

图 2-4　传感器端接收的电磁波辐射组成（Han，1994；阎福礼，2015）

　　水体具有固有光学特性，其变化仅由水体自身的物理构成所决定，因而悬浮物浓度的变化会导致固有光学特性的改变，其是构建悬浮物反演模型的理论基础（Pavelsky and Smith，2009）。水体各波长的反射率值随着悬浮物浓度的升高而显著提高（图 2-5）。反射峰处于 0.75μm 附近而吸收峰处于 0.95μm 附近。随着悬浮物浓度的增加反射峰具有红移现象（即向长波移动）而吸收峰具有绿移现象（即向短波移动）（Shen and Zhang，2011）。

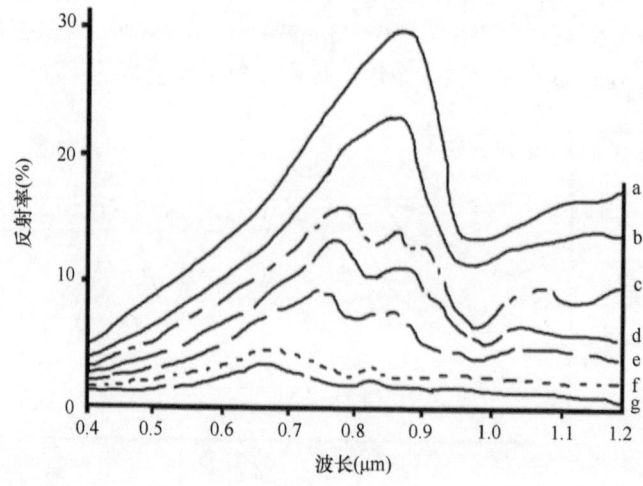

图 2-5　水体反射率在不同悬浮物浓度的分布

a-1681mg/L；b-870mg/L；c-350mg/L；d-173mg/L；e-65mg/L；f-21mg/L；g-16mg/L

　　水色遥感发展至今形成多种类型的各类反演算法，总结而言，这些反演算法可以归为三类：经验模型算法、半经验半分析模型算法和分析模型算法（表 2-15）。

表 2-15　三类反演模型特征对比

模型类别	精度	模型复杂性	模型普适性	是否依赖实测数据	理论基础
经验模型	最低	最低	居中	是	缺乏理论基础
半经验半分析模型	居中	居中	最低	是	具有一定的理论基础
分析模型	最高	最高	最高	否	具有完善的理论基础

　　经验模型算法：经验模型较半经验半分析模型和分析模型而言缺少一些理论基础，它的构建主要依赖于大量的实测数据，实测数据的质量会显著影响经验模型的精度（Dörnhöfer et al.，2018）。通常的经验模型是在影像数据的光谱特征和对应水质参数之间进行相关性分析，选择相关性最高的波段组合来建立反演水环境参数的回归模型。按照波段组合的类型可以分为单波段模型、比值模型、插值模型、对数模型、指数模型等。按照回归方程的类型可以分为线性模型和非线性模型（Peng et al.，2012）。之后，随着计算机技术和数学理论的发展，又出现了基于神经网络、基于主成分分析等的经验模型。经验模型的优点是模型结构简单，成熟度高，在实测数据质量良好的时候具有较好的表现。

　　半经验半分析模型算法：这类模型建立在依托于实测数据的基础上，其是考虑了电磁波辐射传输模型、数学统计理论、水体的组成及光学特性等物理机理，将两者相结合而形成的反演模型算法。半经验半分析模型在叶绿素 a、悬浮物等水环境参数的反演工作中均取得了良好的结果。近年来，机器学习方法的研究不断深入，也有不少学者将机器学习的技术与遥感知识相结合提出了新的类似 BP 神经网络的半经验半分析模型，并取得良好的结果，从而促进了该领域的发展。不过该类方法的精度受限于研究区域的水体组成成分，部分模型计算过程复杂，模型往往不具有良好的移植性（Mitsch，1973）。

　　分析模型算法：分析模型算法通过模拟电磁波在大气和水中传播的全过程，计算传感器端的辐射值和水体各参数（如吸收系数和散射系数）之间的关系，从而推导出目标水质参量的浓度。该算法具有严格的物理基础，且不需要测试数据的辅助，所以具有很好的通用性（Pavelsky and Smith，2009）。但是物理过程的模拟是个复杂而精细的过程，难度较大，且对环境的状态非常敏感。所以，分析模型的精度建立在环境参数精确测量的基础上，依赖于高精的设备和高质量的卫星数据，实现难度较高，现有的研究也较少。

　　下面分别介绍叶绿素 a 浓度、海表温度和悬浮物浓度的经典反演模型。

1. 叶绿素 a 浓度反演经典算法

1）单波段模型

　　单波段模型是最为典型的叶绿素 a 经验模型，该方法通过选择与叶绿素 a 浓度相关性最高的单波段来构建模型：

$$C_{\text{chla}} = K \times B_i + T \tag{2-7}$$

式中，C_{chla} 为水体叶绿素 a 浓度；B_i 为反演算法选用的影像波段；K 与 T 为相关系数。

2）比值模型

比值模型也是常用的叶绿素 a 浓度反演经验模型，通过将光谱分析选择与叶绿素 a 浓度相关性最强的波段比值作为模型的输入来进行估算：

$$C_{\text{chla}} = f\left(\frac{B_i}{B_j}\right) \tag{2-8}$$

式中，C_{chla} 为叶绿素 a 浓度；$\dfrac{B_i}{B_j}$ 为反演算法选用的影像波段组合；f 为使用的映射关系。

3）插值模型

与比值模型原理类似，插值模型是将卫星数据波段的插值结果作为模型的输入来估算叶绿素 a 浓度：

$$C_{\text{chla}} = f(B_i - B_j) \tag{2-9}$$

式中，C_{chla} 为叶绿素 a 浓度；$B_i - B_j$ 为反演算法选用的影像波段组合；f 为使用的映射关系。

4）三波段模型

三波段模型是较为成熟的叶绿素 a 反演半经验半分析模型，该模型的理论基础是电磁波在水体内的传输模型，一般通过对实验区水体的光谱分析选择出三个敏感波段来进行估算：

$$C_{\text{chla}} = K \times R\left(B_i\right) \times \left[R^{-1}\left(B_i\right) - R^{-1}\left(B_j\right)\right] + T \tag{2-10}$$

式中，C_{chla} 为叶绿素 a 浓度；$R\left(B_i\right)$ 为影像波段 B_i 的反射率；$R^{-1}\left(B_i\right)$、$R^{-1}\left(B_j\right)$ 为影像波段 B_i、B_j 反射率的倒数；K、T 为反演模型的相关系数。

5）四波段模型

四波段模型是对三波段模型的改进，通过增加影像波段来减轻水体中泥沙悬浮物、黄色物质等其他物质的影响，从未提高反演精度（Le et al.，2009），其常用的回归模型如下：

$$C_{\text{chla}} = K \times \left[\frac{R^{-1}\left(B_i\right) - R^{-1}\left(B_j\right)}{R^{-1}\left(B_k\right) - R^{-1}\left(B_l\right)}\right] + T \tag{2-11}$$

式中，C_{chla} 为叶绿素 a 浓度；$R^{-1}\left(B_i\right)$、$R^{-1}\left(B_j\right)$、$R^{-1}\left(B_k\right)$、$R^{-1}\left(B_l\right)$ 为影像波段 B_i、B_j、B_k、B_l 反射率的倒数；K、T 为反演模型的相关系数。

2. 海表温度反演经典算法

1）单通道算法

单通道算法是仅利用卫星数据的一个热红外波段来反演海表温度，通过大气辐射传输模型的机理校正大气和比辐射率等影响来获取估算结果。该类算法精度受到大气廓线等辅助数据的影响，其最基本的模型如下：

$$T_{sst} = \frac{T}{1 + (\alpha \times T / \gamma)\ln\beta} \tag{2-12}$$

式中，T_{sst} 为反演的海表温度结果；T 为亮度温度；α 为波谱灵敏度的最大值；γ 为玻尔兹曼常数；β 为比辐射率。

2）Jimenez-Munoz 改进的单通道算法

Jimenez-Munoz 和 Sobrino（2003）利用数学推导将普朗克函数进行微分处理，模拟大气效应的影响，得出了普适性单通道算法：

$$T_{sst} = \gamma\left[\frac{(\varphi_1 L_{sen} + \varphi_2)}{\varepsilon} + \varphi_3\right] + \delta \tag{2-13}$$

$$\gamma \approx T_{sensor}^2 / b_\gamma L_{sen} \tag{2-14}$$

$$\delta \approx T_{sen} - T_{sen}^2 / b_\gamma \tag{2-15}$$

式中，T_{sst} 为反演的海表温度结果；T_{sensor} 为星上亮度温度；L_{sen} 为表观辐射亮度，由辐射定标获得；参数 γ 与 δ 表达式来源于普朗克法则的线性近似；φ_1、φ_2 和 φ_3 为大气影响因子。

3）覃志豪单通道算法

覃志豪等（2001）对单通道算法进行改进，针对 Landsat 系列数据提出了改进后的单通道算法：

$$T_{sst} = \left\{k\left(1 - C - D\right) + \left[m\left(1 - C - D\right) + C + D\right]T_s - DT_m\right\} / C \tag{2-16}$$

$$C = \tau\varepsilon \tag{2-17}$$

$$D = (1 - \gamma)\left[1 + (1 - \varepsilon)\tau\right] \tag{2-18}$$

式中，T_{sst} 为反演的海表温度结果；γ 为大气透过率；ε 为水面比 δ；T_s 为亮度温度；T_m 为大气平均作用温度；k、m 为回归系数。

4）劈窗算法

劈窗算法适用于具有多个热红外波段的影像数据，其原理是利用不同热红外波段进行计算来矫正水汽的影响，该算法具有较好的精度，下面介绍 Jimenez-Munoz 等改进后的劈窗算法（Jimenez-Munoz，2005）：

$$\begin{aligned} T_{sst} = &\, T_{10} + c_1(T_{10} - T_{11}) + c_1(T_{10} - T_{11})^2 + c_0 \\ &+ (c_3 + c_4\,\omega)(1 - \varepsilon) + (c_3 + c_4\,\omega)\Delta\varepsilon \end{aligned} \tag{2-19}$$

式中，T_{10} 和 T_{11} 分别为热红外波段的亮温温度；ε 为平均比辐射率；$\Delta\varepsilon$ 为比辐射率差值；ω 为大气水汽含量；$c_0 \sim c_6$ 为参数。

3. 悬浮物浓度反演经典算法

1）经验模型方法

$$\log Y = aX + b \tag{2-20}$$

$$\log Y = aX^2 \tag{2-21}$$

$$\log Y = aX^3 + bX + c \tag{2-22}$$

式（2-20）～式（2-22）为常见的经验模型表达形式，Y 为悬浮物浓度；X 为波段组合。

2）分段反演模型

悬浮物浓度不同的水体具有不同的光谱反射特性，高悬浮物浓度的水体的敏感波段相较于低浓度的会向高值处移动，因而根据悬浮物浓度不同构建分段模型来反演悬浮物浓度是一种有效地提高精度的手段，式（2-23）是黄河口分段反演模型表达式（周媛等，2018）：

$$\log \mathrm{SPM} = \begin{cases} 0.4505\dfrac{\mathrm{B4}}{\mathrm{B2}} + 0.8503 & \mathrm{SPM} \leqslant 50\mathrm{mg/L} \\ 1.5208\dfrac{\mathrm{B5}}{\mathrm{B3}} + 1.6644 & \mathrm{SPM} > 50\mathrm{mg/L} \end{cases} \tag{2-23}$$

式中，$\dfrac{\mathrm{B4}}{\mathrm{B2}}$ 为波段 4 与波段 2 的反射率比值。当悬浮物 $\leqslant 50\mathrm{mg/L}$ 时，B4 波段与 B1、B2 或 B3 的比值，B5 与 B1、B2、B3 或 B4 的比值，都属于反演悬浮物浓度的敏感比值波段。

2.3.3　遥感海岸带生态环境监测现有技术进展

1. 叶绿素 a 浓度反演

国内外专家对海岸带水域叶绿素 a 浓度反演的进展是围绕着反演模型的改进与变迁所展开的，按照研究的递进反演，模型可分为经验模型、半经验半分析模型、分析模型等。叶绿素 a 的反演算法也多种多样，从方法上可以分为单波段模型、波段比值模型、荧光基线法模型、三波段模型及其最新兴起的机器学习人工智能方法等。其中，分析模型法的研究可以追溯到 1975 年，Gordon 等提出了分析水体内的电磁波传输模式，基于水体组分与固有光学量、固有光学量与表观光学量之间的关系，模拟水中光场分布，进而反演水质参数的思路。但是分析模型法面临着复杂的理论推导和各类模型参数获取的难题，而海岸带水域更加剧了算法的难度，所以利用物理模型的方法来进行海岸带水域叶绿素 a 浓度估算的研究较少（Campbell et al.，2011；Wenling et al.，2009）。

经验模型的原理是基于统计学，分析叶绿素 a 浓度和波段组合的相关性。其中，常见的方法有单波段法、波段比值法和波段差值法等。单波段法是通过光谱分析后将被认为对叶绿素 a 敏感的波段作为模型的输入数据，利用实测数据与输入数据的关系建立回归模型来估算叶绿素 a 的浓度。受限于参数少且结构简单，单波段法往往不具有普遍性，移植后反演效果不佳，尤其在海岸带水域地区普适性较差（Allan et al.，2011）。大气和地物漫反射对叶绿素 a 的反演工作有着很大的干扰，而国内外学者通过研究发现，这种干扰可以有效地通过相关波段的比值计算来消除。由此，波段比值法成为了研究热点。例如，经典的基于 Rrs704/Rrs672 的波段比值来反演叶绿素 a 浓度的方法和基于 Rrs719/Rrs667 的波段比值来反演叶绿素 a 浓度的方法等。段洪涛等（2006）在查干湖区域研究利用高光谱影像反演叶绿素 a 浓度的方法，并提出了基于 Rrs710/Rrs490 波段比值来反演叶绿素 a 浓度的方法。早年各研究者选取的波段都比较相近，直到 2014 年，Huang 等（2014）在前人的工作基础上进了改进，提出了改进的波段比值来反演叶绿素 a 浓度的方法，并取得了良好的反演结果。波段比值反演叶绿素 a 的模型结构简单且具有良好的精度，所以在国际上一类海岸带水域中都得到了广泛的应用。SeaWIFS、MODIS、GOCI 等卫星数据都选择使用波段比值法生产叶绿素 a 浓度的产品数据。常见的波段插值法包含差值植被指数（DVI）法和归一化植被指数（NDVI）法等。王珊珊等（2015）在太湖利用 DVI 法反演太湖水域叶绿素 a 浓度，取得了不错的结果。NDVI 法与 DVI 法类似，研究表明，NDVI 指数与叶绿素 a 的浓度也具有相关性，李云亮等（2009）在太湖流域结合 NDVI 指数和对数模型进行反演叶绿素 a 浓度的实验，模型的 R 值达到 0.805。

经验模型在一类水体的反演工作中取得了不错的成果，但在海岸带水域中经验模型的精度往往令人不满意，因此国内外的学者们开发了众多半经验半分析模型来应用于海岸带水域的叶绿素 a 反演工作中（Wang et al.，2015）。半经验半分析模型方法是将实测水质参数数据、实测光谱数据和机理分析模型相结合，利用辐射传输模型、统计分析方法和经验方程来共同估算水域叶绿素 a 浓度。常见的半经验半分析模型包括三波段法、APPLE 模型法等。APPLE 模型法利用叶绿素 a 和水体在近红外波段的波谱差异性来提取叶绿素 a 的信息进行浓度估算。三波段法最早是 Dall 等（2005）在对陆地植被叶绿素 a 浓度反演时提出的。该方法是结合光在水体中的辐射传输理论与统计分析学知识，借助三个光谱波段将叶绿素的光谱特征从水域整体光谱中筛选出来，该方法具有坚实的理论基础。杜聪等（2009）利用 Hyperion 高光谱数据的三波段法反演太湖叶绿素 a 浓度，并将三波段法、比值法、单波段法和一阶微分法的结果进行对比，其结果表明三波段法是精度最高的模型，验证了三波段法在湖泊水域的可行性。总结来说，三波段法在海岸带水域叶绿素 a 浓度的反演中普遍取得了较好的结果，它建立了水体影像光谱波段和叶绿素 a 浓度之间的映射关系，但是不同水域的最佳三波段组合方法需要因地适宜地探究。除了上述常用的方法，国内学者也在不断探究不同的半经验半分析方法，唐军武等（2004）提出了一种水体多参数的反演方法，该方法可以通过经验公式和数理分析一次性反演出水体多个参数的估算结果。

2. 海岸带水域海表温度遥感反演国内外研究现状

海洋表面温度（sea surface temperature，SST）是研究全球或区域气候变化、数值天气预报的重要参数，是控制水体与大气热量、水分交换的重要变量，对理解水体生物物理过程具有重要意义（Qin et al.，2001）。传统的温度测量多依靠船舶、浮标、监测站等设备来进行，具有较高的精度但成本较高，数据较少，难以符合现代研究的大数据要求。

遥感技术应用于水体表面温度监测的历史源于近代，在最初的阶段只是实验性、小规模的研究，直到 1981 年 NOAA 发射了 AVHRR 卫星，该卫星可完成全球范围的监测，可以生产连续的全球海洋海表温度产品。这一事件标志着遥感技术实现了对海洋温度的大规模连续性监测，打破了传统技术的局限，从此利用卫星遥感技术进行温度监测得到了广泛的关注与应用（阎福礼等，2015）。随着一类水体的大区域海表温度反演的成功，越来越多的专家开始研究在人类活动频繁的海岸带水域中的海表温度反演方法。至今，基于各尺度数据、各类型平台、各机理模型的海岸带水域海表温度反演方法蜂拥呈现，形成了众多的成果，下面按照数据和模型的区别简单介绍一下国内外学者们的研究进展。

在海岸带水域海表温度反演的发展过程中，遥感反演海表温度的方法从数据结构而言可以分为两类：红外遥感反演方法和微波遥感反演方法（阎福礼等，2015）。红外遥感反演方法是基于卫星光学数据的红外波段来进行的，其常见算法包括单通道算法和分裂窗算法等。单通道算法源于部分传感器的数据只具有一个热红外通道，所以研究者们针对这些数据开发了基于单个热红外通道的温度反演算法，其中具有代表性的是在 2001年，Qin 等（2001）对单通道算法进行改进，利用 TM 数据反演以色列-埃及边境地区温度。之后，Jimenez-Munoz 等（2003）利用数学推导对普朗克函数进行积分和模拟，以此提出了一种普适性单窗算法，并得到广泛应用。国内广大学者也对单通道算法开展了大量研究，周旋等（2012）对大气辐射传输模型与单窗算法的机理进行研究，提出了基于大气辐射传输模型的单通道海表温度反演算法，其反演结果与实测结果的标准方差为0.73℃。劈窗算法属于多通道算法，随着传感器的发展，越来越多的卫星数据具有多个热红外通道，Anding（1988）发现了可以利用两个热红外波段的差异来校正大气水汽的影响，因此利用热红外波段的差异来反演温度的劈窗算法开始被广泛研究，成为海表温度反演中应用最多的方法。相比于单窗算法，劈窗算法具有更高的精度和更少的参数。下面介绍一些典型的劈窗算法。Landsat 系列数据是目前最为成熟和稳定的卫星数据之一，它具有两个热红外波段，因此很多研究者都针对 Landsat 提出了不同的劈窗算法。Offer Rozenstein 在 Qin 等（2016）的研究基础上提出了适合 Landsat 传感器的改进的劈窗算法。但徐涵秋（2016）在《Landsat 8 热红外数据定标参数的变化及其对地表温度反演的影响》一文中表明 Landsat8-TIRS 第 11 波段具有较大的误差，所以 Landsat 数据更为适合应用单通道算法来进行温度反演研究。利用微波数据反演海洋表面温度的算法主要包括 3 类：统计算法、辐射传输模型的半经验半分析算法和神经网络算法。其典型业务化算法是 Wentz 等（2000）提出的多元线性回归算法和非线性迭代算法。

3. 海岸带水域水体悬浮物浓度遥感反演国内外研究现状

悬浮物浓度（TSM）指悬浮在水中的固体物质浓度。海岸带水域不同于一类水体的一大特点便是由于临界陆地且受人类活动影响明显，海岸带水域中悬浮物的含量远远高于一类水体，因此水中悬浮物含量是衡量海岸带水域水污染程度的指标之一，也是海岸带水域水环境评价的重点之一。国内外学者对于悬浮物浓度的反演已经有了很多研究，目前常用的悬浮物反演模型有经验模型、半经验半分析模型和分析模型三类。

经验模型的产生离不开现场数据的支持，大多数经验模型是对实测数据与遥感光谱数据进行分析，寻找实测数据与光谱数据之间的相关性。早期常用的经验模型包含对数形式、线性形式、指数形式等。国外悬浮物的遥感反演起步较早，最初利用经验模型反演水体悬浮物浓度可以追溯到 1973 年，Williamson（1973）通过对实测数据和 Landsat 系列数据的研究，发现水体悬浮物浓度和 Landsat 波段具有相关比例关系。随后 Liedtke（1987）对利用多光谱遥感技术鉴别悬浮泥沙浓度进行了进一步的研究，他得出了红波段在悬浮物浓度较低时具有较高敏感性，而红、绿波段的比值适用于悬浮物浓度较高的情况的结论。Mertes（1993）进行了从陆地卫星图像估算亚马孙河湿地地表水悬浮泥沙浓度的实验，认为可见光和近红外是更好的选择。Lodhi 等（1998）的研究表明，700～900nm 是更好的选择。随着数学理论和计算机理论的发展与进步，经验算法的集合里又出现了神经网络法和主成分分析法等成员。这些算法更为综合地考虑不同海岸带水域的独特性与复杂性，更加偏重于实测数据的挖掘，利用更多的波段组合进行反演实验，可得到更好的反演精度。丛丕福等（2005）在大连湾海域利用 Landsat 系列数据结合神经网络方法反演悬浮物浓度，神经网络模型的相关系数达 0.79，优于传统的统计方法。阎孟冬等（2016）基于 Landsat 数据在清河水库对比传统回归模型和支持向量机模型的悬浮物反演结果，发现相比于比值线性回归模型，LS-SVM 模型将预测值与实际值的可决系数 R^2 从 0.686 提高到 0.88。

半经验半分析模型是综合考虑水体的辐射传输机理和水中各成分的吸收散射机理，将其与经验模型相结合的方法，具有良好的应用价值。最近的研究成果有刘瑶和江辉（2018）利用后向散射系数进行了鄱阳湖悬浮物浓度反演实验。分析模型是一种机理模型，主要根据电磁波在水中的传输模型和水中各物质的电磁波机理来推测悬浮物浓度，但是因为海岸带水域成分复杂，变化频繁且区域特点明显，所以往往分析算法在海岸带水域难以取得满意的结果（Wang，2010）。

第3章 海岸带遥感监测数据的
插补与重构

海表水色是赤潮监测的重要因素。借助于 MODIS Tarra 和 Aqua 卫星的高时间重访频率（每天两次），NASA 的 MODIS 海洋水色产品在过去几十年中被广泛用于海洋动态和全球环境变化的监测。近海水域的水质状况反映了人类与当地环境之间的相互作用，是海洋科学中常见并且重要的一个关键领域。然而，遥感数据往往表现出不同的观测尺度问题。例如，MODIS 数据具有良好的时间观测尺度（每天两次）和相对较低的空间观测尺度（水色产品大多为 1km 空间分辨率），而 Landsat 系列卫星则表现出很好的空间观测尺度（水色产品为 30m 分辨率）和较低的时间观测尺度（18 天的重访周期）。而空间插补的目的就是结合这两种不同尺度的数据，通过空间插补算法和尺度转换技术，完成每天高空间分辨率数据的预测。

由于受到传感器平台和观测条件的限制，时常会出现数据缺失、分辨率不足、细节表现力有限等问题，对后续时间序列的分析、精细尺度水色参数的估算造成了很大的障碍。因此，在这些区域获得高空间和时间分辨率数据，了解近海环境中生物过程，是当前海洋遥感的迫切要求。

本章节主要讨论海岸带遥感监测数据的插补和重构方法。所谓插补重构，是指在没有数据时，利用相邻区域或相邻尺度的观测数据对待监测区域或待监测尺度进行预测的过程。本章节重点介绍不同空间分辨率遥感影像之间的空间插补技术和尺度转换技术，同时也介绍观测数据在时间序列尺度上的插补技术。

3.1 海岸带卫星遥感监测数据空间插补和尺度转换技术

海表水色是理解动态海洋生物发展过程的重要因素（Esaias et al.，1998）。借助于 MODIS Tarra 和 Aqua 卫星的高时间重访频率（每天两次），NASA 的 MODIS 海洋水色产品在过去几十年中被广泛用于海洋动态和全球环境变化的监测（Dasgupta et al.，2009；Esaias et al.，1998；McClain，2009）。近海水域的水质状况反映了人类与当地环境之间的相互作用，是海洋科学中常见并且重要的一个关键领域（Cherukuru et al.，2016）。然而，考虑到 MODIS 数据的低空间分辨率（1km），使用 NASA MODIS 海洋色产品难以捕获近海水域的详细信息。因此，在这些区域获得高空间和时间分辨率数据，了解近海环境中生物过程，是当前海洋遥感的迫切要求（Esaias et al.，1998；McClain，2009）。

3.1.1 空间插补与尺度转换技术国内外研究现状

在过去的十年中，在计算机视觉和遥感领域，人们一直致力于如何提高低影像观测的空间分辨率（Yang et al.，2010；Yue et al.，2016）。目前，主要的方法有两大类，第一类方法为图像超分辨率技术，第二类方法为时空数据融合。

在图像超分辨率领域，其基本假设是：如果这些图像遵循与用于创建低的相同的重采样过程，低空间分辨率图像中的缺失细节可以从其他高空间分辨率图像中学习或重建（Fernandez-Beltran et al.，2016；Zurita et al.，2008）。在这些方法中，关键步骤是准确预测点扩散函数（PSF），它代表形成低分辨率像素的混合过程（Yue et al.，2016）。其中，典型的案例是基于图像重建（RE）技术创建 PSF，如迭代反投影（IBP）和 PSF 反卷积。这些技术提取某些物理特性和特征，以提供有关低空间分辨率图像的更详细信息，并使用常规插值结果对该信息进行聚类，以获得最终的超分辨率图像（Fisher and Mustard，2004；Miskin and Mackay，2000；Takeda et al.，2007）。这一类方法建立在大量图像样本时，如卷积神经网络（CNN）（Dong et al.，2016）、稀疏编码（Yang et al.，2010）、贝叶斯网络（Lu and Qin，2014）、基于内核的方法（Takeda et al.，2007），以及基于 SVM 的方法（Zhang et al.，2013）。然而，在实践中，低分辨率遥感图像的实际混合过程可能太复杂而不能被基于有限样本的一个通用 PSF 模型来进行捕获。此外，当尺度比例变大时，这些方法的准确性迅速降低。大多数超分辨率算法的降尺度比为 2∶4。相反，MODIS 和 Landsat 数据之间的尺度比例为 1km/30m=33.3。由于这种巨大的尺度差异，将这些方法应用在 MODIS 数据从 1km 缩小到 30m 时，最终的结果往往表现得非常不理想。

为了避免构建 PSF 和通过样本来预测图像的具体细节，时空数据融合技术通过遵循某些规则，将精细图像合并到粗糙图像来获得更高的空间分辨率纹理细节。当没有精细的空间分辨率数据可用时，时间序列数据被用作辅助数据在同一位置提供与之对应的细节（Chen，2015）。这些时空数据融合技术基本基于两个假设：时间信息的尺度不变性和空间信息的时间恒定性（Zhang et al.，2015）。与图像超分辨率方法相比，时间序列图像融合技术不能直接从粗略数据预测高分辨率细节。相反，它通过对应的算法，结合了在同一位置的时间序列高空间分辨率图像，来提供图像中的细节。目前，基于这些技术已经建立了许多应用，如田间尺度的作物进展（Gao et al.，2017）、NDVI 时间序列（Zhang et al.，2016）、空间和时间表面反射率变化（Emelyanova et al.，2013）、初级生产力总值（Singh，2011）、植被季节动态变化（Zurita et al.，2009）、森林干扰（Hilker et al.，2009）和季节性湿地监测（Mizuochi et al.，2017）。据我们所知，这些时空数据融合技术尚未在海表水色产品上进行数据降尺度的尝试。

基于分离的时空降尺度融合模型（U-STFM）被选取作为本书时空数据融合的核心技术，原因在于它更适应下垫面的变化（Huang et al.，2014）。U-STFM 通过将时间序列的变化率与混合像素的线性分解模型相结合，为快速变化的景观中的时间序列图像融合提供了一种新的处理结构。这种方法已经在土地覆盖变化应用中得到了很好的测试，如 MODIS 地表反射率降尺度，并证明了其有效性（Huang et al.，2014）。本章节所遇到的问题是如何使用这个模型来面对海表水色产品的降尺度问题。

当应用 U-STFM 降低 MODIS 海表水色叶绿素 a 浓度产品时，需要解决两个问题。首先，U-STFM 模型要求高空间分辨率数据和低空间分辨率数据在时间序列中的变化率保持一致。然而，在水色遥感中，由于大气纠正模型和水色反演模型的差异，这种变率的一致性，在生产海洋表面叶绿素 a 产品的过程中很难得到保证。其次，在 U-STFM 中，必须减小分割区域的尺寸，以获得每个分割区域更准确的变化率，以便在最终输出中提供更详细的信息。然而，较小的区域可能导致线性非混合方程得到不一致解，这将导致最终输出中的数据缺口或不合理的预测。

3.1.2　基于 U-STFM 模型的水色遥感数据插补和重构

　　U-STFM 模型对精细和粗略空间分辨率时间序列数据上的像素或区域需要相同的变化率。由于 MODIS 和 Landsat 叶绿素 a 产品的变化率的一致性可以被不同的叶绿素 a 反演模型破坏（Pahlevan et al., 2016），因此很难直接应用 U-STFM 对 MODIS 和 Landsat 叶绿素 a 产品进行空间降尺度。然而，不同于加工后的产品，初始 MODIS 和 Landsat Rrs 产品可以保持变化率的一致性，因为二者遵循类似的大气校正过程（Pahlevan et al., 2017）。这项研究首先用时间序列 MODIS 和 Landsat 数据预测被测时间的 Rrs 数据，其次找出预测的反射率数据与 MODIS 1km 叶绿素 a 产品之间的相关性，通过回归来预测最终的高空间分辨率的叶绿素 a 浓度产品。

　　应用 U-STFM 模型来预测遥感反射率时，面临的另一个问题是分割区域的大小与线性非混合方程的稳定解之间的权衡。分割区域越小，近海叶绿素 a 的空间异质性越好。然而，较小的分割将导致线性非混合方程中的不一致解，这将导致可观察到的硬分割边界或最终输出中的不合理预测。为了克服数据缺口或不合理的异常值，其解决方案是在具有相同目标日期的时间序列数据中多次应用 U-STFM 模型来估计最可能的预测，最终的结果取所有预测的中值。这种方式同时也可以对由于云层引起的数据缺乏进行填补。图 3-1 显示了基本工作总体流程。其整体处理可归纳为以下三个步骤。

　　（1）预处理：按时间序列准备匹配的 MODIS 和 Landsat 遥感反射对数据；

　　（2）时空数据融合：使用 U-STFM，根据匹配的 MODIS 和 Landsat 遥感反射对获得的变化率，预测目标日期的高空间分辨率 Rrs；

　　（3）回归：建立 U-STFM（30m）和 MODIS 叶绿素 a 产物（1km）预测的 Rrs 之间的回归模型，并预测最终的高空间分辨率叶绿素 a 数据（30m）。

3.1.3　数据的预处理

　　本章节的实例中采用的原始数据是 MODISRrs_469 和 Rrs_555，以及 Landsat 8 TOA 反射率数据中的第 2 和第 3 波段。MODISRrs_469 和 Rrs_555 来自 NASA MODIS 每日海表水色 2 级产品数据，可直接用作 U-STFM 的输入参数。但是，Landsat TOA 反射率数据需要在使用前处理为 Rrs 数据。在这项研究中，NASA 的 SeaDAS 软件中的 L2gen 模型被用来完成这项处理，该模型是由 NASA 的海洋生物处理小组（OBPG）（https://seadas.gsfc.nasa.gov/）研发创建的，用于通过选择适当的大气校正算法来生成 Rrs 数据。Franz 等（2015）描述了该模型在 SeaDAS 中应用于 Landsat 8 开发的大气校正中的实现过程。此外，该模型对 MODIS 和 Landsat Rrs 数据应用相同的陆地和云掩模（Concha and Schott, 2016）。

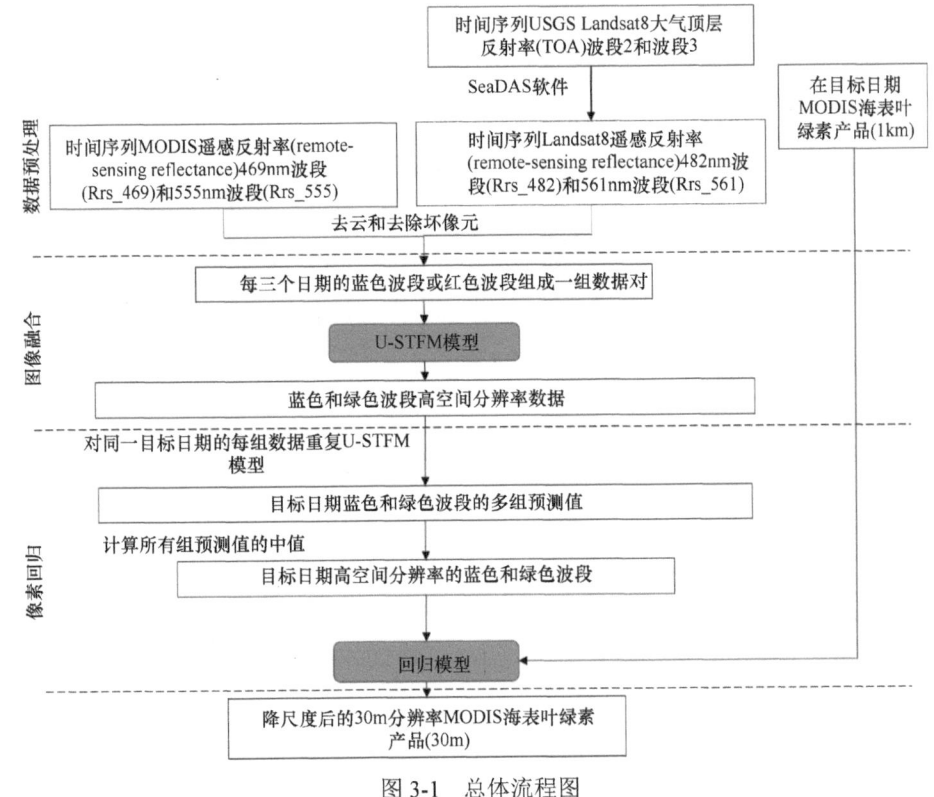

图 3-1　总体流程图

3.1.4　使用 U-STFM 时空融合模型进行更高分辨率的遥感反射预测

待预测的目标日期的 MODIS 数据，以及目标日期之前和之后的至少两个匹配的 MODIS 和 Landsat 观测值，需要作为 U-STFM 模型的输入数据，来预测目标日期的高空间分辨率 Landsat 数据。在本节中，以避免对读者造成不必要的混淆，方程的表达与 Huang 和 Zhang（2014）的论文保持一致。本节简要介绍 U-STFM 模型。其详细解释可以在 Huang 和 Zhang（2014）的论文中找到，U-STFM 的主要步骤如图 3-1 所示。

为了预测 MODIS 像素中更详细的信息，最常见的技术是线性分离技术（Zurita et al.，2009），线性分离假设低分辨率像素中的反射率可以用该低空间分辨率像素内的端部成员的平均反射率的线性组合表示。

该混合过程可以描述为式（3-1）：

$$M_t(i,j) = \sum_{i=1}^{n} f_t(i) \overline{M_t^{SR}(i)} \tag{3-1}$$

与光谱数据解混分析中端元的概念不同，这里的端元是在 $[t_0, t_k]$ 和 $[t_k, t_e]$ 期间共享相同变化率的区域，其中 t_0 是开始日期，t_k 是目标日期，t_e 是结束日期，SR 代表"超级分辨率的端元"。这些区域可以通过图像分割技术来识别，这些技术基于 Landsat 反射率和 $[t_0, t_k]$ 和 $[t_k, t_e]$ 期间 MODIS 反射率的差异。在本研究中，eCognition 软件（Trimble

Inc.，http：//www.ecognition.com）中的多分辨率分割用于获得端元区域。基于这些端元区域，可以通过识别每个端元覆盖一个 MODIS 像素中的多少区域来计算 $f_t(i)$。

U-STFM 的基本假设是，在相同的观测期内，Landsat 数据和 MODIS 数据的时间序列变化率保持不变。Landsat 像素 (i,j) 中的时间序列变化率定义为

$$a_k^L(i,j) = \frac{\Delta L_{ke}(i,j)}{\Delta L_{0k}(i,j)} = \frac{L_e(i,j) - L_k(i,j)}{L_k(i,j) - L_0(i,j)} \qquad （3-2）$$

式中，$\Delta L_{ke}(i,j)$ 和 $\Delta L_{0k}(i,j)$ 分别为两个周期 $[t_k, t_e]$ 和 $[t_0, t_k]$ 中 Landsat 遥感反射率的差值；$L_e(i,j)$ 为结束日期 t_e 的 Landsat 遥感反射率；$L_k(i,j)$ 为目标日期 t_k 的 Landsat 遥感反射率；$L_0(i,j)$ 为开始日期 t_0 的 Landsat 遥感反射率。

同样地，MODIS 像素 (i,j) 中的时间序列变化率定义为

$$a_k^{\mathrm{MSR}}(i,j) = \frac{\Delta M_{ke}^{\mathrm{SR}}(i,j)}{\Delta M_{0k}^{\mathrm{SR}}(i,j)} \qquad （3-3）$$

式中，$\Delta M_{ke}^{\mathrm{SR}}(i,j)$ 和 $\Delta M_{0k}^{\mathrm{SR}}(i,j)$ 分别为两个周期 $[t_k, t_e]$ 和 $[t_0, t_k]$ 上像素 (i,j) 处端部反射率的差异。作为 U-STFM 的基本假设，Landsat 和 MODIS 端元时间序列的变化率在相同的[0—k—e]观测期内应该是相同的。

结合等式（3-2）和式（3-3），目标日期 t_k 的 Landsat 表面反射率可用式（3-4）计算：

$$L_k(i,j) = \frac{L_e(i,j) + a_k^{\mathrm{MSR}}(i,j) L_0(i,j)}{1 + a_k^{\mathrm{MSR}}(i,j)} \qquad （3-4）$$

式（3-4）表明目标日期的最终图像是目标日期之前和之后的两个 Landsat 图像 [$L_0(i,j)$ 和 $L_e(i,j)$] 的和。求解该等式的关键是获得参数 $a_k^{\mathrm{MSR}}(i,j)$，而该参数可以通过等式 1 中的 MODIS 时间序列数据计算。而将线性解混合理论用于在一个 MODIS 像素中的每个端元中获得更准确的变化率，其被定义为式（3-5）：

$$\Delta M_{\#\#}(q) = \sum_{n=1}^{N} f_n^q \overline{\Delta M_{\#\#}^{\mathrm{SR}(n)}} + \varepsilon \qquad （3-5）$$

式中，$\Delta M_{\#\#}(q)$ 为第 q 个 MODIS 反射像素在周期##（如 ke 或 $0k$）之间反射率的差距；N 为此像素中的 endmembers 总数。为了计算每个端元的变化率 $a_k^{\mathrm{MSR}}(i,j)$，需要首先计算每个端元的反射率差 $\Delta M_{\#\#}^{\mathrm{SR}(n)}$。当与具有相同端部成员的许多 MODIS 像素组合时，线性解混过程可以由式（3-6）定义。

$$\begin{bmatrix} \Delta M_{\#\#}(1) \\ \vdots \\ \Delta M_{\#\#}(q) \\ \vdots \\ \Delta M_{\#\#}(Z) \end{bmatrix} = \begin{bmatrix} f_1^1 \cdots f_n^1 \cdots f_N^1 \\ \vdots \\ f_1^q \cdots f_n^q \cdots f_N^q \\ \vdots \\ f_1^Z \cdots f_n^Z \cdots f_N^Z \end{bmatrix} \begin{bmatrix} \overline{\Delta M_{\#\#}^{\mathrm{SR}(1)}} \\ \vdots \\ \overline{\Delta M_{\#\#}^{\mathrm{SR}(n)}} \\ \vdots \\ \overline{\Delta M_{\#\#}^{\mathrm{SR}(N)}} \end{bmatrix} + \begin{bmatrix} \varepsilon^1 \\ \vdots \\ \varepsilon^q \\ \vdots \\ \varepsilon^Z \end{bmatrix} \qquad （3-6）$$

等号左边的结果矩阵 $\Delta M_{\#\#}(1\cdots q\cdots Z)$ 是周期##（如 ke 或 $0k$）上不同 MODIS 反射像素的差值，并且 f_i^i 是位于每个 MODIS 像素中的 N 个端部成员的分数覆盖；$\Delta M_{\#\#}^{SR(1\cdots N)}$ 是指每个端元的反射率差异，这是我们需要计算的变量；$\varepsilon^{1\cdots Z}$ 是线性回归系统的误差项。

为了保证式（3-6）有解，需要加入一些约束条件。第一个是解决方案 $\Delta M_{\#\#}^{SR(n)}$ 应该包含在式（3-7）（Huang and Zhang，2014）中定义的值的区域中。

$$\min\{\Delta M_{\#\#}(R_k)\} - \text{Con} \leqslant \overline{\Delta M_{\#\#}^{SR(n)}} \leqslant \max\{M_{\#\#}(R_k)\} + \text{Con} \qquad (3\text{-}7)$$

式中，$\{\Delta M_{\#\#}(R_k)\}$ 包括 MODIS 差分图像的第 K 区域中的所有像素值；Con 为一个常数，可确保解的值间隔足够大，Con 设定为 $\{\Delta M_{\#\#}(R_k)\}$ 的平均值的 20%。

解决方案的另一个限制是

$$\overline{\Delta M_{0k}^{SR(n)}} + \overline{\Delta M_{ke}^{SR(n)}} = \overline{\Delta M_{0e}^{SR(n)}} = \frac{1}{\lambda}\overline{\Delta L_{0e}^{(n)}} \qquad n = 1,2,\cdots,N \qquad (3\text{-}8)$$

式中，$\overline{\Delta M_{0k}^{SR(n)}}$ 为周期 $[t_0, t_k]$ 中的解；$\overline{\Delta M_{ke}^{SR(n)}}$ 为周期 $[t_k, t_e]$ 中的解；$\overline{\Delta M_{0e}^{SR(n)}}$ 为周期 $[t_0, t_e]$ 中的解，它可以通过 Landsat 图像的端元区域 n 的平均反射率差来容易地识别，由 $\left[\frac{1}{\lambda}\overline{\Delta L_{0e}^{(n)}}\right]$ 计算得到，其中 $1/\lambda$ 为与 MODIS 和 Landsat 传感器捕获的反射率之间的传感器辐射度差相关的参数，可以通过分析 MODIS 中的所有像素并比较这些像素中的放大的 Landsat 值来计算。

有了这两个限制，$\Delta M_{\#\#}^{SR(n)}$ 的最终方程是

$$\begin{cases} \text{Equation}(6)\left(\text{period }[t_k, t_e]\right) \\ \text{Equation}(6)\left(\text{period }[t_0, t_k]\right) \\ \text{Equation}(7) \\ \text{Equation}(8) \end{cases} \qquad (3\text{-}9)$$

在式（3-9）中，估计 $[t_k, t_e]$ 和 $[t_0, t_k]$ 的每个端元的光谱反射率差 $\Delta M_{\#\#}^{SR(n)}$。然后，每个端元的变化率 $a_k^{MSR}(i,j)$ 可以通过式（3-3）计算。最后，可以通过式（3-4）估计目标日期 $L_k(i,j)$ 上的高空间分辨率数据。U-STFM 模型处理流程如图 3-2 所示。

3.1.5　回归模型建立预测光谱和 MODIS 叶绿素 a 产品的关系

U-STFM 模型的输出是电磁波谱的蓝色和绿色区域中的 Rrs（30m），具有详细的纹理信息。接下来，需要适当的回归模型来将反射率数据转换为每日叶绿素 a 浓度产物。该回归的整体工作流程如图 3-3 所示。

对于具有相同目标日期的不同三日期对，U-STFM 模型被多次应用，以避免不稳定的解混解决方案。结果，在同一天，预测了几个遥感反射率。这些预测的中值用于每个像素。选择中位数统计量的原因是线性非混合过程的不稳定解决方案。要么没有解决方

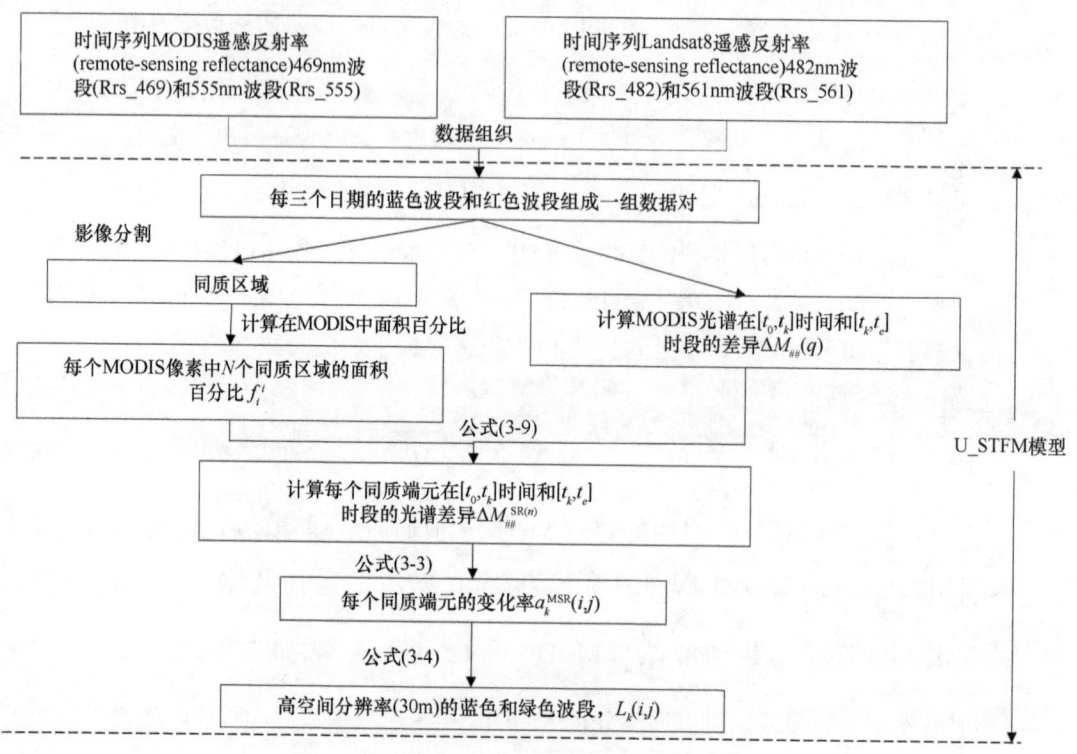

图 3-2　U-STFM 模型处理流程图

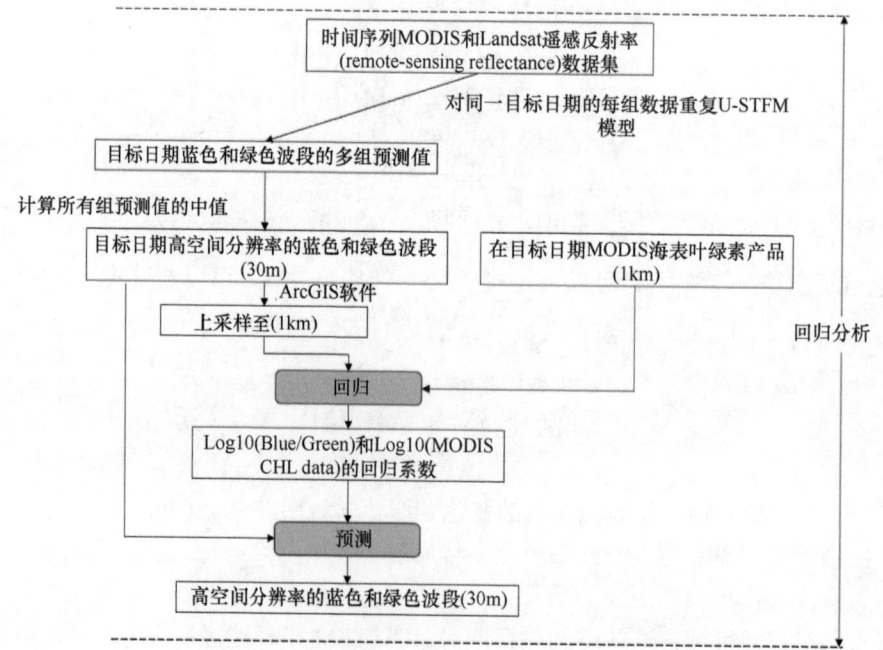

图 3-3　MODIS 叶绿素产品空间降尺度流程图

案,要么给出大值,这可以被认为是多个预测的异常值。同时,该程序还可以填补 MODIS 观测中由云层和坏像素引起的数据缺口。

电磁波谱的蓝色区域（450～495nm）和绿色区域（495～570nm）的 Rrs 与叶绿素 a 浓度高度相关,这是由于叶绿素 a 在这些区域的强烈吸收和反射（Hu et al.,2012;Morel and Maritorena,2001;Werdell and Bailey,2005）。目前,用于 MODIS 的默认叶绿素算法基于几种 OCx 形成的算法,其系数使用来自 NASA 生物光学海洋算法数据集（NOMAD）版本 2 的原位数据导出（https：//oceancolor.gsfc.nasa.gov/后处理/R2009/ocv6/）。在该研究中,OC2M-HI 回归模型（式 3-10）用于建立蓝带、绿带和叶绿素 a 浓度之间的相关性（O'Reilly et al.,2000）。由于 MODIS 叶绿素 a 产品的原始分辨率为 1km,因此通过使用 ArcMap 中的平均聚合方法将 U-STFM 遥感反射率从 30m 扩展到 1km,首先在 1km 尺度下建立两者的相关关系。

$$\log_{10}\left(\mathrm{Chl}_{1km}\right)=\sum_{i=1}^{4}a_i\cdot\left[\log_{10}\left(\frac{blue_{1km}}{green_{1km}}\right)\right]^i+b+\varepsilon \qquad (3\text{-}10)$$

式中,Chl_{1km} 为 MODIS 1km 叶绿素 a 浓度;$blue_{1km}$ 和 $green_{1km}$ 为 MODIS 在蓝色和绿色波段的 Rrs 反射率;a_i 和 b 为回归模型的系数。

在式（3-10）所建立的关系中,假设在不同尺度上具有普遍性,在粗糙空间分辨率下建立的关系可以在精细空间分辨率下应用（Gao et al.,2012;Wang et al.,2016;Wang et al.,2015）。基于此假设,可以通过式（3-11）预测 30m 标度的最终叶绿素 a 浓度:

$$\mathrm{Chl}_{30}=10^{\left\{\sum_{i=1}^{4}a_i\cdot\left[\log_{10}\left(\frac{blue_{30}}{green_{30}}\right)\right]^i+b\right\}} \qquad (3\text{-}11)$$

式中,Chl_{30} 为 MODIS 30m 分辨率下的叶绿素 a 浓度;$blue_{30}$ 和 $green_{30}$ 为 U-STFM 模型在 30m 水平的原始输出遥感反射率;a_i 和 b 为回归模型的系数。

3.1.6　实验验证方案

两个测试已应用于降尺度过程的两个主要步骤:一是检查是否正确预测了高空间分辨率（30m）的遥感反射率。二是测试最终的高分辨率叶绿素产品是否与原始的 MODIS 叶绿素 a 产品一致。

1. 高空间分辨率 Rrs 数据测试

Landsat 8 蓝色和绿色的遥感反射被用作该测试中的地面实测数据,使用 SeaDAS L2gen 模型与 Landsat 8 TOA 数据在与观察 MODIS 数据相同的日期进行处理。应该注意的是,Landsat 8 的当地观测时间早于上午 10：30,比 MODIS Aqua 数据提前 4h,因此 MODIS 与 Landsat 叶绿素分布趋势不一致,有可能是在此期间水流运动造成的。

使用预测数据和观察数据之间的平均绝对差（AAD）、平均相对差（ARD）、相关系数（CC）和均方根误差（RMSE）来评估 U-STFM 图像融合模型的性能。AAD、ARD 和 CC 的定义如下:

$$AAD = \sum_{i=1}^{M} \sum_{j=1}^{N} |L(i,j) - P(i,j)| / MN \tag{3-12}$$

$$ARD = \sum_{i=1}^{M} \sum_{j=1}^{N} [|L(i,j) - P(i,j)| / L(i,j)] / MN \tag{3-13}$$

$$CC = \frac{\sum_{i=1}^{M} \sum_{j=1}^{N} \left[L(i,j) - \overline{L} \right] \left[P(i,j) - \overline{P} \right]}{\sqrt{\sum_{i=1}^{M} \sum_{j=1}^{N} \left[L(i,j) - \overline{L} \right]^2} \sqrt{\sum_{i=1}^{M} \sum_{j=1}^{N} \left[P(i,j) - \overline{P} \right]^2}} \tag{3-14}$$

式中，$L(i,j)$ 表示目标日期的地面真相 Landsat 8 观测；$P(i,j)$ 为目标日期的遥感反射率预测；M、N 分别为有效数据的行数和列数。

AAD 给出平均残差，ARD 显示这些残差相对于地面实况数据的百分比，CC 表示预测和观察之间的线性关系。

$$RMSE = \sqrt{\frac{\sum_{i=1}^{n} (P_i - O_i)^2}{n}} \tag{3-15}$$

式中，P_i 为来自像素 i 处的 U-STFM 模型的预测的遥感反射率；O_i 为地面实况 Landsat 遥感反射率观测值；n 为样本数量。

2. 最终预测结果与原始 MODIS 数据产品一致性分析

本书的主要目的是在近海地区附近的 MODIS 1km 叶绿素 a 产品中生产更高空间分辨率的日叶绿素 a 产品。这种最终的高分辨率叶绿素 a 产品是否与最初的 MODIS 1km 叶绿素 a 产品一致，需要测试具有相似精度的产品。

将在同一天测试的 Landsat 8 叶绿素 a 产品用作参考数据，以比较最终的较高空间分辨率叶绿素 a 产品和原始 MODIS 叶绿素 a 产品。计算了两个 RMSE，一个是最终叶绿素 a 产品和参考数据之间的 RMSE。另一个是原始 MODIS 产品和参考数据之间的 RMSE。如果这两种 RMSE 保持相似，则意味着最终的叶绿素 a 产品与最初的 MODIS 1km 叶绿素 a 产品一致。

使用局部标准偏差（9×9 窗口）来定量评估图像中包含的局部信息。具有较高纹理的较高空间分辨率图像将显示较大的局部标准偏差值，反之亦然。局部标准偏差的定义如式（3-16）所示：

$$localSD = \sqrt{\frac{\sum_{i=1}^{N} (x_i - \overline{x})^2}{N-1}}; N = 81 \tag{3-16}$$

3.1.7　实例研究区域

渤海湾是中国渤海的三大海湾之一，是中国东北第二大海湾。海河和其他 15 条河流流入渤海湾。因此，整个华北平原的径流集中在渤海湾，渤海湾是一个受到严重污染的水体（Chen et al.，2010）。渤海湾环绕着几个主要港口：天津港、唐山曹妃甸港、京唐港和黄骅港，使渤海湾成为一条拥挤的水道。渤海周边近海地区是中国人口密度最大、工业化程度最高的三个地区之一（Gao and Chen，2012）。根据国家海洋局的报告，渤海遭受工业废弃物、农业污染、土壤侵蚀、商业废弃物和污水造成的严重水污染。海岸和港口附近的化学需氧量（COD）和溶解氧（DO）浓度很高，而且随着渤海湾地区的经济增长而增加（Pemsea and Bsemp，2005）。因此，高空间分辨率的海洋水色产品对于该领域的环境评估至关重要。

研究区域 1 选自位于中国渤海湾东北部的唐山曹妃甸港附近的海域。它是一个约 1638km^2 的区域（118.402°E～118.842°E 和 38.805°W～39.189°W），在该区域人类船舶活动较高。港口活动和河流污水在该地区产生高浓度的叶绿素 a 和重金属。图 3-4 显示了唐山曹妃甸港及其附近海域的面积。

研究区域 2 在深圳香港海域，该区域人类活动频繁，海面环境复杂，岛屿众多，海表纹理丰富。同时，该区域有相应的实测浮标数据，可以对最终产品的精度提供验证。

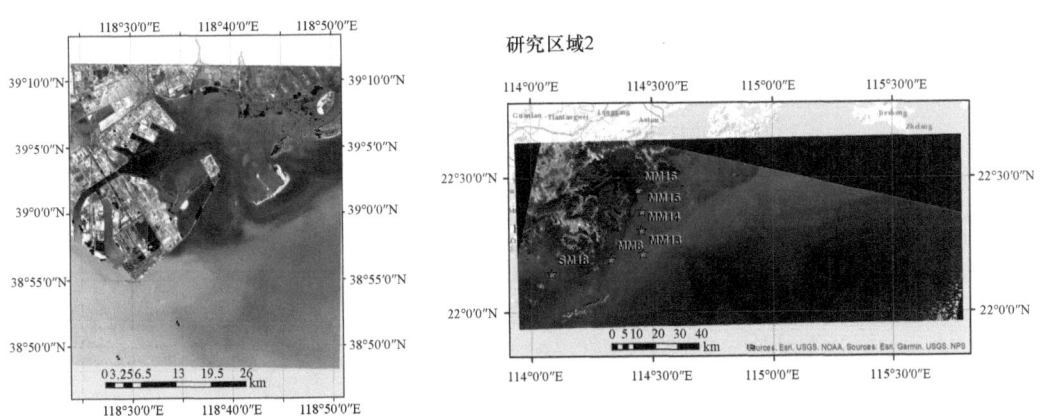

图 3-4　研究区域 1：渤海湾海域，研究区域 2：深圳香港海域

本研究使用了三个主要数据集。其中一个是 2013～2017 年的 Landsat 8 TOA 反射率，可以从 USGS Earth Explorer 网站（https://earthexplorer.usgs.gov/）下载。MODIS Rrs 和叶绿素 a 产品从 NASA Ocean Color 网站（https://oceancolor.gsfc.nasa.gov/）下载（NASA 戈达德太空飞行中心，海洋生态实验室，2014）。MODIS 的重访频率是 1 天，Landsat 8 是 16 天。由于云层覆盖和遥感反射的质量，大多数近海地区都被云罩掩盖。这导致仅有 12 个匹配日期，其中有效数据可用作 U-STFM 模型中的输入。数据的细节显示在

表 3-1 和表 3-2 中。Landsat 8 Rrs_482nm 和 Rrs_561nm 在 SeaDAS 7.3.1 中用 L2gen 模型计算。Landsat 的 Rrs 和 MODIS 数据都被地理参考到相同的地理框架，以最小化两个传感器之间的几何重合失调。

表 3-1　研究区域 1 中用到的 Landsat 8 TOA 和 MODIS Aqua 海洋水色二级产品数据

日期	Landsat 8 TOA 和 mODIS Aqua 海洋水色数据名称	波段
2013 年 9 月 26 日	LC81220332013269LGN00.tar.gz	
	A2013269053000.L2_LAC_OC.nc	
2013 年 11 月 29 日	LC81220332013333LGN00.tar.gz	
	A2013333053000.L2_LAC_OC.nc	
2014 年 8 月 12 日	LC81220332014224LGN00.tar.gz	
	A2014224053000.L2_LAC_OC.nc	
2014 年 9 月 13 日	LC81220332014256LGN00.tar.gz	
	A2014256053000.L2_LAC_OC.nc	
2015 年 1 月 19 日	LC81220332015019LGN00.tar.gz	
	A2015019053000.L2_LAC_OC.nc	
2015 年 10 月 2 日	LC81220332015275LGN00.tar.gz	Landsat 8：2 波段和 3 波段
	A2015275053000.L2_LAC_OC.nc	MODIS：本研究中采用 Rrs_469nm、
2015 年 12 月 5 日	LC81220332015339LGN00.tar.gz	Rrs_555nm 和叶绿素 a 产品
	A2015339053000.L2_LAC_OC.nc	
2016 年 1 月 6 日	LC81220332016006LGN00.tar.gz	
	A2016006053000.L2_LAC_OC.nc	
2016 年 3 月 10 日	LC81220332016070LGN00.tar.gz	
	A2016070053000.L2_LAC_OC.nc	
2016 年 3 月 26 日	LC81220332016086LGN00.tar.gz	
	A2016086053000.L2_LAC_OC.nc	
2016 年 12 月 23 日	LC81220332016358LGN00.tar.gz	
	A2016358053000.L2_LAC_OC.nc	
2017 年 2 月 25 日	LC81220332017056LGN00.tar.gz	
	A2017056053000.L2_LAC_OC.nc	

表 3-2　研究区域 2 中用到的 Landsat 8 TOA 和 MODIS Aqua 海洋水色二级产品数据

日期	Landsat 8 TOA 和 mODIS Aqua 海洋水色数据名称	波段
2014 年 11 月 25 日	LC08_L1TP_121045_20141125_20170417_01_T1.tar.gz	
	A2014329052000.L2_LAC_OC.nc	Landsat 8：2 波段和 3 波段
2016 年 11 月 14 日	LC08_L1TP_121045_20161114_20170318_01_T1.tar.gz	MODIS：本研究中采用
	A2016319052000.L2_LAC_OC.nc	Rrs_469nm、Rrs_555nm 和叶
2017 年 11 月 1 日	LC08_L1TP_121045_20171101_20171109_01_T1.tar.gz	绿素 a 产品
	A2017305052000.L2_LAC_OC.nc	

Landsat 8 叶绿素 a 产品也在 SeaDAS 7.3.1 中计算，以 L2gen 模型作为参考数据，与最终缩小的 MODIS 叶绿素 a 数据进行比较。在 L2gen 模型中，用于叶绿素 a 检索的标准 NASA 算法是三波段经验 Rrs 波段比算法（OC3），其转换为清水中的经验波段差算法（OCI）。对于 Landsat 8，使用 NASA 生物光学海洋算法数据集（NOMAD）调整

经验系数，以调整相对于传感器的中心波长的差异。这些经验系数可以在 NASA 海表水色网页（https：//oceancolor.gsfc.nasa.gov/atbd/chlor_a/）上找到。SeaDAS 中的叶绿素 a算法使用 443nm、482nm 和 561nm 波段作为波段比（Franz et al.，2014）。

3.1.8　实验结果和讨论

1. 利用 U-STFM 模型来对海域 Rrs 反射率数据进行预测

本书的研究收集了 12 对有效的 MODIS 和 Landsat 8 数据。在本节中，目标预测日期设置为 2016 年 3 月 10 日。其他日期的结果也会在稍后显示。由于 U-STFM 模型需要三对数据（在目标之前至之后的日期）进行预测，因此有 24 个之前的目标后案例，导致预测 2016 年 3 月 10 日的遥感反射总数为 24 个。原样如图 3-5 所示，云层和坏水像素被掩盖为黑色。有效区域受到前期目标后日期质量的高度影响，因为只有在三个图像中的每一个中相同的像素有效时才能认为该像素对于预测是有效的。通过获得每个位置的这些图像的中值，将这 24 个预测合并为单个预测。

2016 年 3 月 10 日在 Rrs 蓝带中的 U-STFM 的最终预测如图 3-6（b）所示。将其与图 3-6（a）中所示的原始 MODIS 粗 Rrs_469 数据和图 3-6（c）中所示的地面实况 Landsat 8 频带 2（Rrs_482nm）进行比较。与 MODIS 数据相比，预测显示在渤海湾实验区域附近更加详细的纹理，其中遥感反射率因人类活动和水流而变化。同时，预测保持与 MODIS 数据相同的基本分布模式趋势。与 Landsat 8 数据相比，U-STFM 模型的预测已经捕获了该海湾区域中遥感反射率的空间变化的基本模式。出现在图像之前或之后的那些纹理仍保留在预测中。根据之前的研究，U-STFM 模型更适应前后图像中的景观变化（Huang and Zhang，2014；Zhang et al.，2015）。因此，预测中显示的纹理是在图像之前或之后已经出现的纹理。那些仅出现在目标日期（2016 年 3 月 10 日）但未被 MODIS数据捕获的纹理无法通过 U-STFM 模型预测。用 MODIS 和 Landsat 8 Rrs 数据进行的预测区域岛附近的详细比较如图 3-7 所示。

同样地，2016 年 3 月 10 日，绿色波段 U-STFM 的时间序列预测也与 MODIS Rrs_555nm和地面实况 Landsat 8 Rrs_561 nm 进行了比较。这些结果如图 3-8 和图 3-9 所示。以类似的方式，如对蓝色带中的预测所做的那样，可以通过 U-STFM 模型很好地预测由海湾区域中的局部水流引起的详细纹理。仅在 2016 年 3 月 10 日的 Landsat 数据中出现并且未被 MODIS 数据捕获的纹理不容易预测。其原因在于，在 U-STFM 模型中，MODIS 数据是目标日期唯一有效的观测值。预测中显示的纹理来自目标日期之前和之后拍摄的Landsat 图像中的纹理以及目标日期的 MODIS 图像。如果这些图像不包含详细纹理，那么这些纹理（仅在 2016 年 3 月 10 日由 Landsat 数据捕获）无法通过图像融合模型预测。图 3-9 显示了预测与 MODIS 和 Landsat 8 数据的详细子区域比较。

如图 3-10（a）所示，来自蓝带中 24 个 U-STFM 预测的中值的位置随机分布在研究区域上。这意味着 24 个 U-STFM 预测中没有一个案例支配最终输出。换句话说，每个案例都可以看作是最终产出的等价贡献。

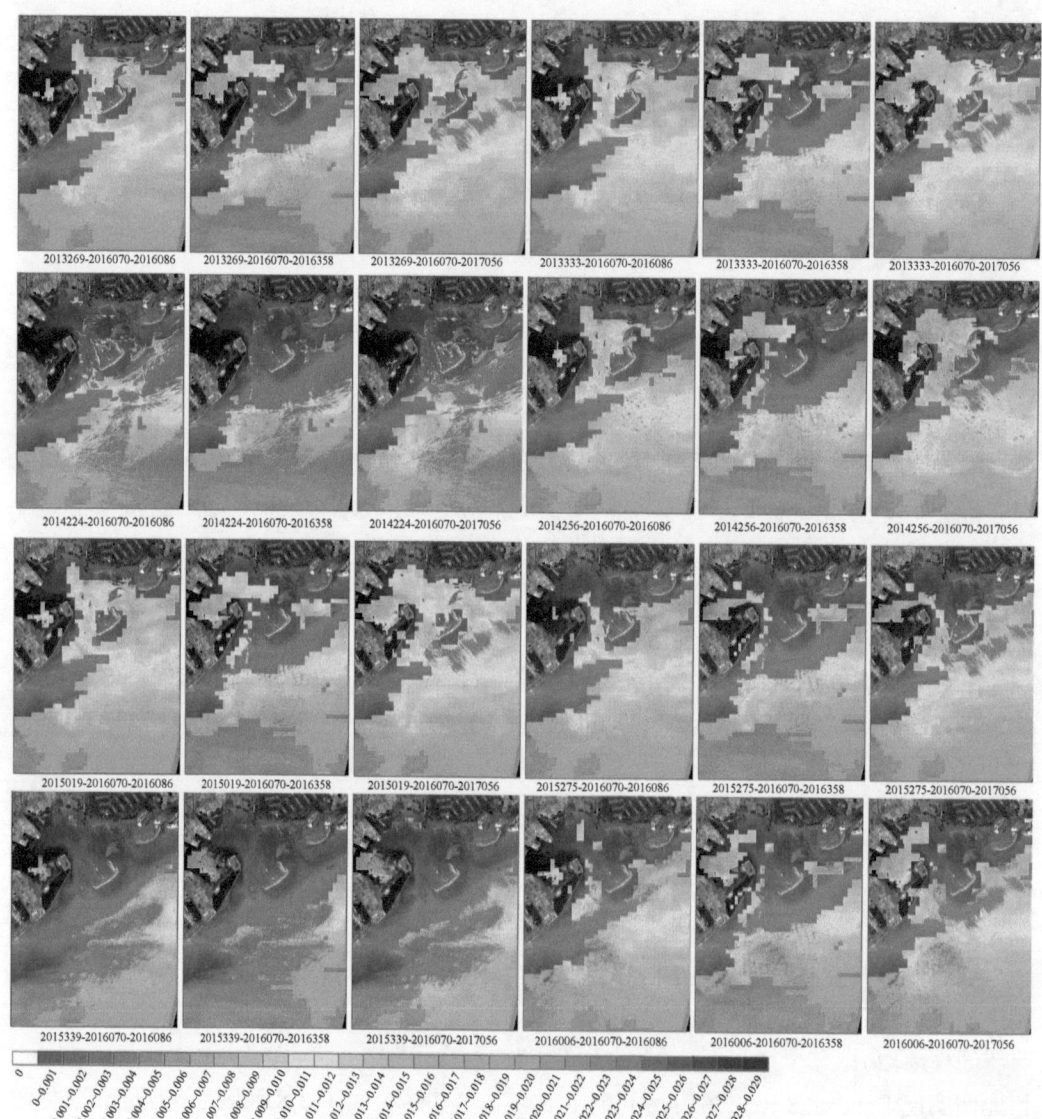

图 3-5　2016 年 3 月 10 日，使用 U-STFM 图像融合模型（分割区域>10000）在研究区域的蓝色波段进行 24 种不同的 Rrs 预测，每个预测都使用"第一日期-预测日期-第二日期"命名

通常，数据对越接近目标日期，预测就越准确。如图 3-10（c）和图 3-10（d）所示，X 轴是每个"之前-之后-之后"组中第一个和最后一个日期之间的天数。数字越小，图像之前和之后越接近目标日期。与 Landsat Rrs 产品相比，Y 轴是预测的 RMSE。总体而言，随着天数的增加，RMSE 略有增加，这证实了日常距目标日期越近，预测就越准确的常识。由于天数较少，预测的不确定性较小。这可以在图 3-10（c）中所示的较低 RMSE 波动中看出，并且表明更接近的数据对将导致更稳定的预测。

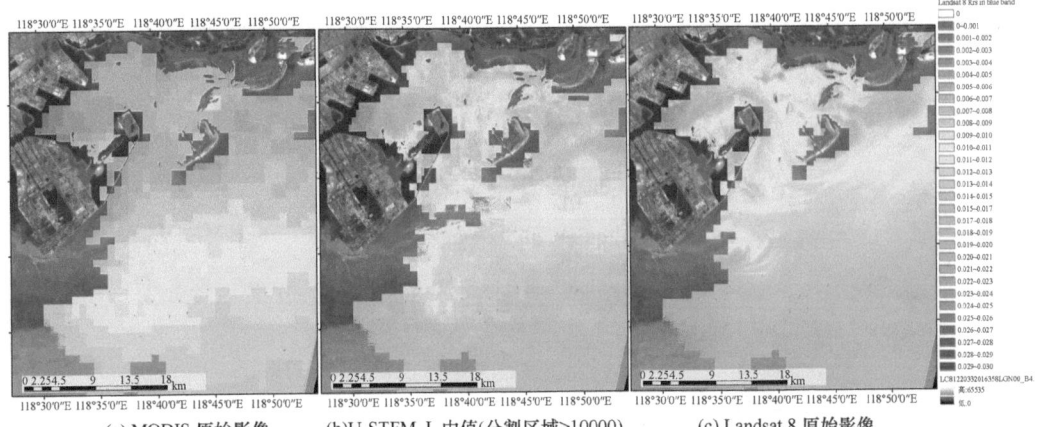

(a) MODIS 原始影像　　　(b)U-STFM_L 中值(分割区域>10000)　　　(c) Landsat 8 原始影像

图 3-6　2016 年 3 月 10 日，蓝色波段的 U-STFM（分割区域>10000）与原始 MODIS Rrs_469nm 和 Landsat 8 Rrs_482nm 的预测相比

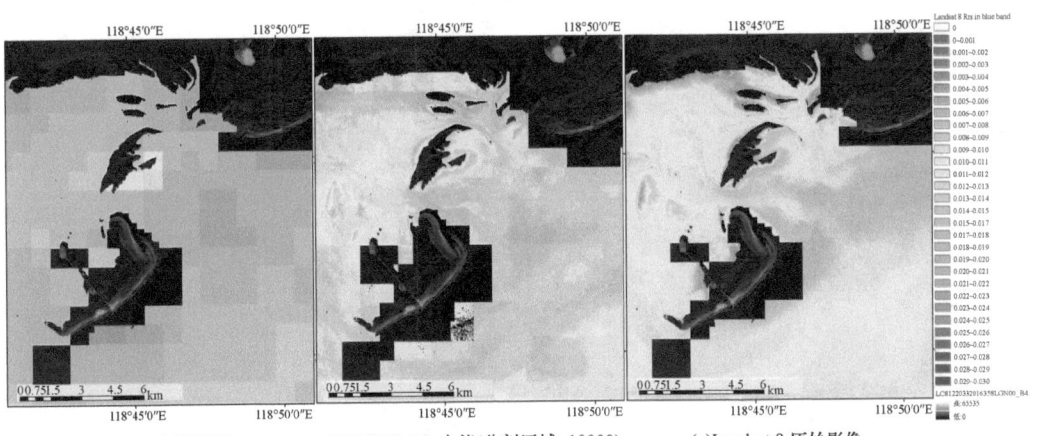

(a) MODIS 原始影像　　　(b)U-STFM_L 中值(分割区域>10000)　　　(c)Landsat 8 原始影像

图 3-7　2016 年 3 月 10 日，局部海湾区域在蓝色波段的 U-STFM 预测与原始 MODIS Rrs_469nm 和 Landsat 8 Rrs_482nm 相比

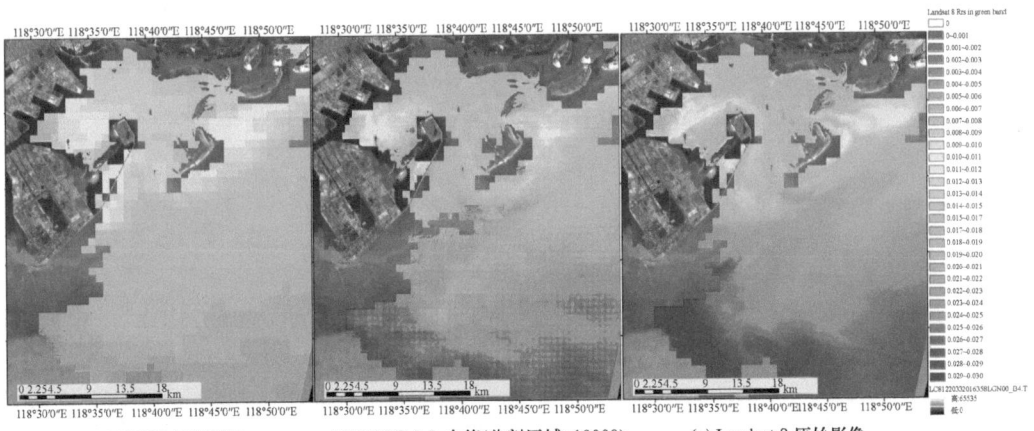

(a) MODIS 原始影像　　　(b)U-STFM_L 中值(分割区域>10000)　　　(c) Landsat 8 原始影像

图 3-8　2016 年 3 月 10 日，绿色波段的 U-STFM 预测与原始 MODIS Rrs_555nm 和 Landsat 8 Rrs_561nm 相比

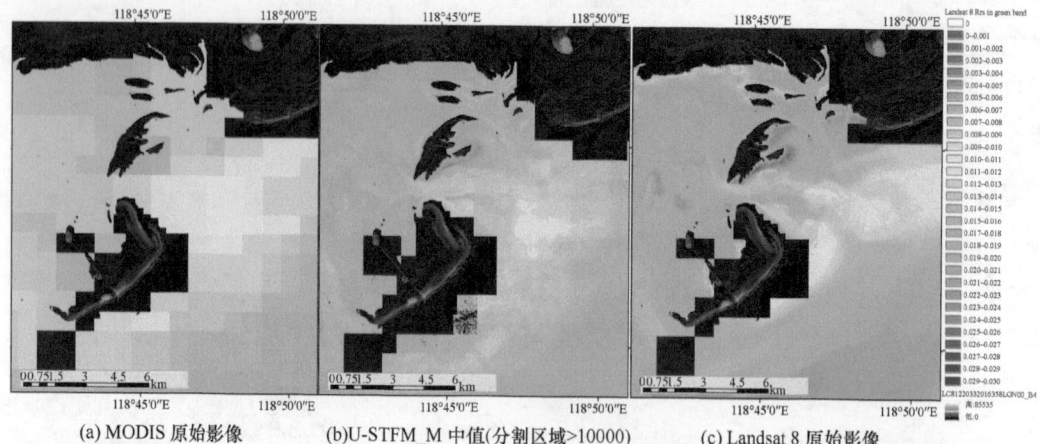

(a) MODIS 原始影像　　　(b)U-STFM_M 中值(分割区域>10000)　　　(c) Landsat 8 原始影像

图 3-9　在绿色带中的 U-STFM 预测中的湾区的子区域与 2016 年 3 月 10 日的原始
MODIS Rrs_555nm 和 Landsat 8 Rrs_561nm 相比

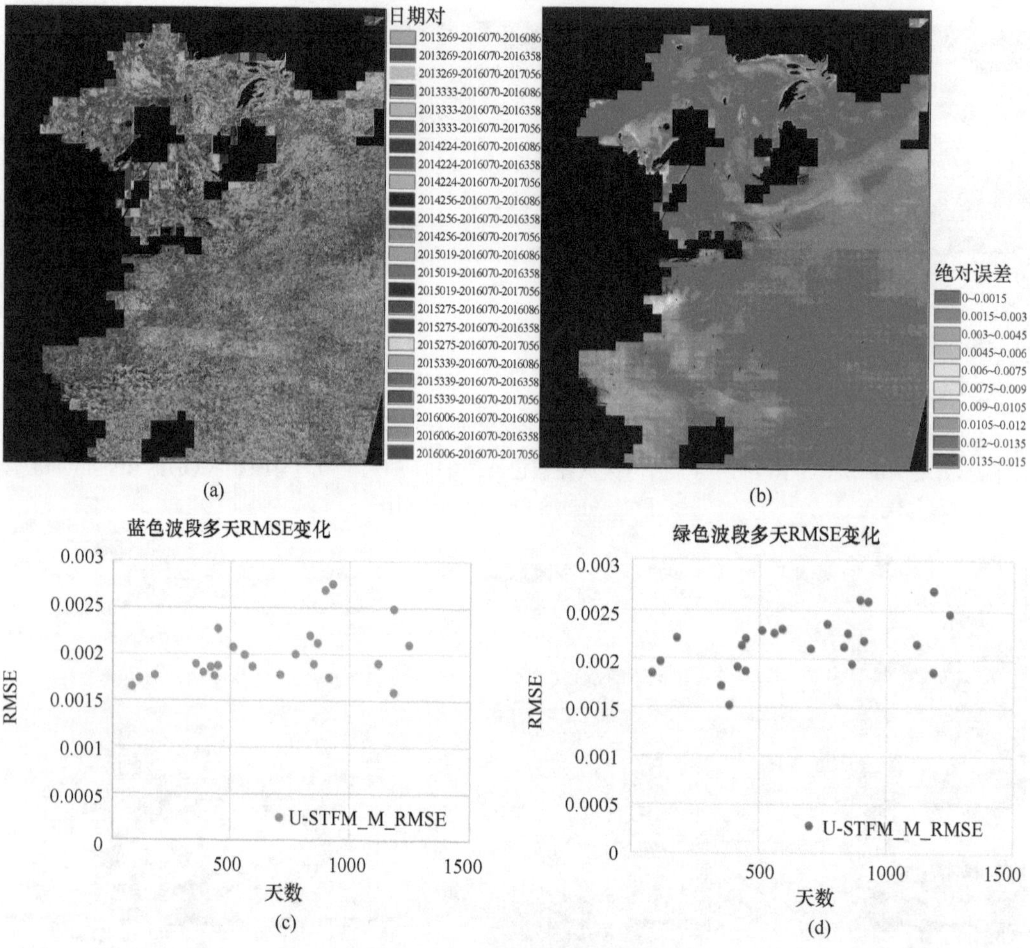

(a)

(b)

(c) 蓝色波段多天RMSE变化

(d) 绿色波段多天RMSE变化

图 3-10　预测结果定量评价结果

（a）蓝色波段 24 个 U-STFM_M 预测的中值位置；（b）2016 年 3 月 10 日，与 Landsat 8 Rrs_482nm 相比，U-STFM_M 中位数的绝对误差分布；（c）、（d）RMSE 通过每个"第一日期-预测日期-第二日期"日期之前和之后日期之间的天数组。数字越小，图像之前和之后越接近目标日期考虑到图 3-10（c）和图 3-10（d）中没有显著的增加模式，RMSE 在可接受的范围内增加（在蓝色波段中为 0.015～0.027）。这表明随着天数的增加，总体准确性不会显著降低。在绿带的预测中可以找到类似的结果，如图 3-10（d）所示。为了填补数据空白并获得多个预测的好处，中位数统计值被认为是组合所有这些预测的适当方式。图 3-10（b）显示了与 Landsat Rrs_482 相比，蓝带中预测的绝对误差的空间分布。

U-STFM 模型的 1∶1 预测图中与蓝色和绿色波段的 Landsat 8 Rrs 数据相比如图 3-11 所示。观察和预测之间显示出强烈的线性相关性。在蓝色和绿色波段中，R^2 分别为 0.868 和 0.881，RMSE 分别为 0.00177 和 0.00202（表 3-3）。这表明来自 U-STFM 模型的预测类似于具有空间细节的地面实况 Landsat 数据。这些 Rrs 预测可以进一步用于在近海地区附近产生高空间分辨率的叶绿素 a 浓度。

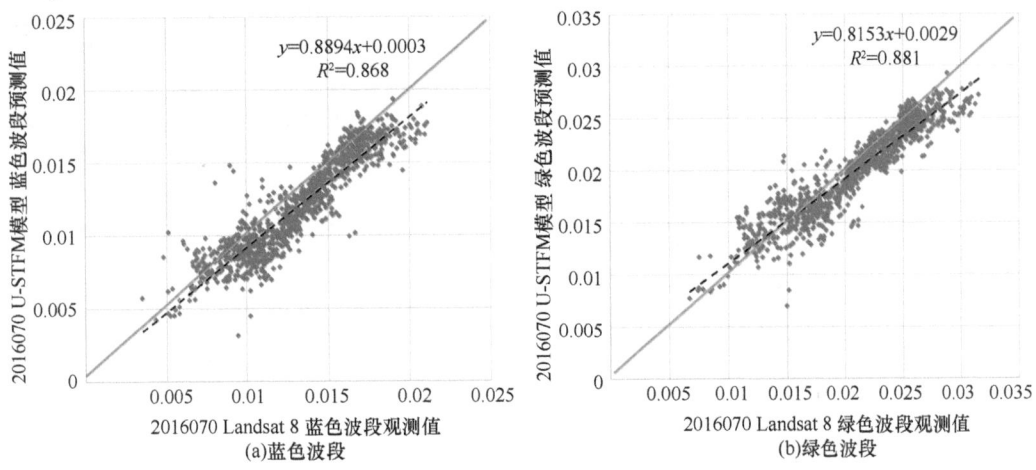

图 3-11　2016 年 3 月 10 日蓝色和绿色波段的 U-STFM 模型的 1∶1 预测图

在表 3-3 中，预测和原始 MODIS 数据在 2016 年 3 月 10 日与 NASA Landsat Rrs 观测数据进行了定量比较。与原始 MODIS Rrs 数据相比，预测具有更低的 RMSE、更低的平均绝对差（AAD）和更低的平均值相对差（ARD），因为预测捕获更多具有更高空间分辨率的空间细节。

表 3-3　以 Landsat 叶绿素产品作为参考，蓝色和绿色波段的预测精度对比

波段	RMSE	CC	AAD	ARD（%）	R^2
预测蓝色波段	0.00177	0.920	0.00143	11.5	0.868
预测绿色波段	0.00202	0.930	0.00159	8.02	0.881
原始 MODISI 蓝色波段（Rrs_469nm）*	0.00367	0.932	0.00346	26.7	0.883
原始 MODISI 绿色波段（Rrs_555nm）*	0.00439	0.938	0.00405	18.7	0.892

* 使用最邻近采样下采样到 30m 尺度。

在理想条件下，MODIS 和 OLI 衍生的 Landsat 产品之间的 Rrs 应该是一致的。根据 Pahlevan 等（2017）的说法，OLI 衍生的 Landsat Rrs 产品在蓝色带中比 VIIRS 和 MODIS Aqua 更亮（平均约 10%），产品在绿色带中最为一致。

一些因素可以显著降低这种一致性，如从上午 10：30 到下午 2：00 的水运动，由
Rrs 建模引起的残差和从上午 10：30 到下午 2：00 的大气条件变化。

表 3-4 显示了在其他可测试日期的遥感反射率的预测准确度评估。它清楚地表明，
原始的 MODIS 遥感反射率数据与 Landsat 8 Rrs 具有良好的相关性（表 3-3 中标有*），
R^2 大于 0.7。换句话说，由上午 10：30 到下午 2：00 的水运动引起的反射率差异可以忽
略不计，U-STFM 预测的较高空间分辨率反射率具有较低的 RMSE 和较高的 ARD。这
意味着 U-STFM 预测蓝色和绿色波段的遥感反射捕捉了近海地区海表水色空间分布的
细节。

表 3-4　以 NASA Landsat 8 遥感反射率（Rrs）为参考，不同目标日期下，
蓝色波段和绿色波段的精度评估

目标日期	波段	RMSE	CC	ADD	ARD（%）	$R^{2\dagger}$
2013-11-29	蓝色波段预测值	0.00167	0.616	0.00134	10.4	0.372
	绿色波段预测值	0.00166	0.777	0.00130	7.00	0.622
	原始 MODIS 蓝色波段（Rrs_469nm）	0.00258	0.587	0.00211	15.3	0.306
	原始 MODIS 绿色波段（Rrs_555nm）	0.00272	0.797	0.00235	11.9	0.657
2014-08-12	蓝色波段预测值	0.00302	0.587	0.00216	80.5	0.393
	绿色波段预测值	0.00385	0.715	0.00268	38.7	0.562
	原始 MODIS 蓝色波段（Rrs_469nm）	0.00261	0.595	0.00186	68.0	0.401
	原始 MODIS 绿色波段（Rrs_555nm）	0.00372	0.710	0.00254	36.1	0.555
2014-09-13	蓝色波段预测值	0.00225	0.706	0.00179	26.7	0.518
	绿色波段预测值	0.00206	0.822	0.00163	14.5	0.695
	原始 MODIS 蓝色波段（Rrs_469nm）	0.00196	0.753	0.00157	19.8	0.591
	原始 MODIS 绿色波段（Rrs_555nm）	0.00227	0.825	0.00177	13.5	0.696
2015-01-19	蓝色波段预测值	0.00162	0.945	0.00122	8.63	*0.903
	绿色波段预测值	0.00194	0.945	0.00149	7.52	*0.904
	原始 MODIS 蓝色波段（Rrs_469nm）	0.00372	0.944	0.00350	23.6	*0.901
	原始 MODIS 绿色波段（Rrs_555nm）	0.00391	0.950	0.00351	16.7	*0.915
2015-10-02	蓝色波段预测值	0.00140	0.912	0.00104	11.8	*0.850
	绿色波段预测值	0.00150	0.945	0.00111	7.29	*0.906
	原始 MODIS 蓝色波段（Rrs_469nm）	0.00246	0.926	0.00214	20.4	*0.878
	原始 MODIS 绿色波段（Rrs_555nm）	0.00282	0.947	0.00239	14.2	*0.911
2015-12-05	蓝色波段预测值	0.00315	0.0285	0.00240	15.4	0.000745
	绿色波段预测值	0.00348	0.369	0.00258	11.3	0.148
	原始 MODIS 蓝色波段（Rrs_469nm）	0.00318	0.0412	0.00261	15.3	0.000987
	原始 MODIS 绿色波段（Rrs_555nm）	0.00392	0.376	0.00334	13.5	0.169
2016-01-06	蓝色波段预测值	0.00211	0.850	0.00163	9.37	*0.748
	绿色波段预测值	0.00158	0.948	0.00120	4.66	*0.911
	原始 MODIS 蓝色波段（Rrs_469nm）	0.00436	0.921	0.00404	21.5	*0.860
	原始 MODIS 绿色波段（Rrs_555nm）	0.00493	0.971	0.00467	16.8	*0.952
2016-03-10	蓝色波段预测值	0.00177	0.920	0.00143	11.5	*0.868
	绿色波段预测值	0.00202	0.930	0.00159	8.02	*0.881
	原始 MODIS 蓝色波段（Rrs_469nm）	0.00367	0.932	0.00346	26.7	*0.883
	原始 MODIS 绿色波段（Rrs_555nm）	0.00439	0.938	0.00405	18.7	*0.892

续表

目标日期	波段	RMSE	CC	ADD	ARD（%）	$R^{2†}$
2016-03-26	蓝色波段预测值	0.00186	0.815	0.00129	19.4	*0.736
	绿色波段预测值	0.00196	0.907	0.00150	8.10	*0.844
	原始 MODIS 蓝色波段（Rrs_469nm）	0.00348	0.858	0.00318	28.9	*0.794
	原始 MODIS 绿色波段（Rrs_555nm）	0.00396	0.922	0.00357	16.6	*0.870
2016-12-23	蓝色波段预测值	0.00322	0.848	0.00270	14.0	*0.772
	绿色波段预测值	0.00261	0.940	0.00215	7.66	*0.898
	原始 MODIS 蓝色波段（Rrs_469nm）	0.00585	0.895	0.00556	28.0	*0.843
	原始 MODIS 绿色波段（Rrs_555nm）	0.00649	0.961	0.00616	20.9	*0.940

† R^2：以目标当日 Landsat 8 遥感反射率数据为参考；*为 R^2 大于 0.7 的部分。

表 3-4 还显示，当原始 MODIS 和 Landsat 8 数据之间出现较低的 R^2 时，与 2013 年 11 月 29 日的情况一样；2014 年 8 月 12 日、2014 年 9 月 13 日、2015 年 12 月 5 日，MODIS 与 Landsat Rrs 之间的一致性被打破。在这些情况下，Landsat 数据不能被视为基础事实，因为很难判断预测误差是来自 U-STFM 模型还是 MODIS 和 Landsat 数据之间的差异。然而，该结果证实了 U-STFM 模型与原始 MODIS 数据高度相关的预测。当 MODIS 用 Landsat 8 数据显示高或低 R^2 时，预测显示类似的 R^2 值，反之亦然。

2. U-STFM 模型和 STARFM 及 ESTARFM 模型进行比较

Huang 和 Zhang（2014）基于物候和土地覆盖变化的模拟和实际数据集，展示了 U-STFM 模型与 STARFM 和 ESTARFM 模型的性能比较。在本节中，我们还想了解 U-STFM 模型在近海水域 Rrs 预测中与 STARFM 和 ESTARFM 相比的表现。

分割区域的数量是 U-STFM 模型中的基本参数。分割区域越小（区域数越大），近海水的空间异质性越好。然而，较小的分割区域将导致线性非混合方程中的不一致解，这将导致最终输出中的"硬边界"或不合理的预测。

在下面的比较中，我们提出了 U-STFM 模型的两个结果：一个是对大量分割区域（超过 10000 个区域）的预测，在 3.1.1 节中以 U-STFM_M 表示。另一个是对较少数量的分割区域（少于 1000 个区域）的预测，称为 U-STFM_L。区域的最佳数量可能因不同的研究区域而异。

2016 年 3 月 10 日蓝色和绿色光谱段中 STARFM、ESTARFM、U-STFM_M 和 U-STFM_L 的性能比较如图 3-12（a）～图 3-12（f）和图 3-13（a）～图 3-13（f）所示。这些结果是根据 24 个不同的"之前-之后-之后"日期组计算的，使用 NASA Landsat Rrs 观测结果作为基本事实。我们可以看到，U-STFM 模型的性能优于 STARFM，具有较低的 RMSE、ADD 和 ARD 以及较高的 CC 和 R^2。一个可能的原因是 U-STFM 中的时间比率解混过程更适合于捕获特征变化并且受不同数据组所涉及的不确定性的影响较小。其次，U-STFM 和 ESTARFM 的性能相似，但 U-STFM 模型存在更好的稳定性，箱形图偏差较小。这些结果表明，U-STFM 的预测更稳定，并且受不同"之前-之后-之后"日期组的不确定性的影响较小。

与 STARFM 相比，U-STFM 在处理长时间间隔时表现更好，如图 3-12（g）和图 3-13

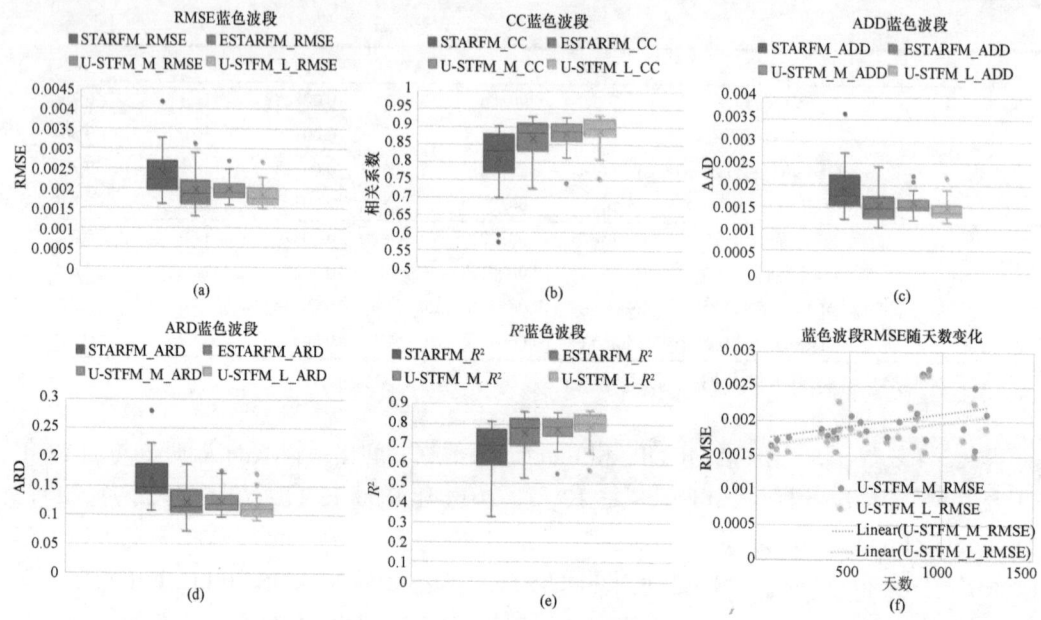

图 3-12   2016 年 3 月 10 日，蓝色光谱段中 STARFM、ESTARFM、U-STFM_M（分割区域>10000）
和 U-STFM_L（分割区域<1000）的比较

（a）RMSE；（b）相关系数；（c）ADD；（d）ARD；（e）与 NASA Landsat Rrs 观测值的 R^2 线性回归；
（f）不同模型不同天数间隔下的 RMSE 比较

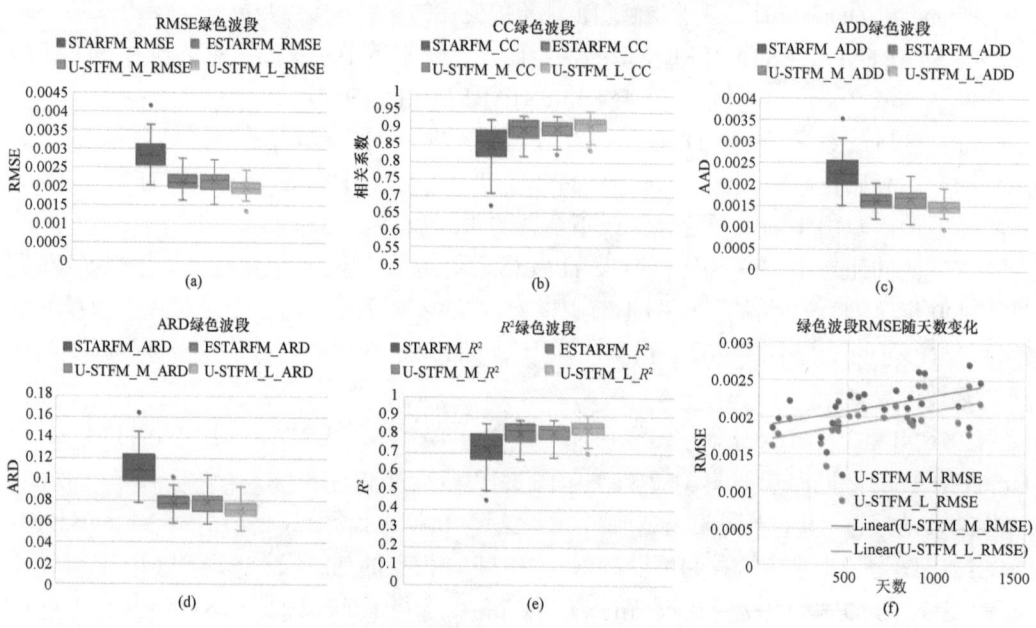

图 3-13   2016 年 3 月 10 日，绿色光谱段中 STARFM、ESTARFM、U-STFM_M（分割区域>10000）
和 U-STFM_L（分割区域<1000）的比较

（a）RMSE；（b）相关系数；（c）ADD；（d）ARD；（e）与 NASA Landsat Rrs 观测值的 R^2 线性回归；
（f）不同模型不同天数间隔下的 RMSE 比较

（g）所示。当天数增加时，U-STFM 的 RMSE 低于 STARFM。与 ESTARFM 相比，当天数超过 500 天时，U-STFM 的性能稍好一些。应该注意的是，图像融合模型不会产生纹理。输出的详细纹理来自目标日期之前或之后的 Landsat 图像。融合处理可以被视为找到将这两个图像与适当的权重组合的方式。任何融合模型的要求是使一个 Landsat 图像保持接近目标日期。

在计算 2016 年 3 月 10 日的 24 组 U-STFM、STARFM 和 ESTARFM 预测的中值后，这三个模型的中值图像看起来相似，尤其是在 U-STFM_L 和 ESTARFM 之间，如图 3-14 和图 3-15 以及图 3-16 和图 3-17 所示。对此的一个原因是中值处理增加了预测的稳定性并减小了这三个模型之间的差异。与图 3-6~图 3-9（c）中 Landsat Rrs 的 STARFM 中值图像相比，U-STFM_L 和 ESTARFM 中海湾区域附近图像的纹理更自然、更平滑。

我们还注意到，U-STFM 模型中的图像分割处理可以在预测中留下一些清晰的图像分割"边界"。当分割多边形在观察期间很好地表示水变化时，这些边界通过提供更清晰的纹理来帮助识别变化区域，如图 3-14 和图 3-16 的 U-STFM_L 所示。然而，当分割区域的数量增加时，硬边界更加可观察。中值计算可以显著减少这些硬边界，但是当分割多边形太小时，这个小区域中的大多数预测都是不合理的。这些"硬边界"可以在中值处理之后保留，这导致在图 3-6（b）和图 3-8（b）中的 U-STFM_M 的预测中在海外区域中示出的"网格点"。

3. MODIS 叶绿素产品空间插补结果

NASA MODIS 1km 海表水色产品已被用作回归模型中的因变量。使用 ArcMap 中的平均聚合工具，将来自 U-STFM_M 模型的预测的 30m 蓝色和绿色条带放大到 1km，其已被用作该回归模型中的独立变量。从 U-STFM_M 而不是 U-STFM_L 选择预测的原因是我们要将 U-STFM_M 视为 U-STFM 模型的最差情形。如果我们能够从最坏的情况中获得合理的输出，优化的 U-STFM 模型将只有更好的结果。

如 3.1.2 节所述，NASA 的 OC2M-HI 回归模型用于建立 $\log_{10}$（叶绿素 a）和 $\log_{10}$（蓝/绿）之间的相关性。2016 年 3 月 10 日 1km 空间分辨率下 $\log_{10}$（蓝色/绿色）和 $\log_{10}$（MODIS Chl）之间的相关性如图 3-18 所示。R^2 显示这两个变量之间存在很强的相关性，其中 85%的变化由回归函数。这是基于这种关系在不同尺度上是通用的假设，并且在粗略空间分辨率下建立的关系可以在精细空间分辨率下应用。本书的研究中使用的最终回归函数是

$$\mathrm{Chl}_{30}=10^{\left\{\sum\limits_{i=1}^{4}a_i\cdot\left[\log_{10}\left(\dfrac{\mathrm{blue30}}{\mathrm{green30}}\right)\right]^i+b\right\}} \tag{3-17}$$

$$a_1=56.46; a_2=356.86; a_3=928.99; a_4=873.86; b=3.8276$$

$\log_{10}$（蓝色/绿色）和 $\log_{10}$（MODIS Chl）之间的相关性（图 3-18）在不同日期有所不同。表 3-5 显示了不同日期的这些相关性。R^2 从 2016 年 3 月 26 日的 0.542 到 2015 年 1 月 19 日的 0.910 不等。这个结果有两个可能的原因：首先，$\log_{10}$（蓝色/绿色）对蓝色和绿色的变化高度敏感，特别是当反射率值在蓝色和绿色波段接近 0 时。大气条件

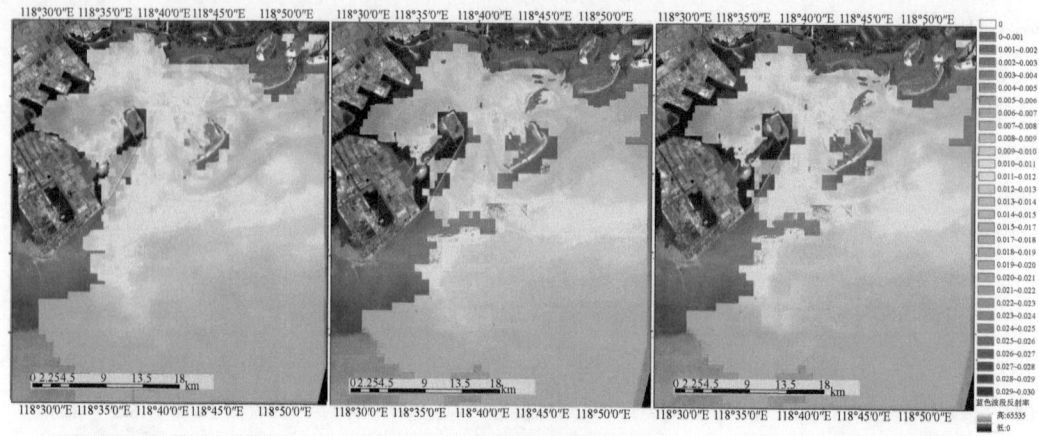

(a) STARFM 模型中值预测　　(b)U-STFM_L 中值预测（分割区域<1000）　　(c) ESTARFM 模型中值预测

图 3-14　2016 年 3 月 10 日，蓝色波段中，STARFM 的中值、U-STFM_L（分割区域<1000）中值和 ESTARFM 模型之间的比较

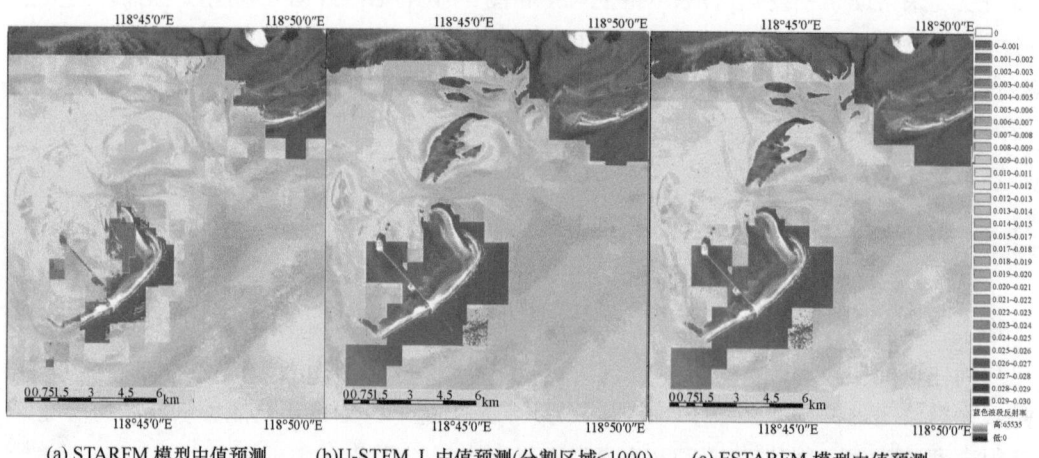

(a) STARFM 模型中值预测　　(b)U-STFM_L 中值预测(分割区域<1000)　　(c) ESTARFM 模型中值预测

图 3-15　图 3-14 中的局部区域

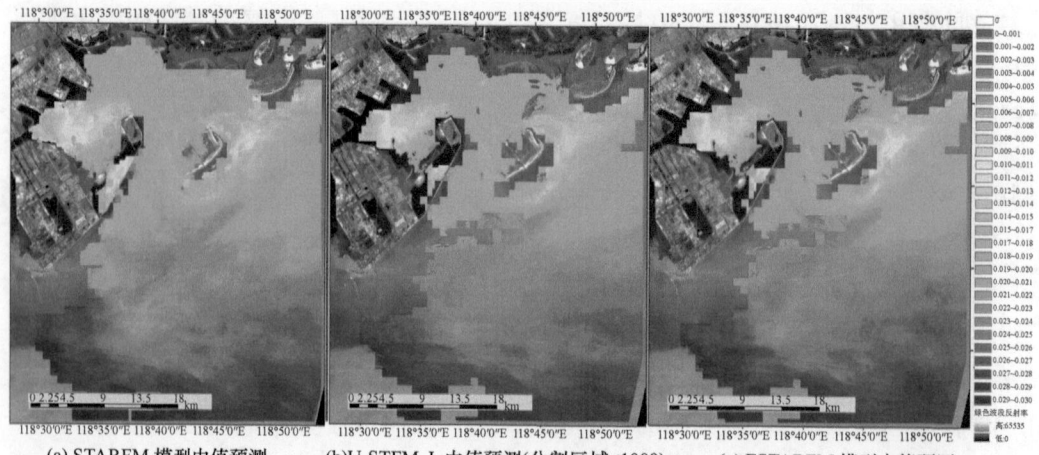

(a) STARFM 模型中值预测　　(b)U-STFM_L 中值预测（分割区域<1000）　　(c) ESTARFM 模型中值预测

图 3-16　2016 年 3 月 10 日，绿色波段中，STARFM 的中值、U-STFM_L（分割区域<1000）中值和 ESTARFM 模型之间的比较

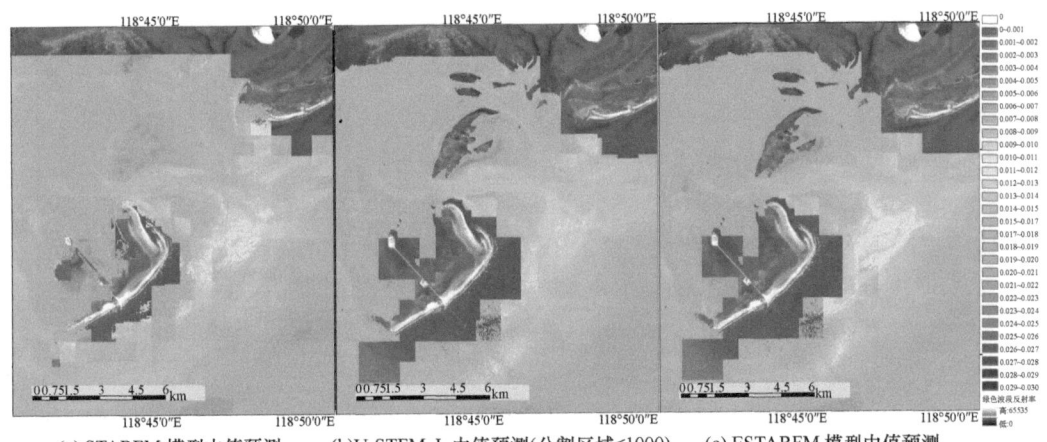

(a) STARFM 模型中值预测　　　(b)U-STFM_L 中值预测(分割区域<1000)　　　(c) ESTARFM 模型中值预测

图 3-17　图 3-16 中的局部区域

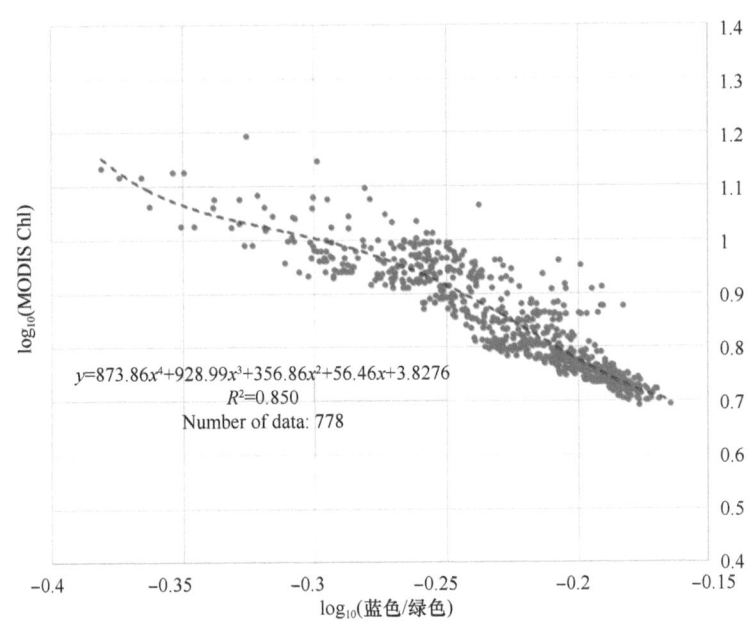

$y=873.86x^4+928.99x^3+356.86x^2+56.46x+3.8276$
$R^2=0.850$
Number of data: 778

图 3-18　2016 年 3 月 10 日 1km 空间分辨率下 log$_{10}$（蓝色/绿色）和 log$_{10}$（MODIS Chl）之间的相关性

表 3-5　log$_{10}$（蓝色/绿色）和 log$_{10}$（MODIS Chl）在 1km 尺度上的协变关系（不同的目标日期）

	2013-11-29	2014-08-12	2014-09-13	2015-01-19	2015-10-02	2015-12-05	2016-01-06	2016-03-10	2016-03-26	2016-12-23
R^2	0.545	0.557	0.760	0.910	0.706	0.889	0.701	0.850	0.542	0.615
RMSE（mg/m³）	0.496	0.771	0.532	0.681	0.5757	0.100	0.391	0.742	0.371	0.420

的微小差异可能导致 log$_{10}$（蓝色/绿色）的巨大差异，这将降低与 MODIS 叶绿素 a 产物的相关性。其次，由于 MODIS 像素中的实际聚合过程比平均过程复杂得多，因此 U-STFM 从 30m 到 1km 升级预测的 Rrs 数据的平均聚合处理可能涉及额外的不确定性。

　　Landsat 8 叶绿素 a 产物用作 MODIS Chl 和 U-STFM 叶绿素 a 预测之间比较的参考。

本书的研究从 Landsat 8 中回收的叶绿素 a 由 NASA 的海洋生物处理小组创建的 SeaWiFS 数据分析系统（SeaDAS）生成。通过 Landsat 8 在切萨皮克湾检索到的 Rrs 和叶绿素 a 浓度与 MODIS、SeaWiFS 和原位历史叶绿素 a 测量结果的比较显示出相对较好的一致性（Concha and Schott，2016；Franz et al.，2015）。

　　这项研究的主要目的是找到一种适当的方法来改善近海水域的细致质地并保持准确性，与原始的 MODIS 叶绿素 a 产品相比，逻辑是通过将 Landsat 8 叶绿素产品作为参考，如果最终产量的 RMSE 与原始 MODIS 叶绿素产品的 RMSE 相似或更好，则原始 MODIS 产品的准确性得以保持。此外，如果输出显示近海水域附近更详细的空间变化，则近海水域附近的详细纹理得到改善。

　　2016 年 3 月 10 日对 30m 叶绿素 a 浓度的最终预测显示在图 3-19 中。与原始 MODIS 数据 [图 3-19（a）] 相比，最终预测在海岸区域附近具有更详细的纹理。同时，MODIS 数据中显示的基本模式仍然在最终预测中。两个原因可能导致预测 [图 3-19（b）] 和 Landsat 8 Chl 产品 [图 3-19（c）] 之间的差异：MODIS 和 Landsat 数据之间观察时间的差异，最重要的是叶绿素 a 检索及 MODIS 和 Landsat 数据中使用的大气校正算法不同，这可能会导致 MODIS 和 Landsat 8 Chl 产品之间的差异。

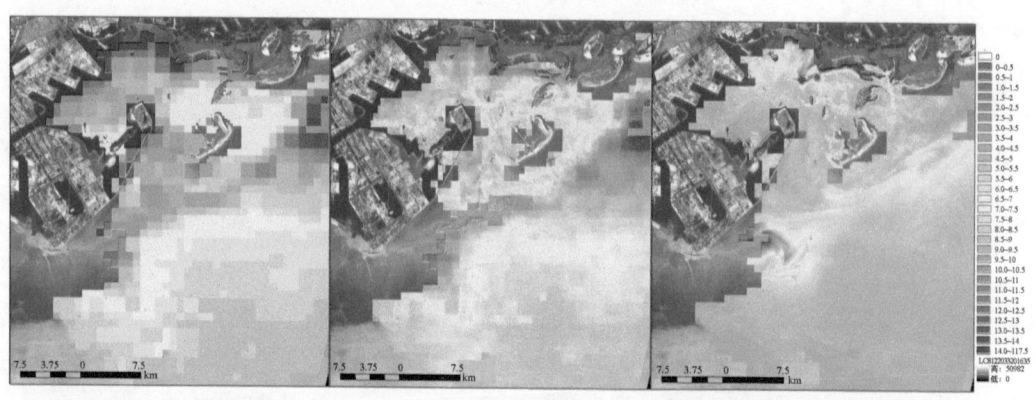

(a) 原始 MODIS 叶绿素分布　　　(b)U-STFM 预测值 30m　　　(c) 同期 Landsat8 叶绿素反演值

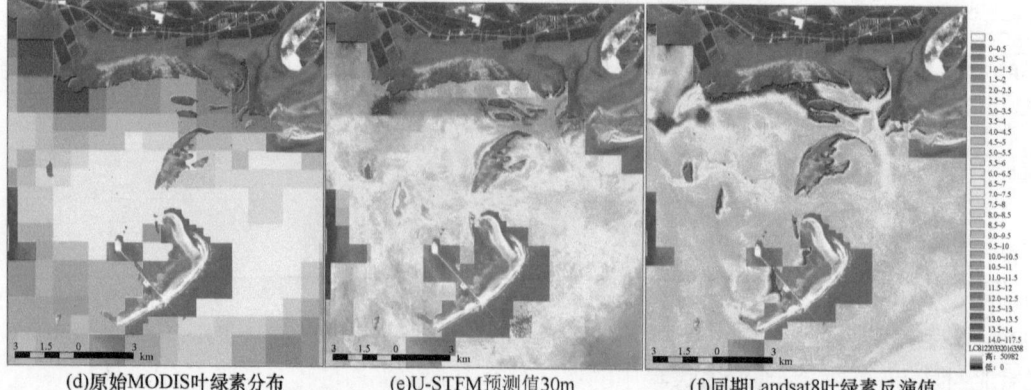

(d) 原始 MODIS 叶绿素分布　　　(e)U-STFM 预测值 30m　　　(f) 同期 Landsat8 叶绿素反演值

图 3-19　2016 年 3 月 10 日最终预测 30m 规模的叶绿素 a 浓度

（a）～（c）整个研究区域的概况；（d）～（f）岛屿附近的次区域

使用局部标准偏差（9×9 窗口）来定量评估图像中包含的局部信息。具有较高纹理的较高空间分辨率图像将显示较大的局部标准偏差值，反之亦然。

为了公平比较，通过插值工具将原始 MODIS Chl 数据重新采样到 30m。用 9×9 移动窗口计算局部标准偏差。大于 1 的值被视为异常值，并从统计信息中删除，这通常在搜索窗口穿过图像边缘时发生。还删除 0 值以避免低估局部标准偏差的平均值和中值，尤其是在 MODIS 30m 重采样数据中。

如图 3-20 中的直方图所示，尽管去除了 0 值，但 MODIS Chl 产品中的大部分局部标准偏差仍然接近 0，平均值为 0.0636，中值为 1.69E-07。与 MODIS 相比，最终的 Chl 预测恢复了更多的局部纹理细节，平均值等于 0.262 并且中值等于 0.218。这些结果表明，来自 U-STFM 模型的最终预测改善了每个像素中的纹理细节。

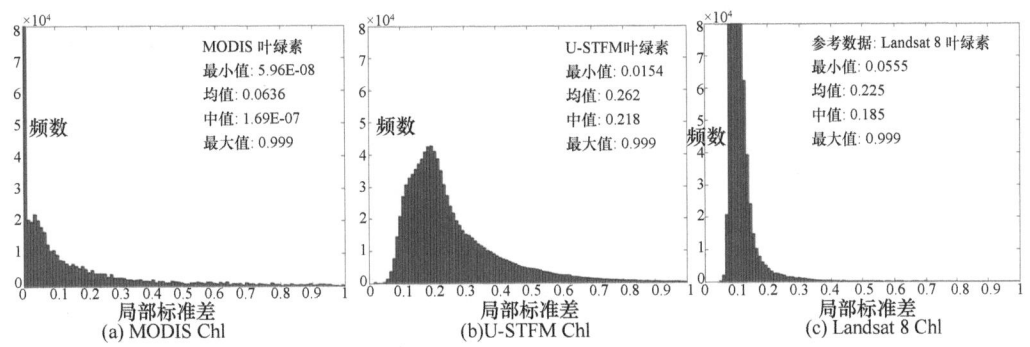

图 3-20　以 9×9 窗口计算的 2016 年 3 月 10 日叶绿素预测值局部标准差直方图
（a）MODIS 叶绿素 a 浓度；（b）U-STFM 模型的叶绿素 a 浓度；（c）Landsat 8 叶绿素 a 浓度

表 3-6 给出了 U-STFM Chl 和 MODIS Chl 的局部标准偏差和 RMSE 的细节。与 Landsat Chl 相比，MODIS Chl 和 U-STFM Chl 的 RMSE 非常相似，分别为 2.69 和 2.39。这表明 U-STFM 模型保持了原始 MODIS Chl 的准确性。

表 3-6　U-STFM 模型叶绿素浓度预测值与原始 MODIS 和 Landsat 叶绿素产品
的 RMSE 和局部标准差比较

类别	相对于 Landsat 叶绿素产品的 RMSE [†]	局部标准差 [††]			
		最小值	均值	中值	最大值
USTFM 叶绿素浓度预测	2.39	0.0154	0.262	0.218	0.999
MODIS 叶绿素产品	2.69	5.96E-08	0.0636	1.69E-07	0.999
参考：Landsat 叶绿素产品		0.0555	0.225	0.185	0.999

† RMSE：与 NASA Landsat 8 叶绿素 a 浓度（mg/m³）比较。
†† 用 9×9 移动窗口计算。

表 3-7 显示了不同日期之间的类似结果。总的来说，RMSE 在 U-STFM Chl 和 MODIS Chl 之间是相似的。有时，U-STFM 模型的结果具有较低的 RMSE。如果不这样做，RMSE 值很容易受到异常值的影响。总的来说，这两个 RMSE 的差异很小。这表明回归模型的最终预测基本上与原始的 NASAmODIS Chl 产品相似。然而，局部标准偏差一致地表明 U-STFM Chl 预测具有比原始 NASAmODIS Chl 产品更高的局部纹理细节。

表 3-7　与原始 MODIS 叶绿素产品和 Landsat 8 叶绿素产品对比，U-STFM 模型叶绿素预测值的 RMSE 和局部标准差

目标日期	类别	RMSE 相对于 Landsat[†]	局部标准差[††]			
			最小值	平均值	中值	最大值
2013-11-29	U-STFM 叶绿素	1.08	0.006	0.140	0.099	0.999
	MODIS 叶绿素	1.22	4.21E-08	0.035	8.43E-08	0.995
	Landsat 叶绿素参考值		0.075	0.177	0.162	0.999
2014-08-12	U-STFM 叶绿素	4.08	0.0127	0.235	0.215	0.997
	MODIS 叶绿素	4.10	5.96E-08	0.112	1.46E-07	0.999
	Landsat 叶绿素参考值		0.0942	0.474	0.413	0.999
2014-09-13	U-STFM 叶绿素	1.99	0.0117	0.175	0.137	0.999
	MODIS 叶绿素	1.88	4.21E-08	0.0272	8.43E-08	0.997
	Landsat 叶绿素参考值		0.0590	0.289	0.209	1
2015-01-19	U-STFM 叶绿素	2.81	0.0244	0.267	0.181	0.999
	MODIS 叶绿素	2.90	4.21E-08	0.0411	1.19E-07	0.999
	Landsat 叶绿素参考值		0.0442	0.119	0.0986	0.999
2015-10-02	U-STFM 叶绿素	1.48	0.00301	0.107	0.0572	0.999
	MODIS 叶绿素	1.37	4.21E-08	0.0291	1.03E-07	0.999
	Landsat 叶绿素参考值		0.0686	0.235	0.194	1
2015-12-05	U-STFM 叶绿素	0.977	0.0023	0.123	0.0832	0.999
	MODIS 叶绿素	0.958	4.21E-08	0.0399	8.43E-08	0.993
	Landsat 叶绿素参考值		0.0737	0.206	0.180	0.999
2016-01-06	U-STFM 叶绿素	1.37	3.79E-30	0.0827	0.0534	0.999
	MODIS 叶绿素	1.44	5.96E-08	0.0382	1.19E-07	0.998
	Landsat 叶绿素参考值		0.0517	0.151	0.138	0.999
2016-03-10	U-STFM 叶绿素	2.39	0.0154	0.262	0.218	0.999
	MODIS 叶绿素	2.69	5.96E-08	0.0636	1.69E-07	0.999
	Landsat 叶绿素参考值		0.0555	0.225	0.185	0.999
2016-03-26	U-STFM 叶绿素	1.31	0.00692	0.126	0.112	0.906
	MODIS 叶绿素	1.43	4.21E-08	0.0263	8.43E-08	0.997
	Landsat 叶绿素参考值		0.0451	0.117	0.104	0.999
2016-12-23	U-STFM 叶绿素	1.75	0.0291	0.121	0.107	0.999
	MODIS 叶绿素	2.00	5.96E-08	0.0368	1.46E-07	0.998
	Landsat 叶绿素参考值		0.0512	0.149	0.140	0.999

[†]RMSE：与 NASA Landsat 8 叶绿素 a 浓度（mg/m³）比较。
[††]计算与 9×9 移动窗口。

4. 深圳香港海域的实验结果

为了验证我们的方法，我们考虑了另一个研究区域，该区域位于中国南海附近。在这方面，每月的浮标资料由香港特别行政区政府环境保护署（https://cd.epic.epd.gov.hk/

EPICRIVER/ marine/）分享，可用于验证最终叶绿素 a 产品。研究区域 2 如图 3-4 所示。

　　蓝色和绿色波段的 Rrs 预测如图 3-21 所示。左列是蓝色波段的比较，右侧是绿色波段。可以对研究区域 1 得出类似的结论：与 MODIS Rrs 产品相比，U-STFM 模型的预测改善了细节纹理，整体 Rrs 分布模式更类似于 Landsat 8。

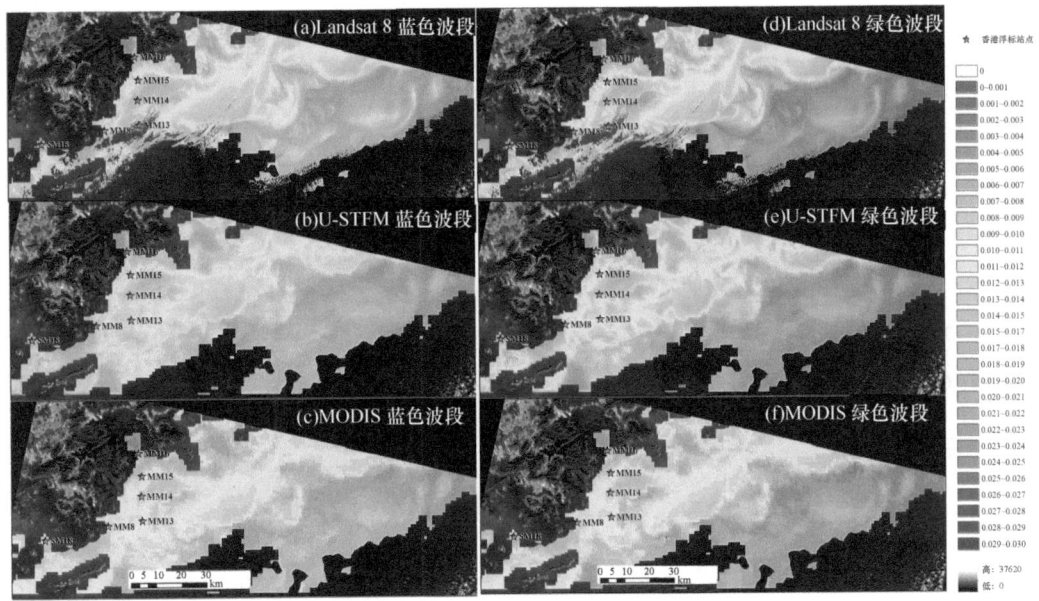

图 3-21　2016 年 11 月 14 日，在研究区域 2 中，与原始 MODIS Rrs 和 Landsat 8 Rrs 相比，
蓝色 [（a）～（c）] 和绿色 [（d）～（f）] 带中的 U-STFM 的 Rrs 预测

　　我们还注意到，与 Landsat 8 相比，预测 Rrs 中的详细纹理图案存在一些差异。如前所述，其原因在于图像融合模型不会创建纹理。输出的详细纹理来自 Landsat 图像的"之前"或"之后"。融合处理可以被视为找到将这两个图像与适当的权重组合的方式。U-STFM 模型中的权重函数来自 MODIS 时间序列提供的变化率信息。因此，无法很好地预测未在"之前"或"之后"Landsat 图像中捕获的图案。

　　与图 3-22 中蓝色和绿色波段的 Landsat 8 Rrs 数据相比，U-STFM 模型的 Rrs 预测结果如图 3-22 所示。观察和预测之间显示出强烈的线性相关性，R^2 为 0.8521 和 0.8857。

　　与研究区域 1 相同，NASA 的 OC2M-HI 回归模型也应用于研究区域 2，以建立 1km规模的 $\log_{10}$（MODIS Chl）和 $\log_{10}$（蓝色/绿色）之间的相关性，如图 3-23 所示。最终的叶绿素 a 预测如图 3-24 所示，子区域如图 3-25 所示。与原始 MODIS 数据相比，可以得出与研究区域 1 相同的结论：最终预测在海岸附近具有更详细的纹理。同时，MODIS数据中显示的基本模式仍然在最终预测中。与研究区域 1 相似，预测与 Landsat 8 叶绿素 a 产品之间的纹理差异仍然存在，因为图像缩小的基本问题是不适当的。

　　U-STFM 与 Landsat 8 和 MODIS 叶绿素产品的叶绿素 a 预测的 1∶1 比较如图 3-26所示。总体而言，U-STFM 的预测与 Landsat 8 和 MODIS 叶绿素产品相关，R^2 分别为 0.7969 和 0.772。与高叶绿素 a 浓度相比，较强的相关性显示低叶绿素 a 浓度为 0.5～2mg/m³。由于尺度差异，较高的变异主要表现在高叶绿素 a 浓度区域，特别是与

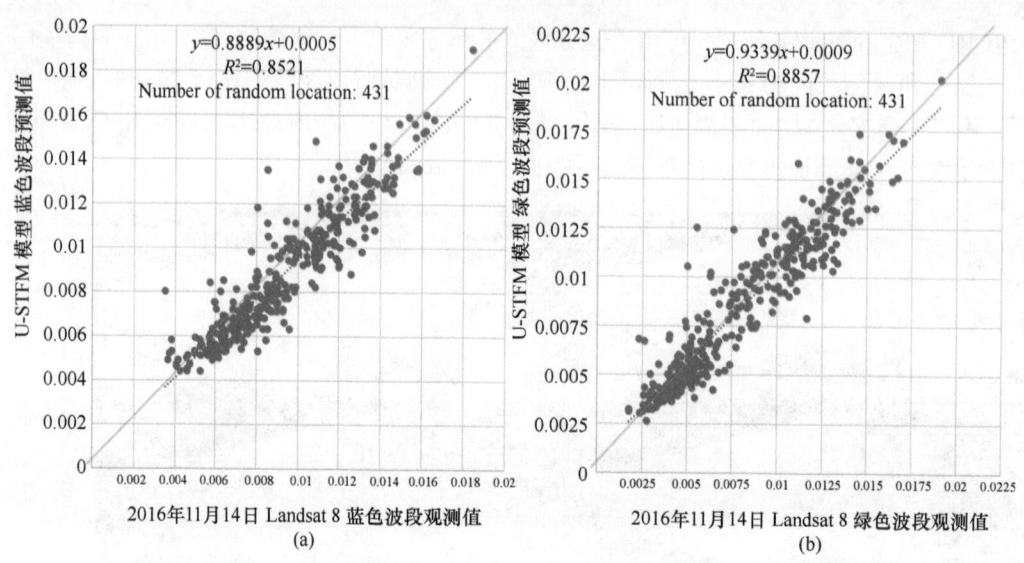

图 3-22　2016 年 11 月 14 日，研究区域 2 中蓝色和绿色波段的 U-STFM 模型预测的 1∶1 图

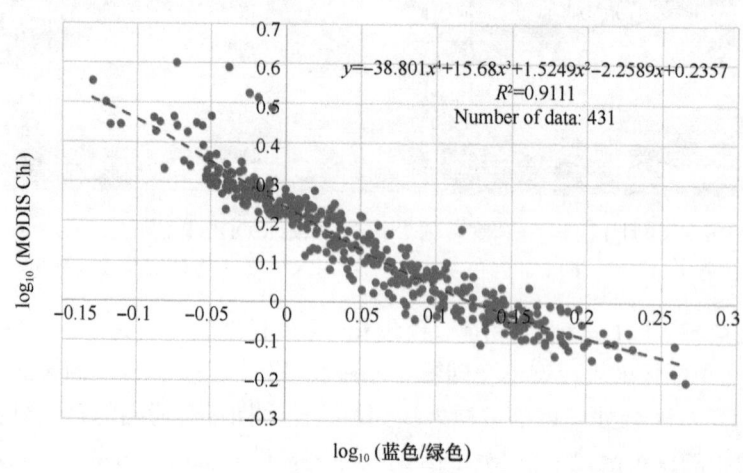

图 3-23　2016 年 11 月 14 日，研究区域 2 中 1km 空间分辨率下 $\log_{10}$（蓝色/绿色）
和 $\log_{10}$（MODIS Chl）之间的相关性

MODIS 相比。与 Landsat 8 产品相比，图 3-26（a）中的小偏差显示了对 U-STFM 预测的轻微低估。这种总体偏差的原因可能与 MODIS 和 Landsat 传感器之间的频谱响应差异有关。

表 3-8 比较了 U-STFM 模型预测值、Landsat 8 叶绿素产品和 MODIS 叶绿素产品与原位数据。在这 6 个浮标中，RMSE 显示 Landsat 8 和 U-STFM 具有相似的准确度，分别为 0.557mg/m³ 和 0.503mg/m³，并且优于最初的 MODIS 叶绿素 a 产品。

3.1.9　小　　结

叶绿素浓度在近海水域附近迅速变化。在本章节中，我们实验了一种方法，将

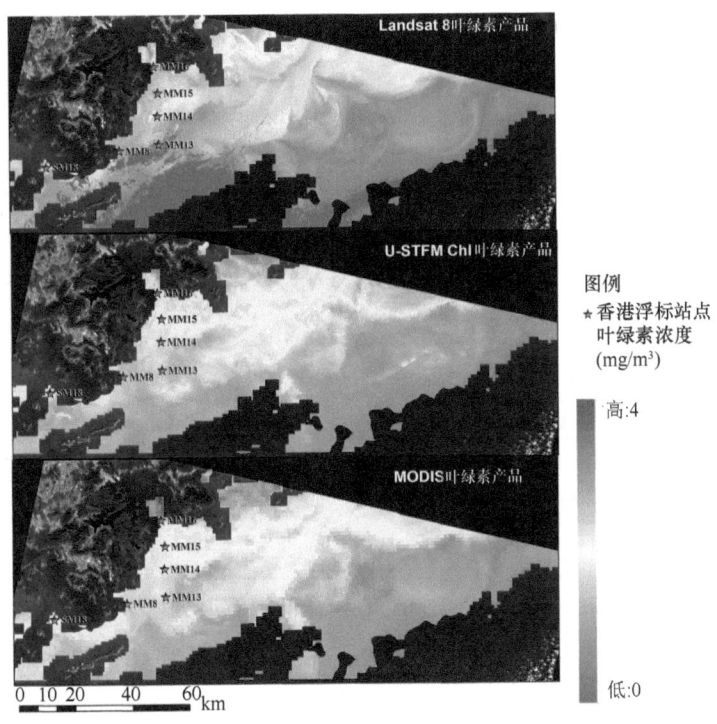

图 3-24　U-STFM 的最终叶绿素浓度预测与 Landsat 8 和初始 MODIS 叶绿素产品相比

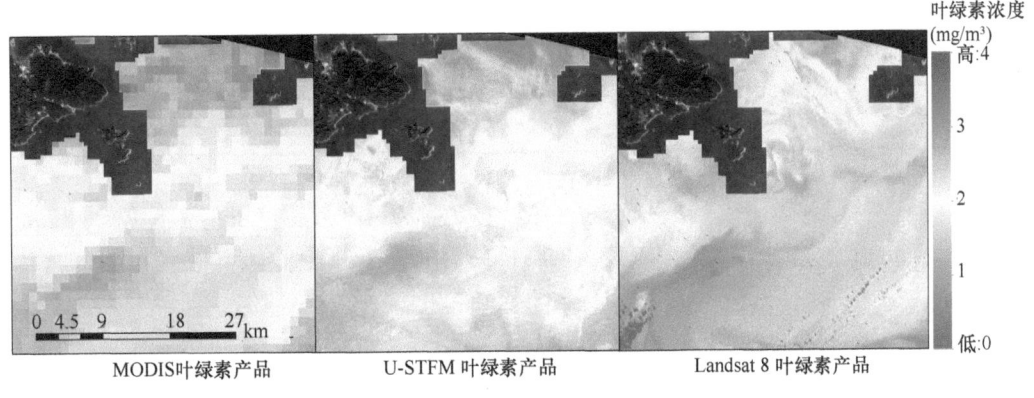

图 3-25　图 3-24 的局部区域

MODIS 1km 叶绿素 a 产品缩小到 30m，以更好地了解近海地区叶绿素 a 的空间变化。为了实现这一目标，本书用到了两种不同的相关性。首先，使用相同位置的不同时间序列观测值之间的相关性来提供详细的图像纹理，以帮助我们预测电磁波谱中蓝色和绿色区域附近的 30m 遥感反射率。其次，使用 1km 规模的 MODIS 叶绿素 a 产品与升高的蓝/绿遥感反射率之间的相关性来预测 30m 水平的高度详细的叶绿素 a 产品。选择 U-STFM 时空融合模型来捕获第一相关性。NASA OC2M-HI 模型用于捕获叶绿素 a 浓度与遥感反射交叉尺度之间的相关性。

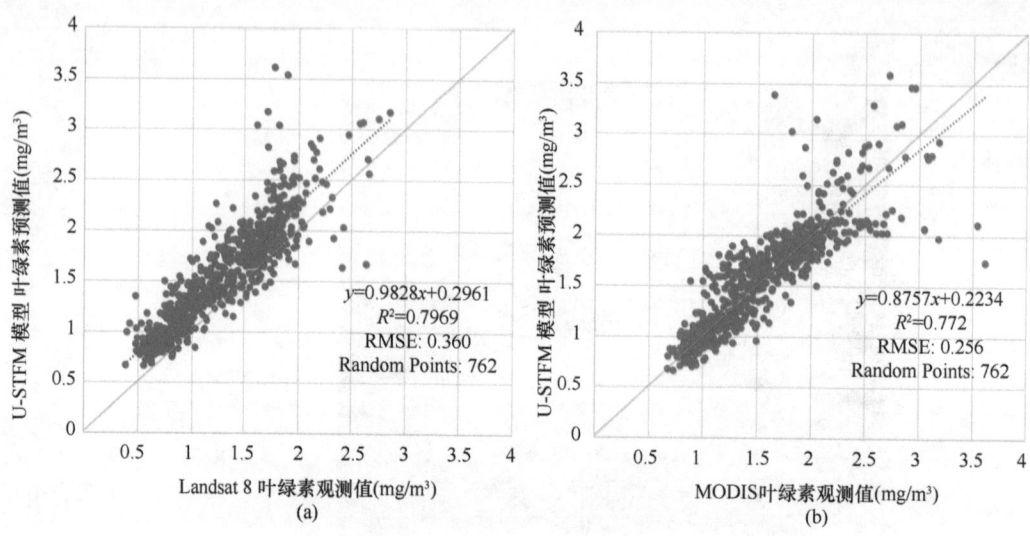

图 3-26　用 Landsat 8 和 MODIS 叶绿素 a 产品进行 U-STFM 预测的 1∶1 图

表 3-8　基于香港浮标站点的叶绿素观测值和预测值对比

浮标编号	日期	浮标名称	经度（°E）	纬度（°N）	浮标观测值（mg/m³）	U-STFM模型预测值（mg/m³）	Landsat8 叶绿素产品（mg/m³）	MODIS 叶绿素产品（mg/m³）
0	2016/11/24	MM16	114.443	22.453	2.1	2.392	1.343	2.905
1	2016/11/24	MM15	114.457	22.373	1.5	2.025	1.548	1.876
2	2016/11/24	MM14	114.457	22.303	1.7	1.661	1.511	1.818
3	2016/11/24	MM13	114.462	22.216	1.1	1.628	1.034	1.663
4	2016/11/24	MM8	114.334	22.196	1.9	1.497	1.266	1.646
5	2016/11/21	SM18	114.084	22.143	0.9	1.745	1.820	2.026
					RMSE	0.503	0.557	0.639

选择唐山曹妃甸港附近的一个研究区来测试这种方法。使用 Landsat 8 Rrs_482nm 和 Rrs_561nm 作为地面实况数据来评估 U-STFM 图像融合模型的预测。2016 年 3 月 10 日数据的结果显示，预测与真实数据之间存在强烈的线性关系，蓝色和绿色波段的 R^2 分别为 0.868 和 0.881。与 MODIS 数据相比，预测波段在近海水域附近显示出更加细致的纹理，可以提供有关近海水域附近叶绿素浓度分布的更多信息。其他 9 个日期的结果也得出了类似的结论。

在 1km 规模的 $\log_{10}$（蓝色/绿色）和 $\log_{10}$（MODIS Chl）之间保持良好的相关性。正如 2016 年 3 月 10 日的 R^2 的结果显示，大约 85%的变化可以通过 OC2M-HI 回归模型建模，RMSE 为 0.742。本书还评估了对其他九个目标日期的预测以及类似的结论。根据观察条件，R^2 在不同日期变化，为 0.542～0.910。通过该回归预测 30m 尺度的叶绿素 a 浓度，从 U-STFM 模型预测 30m 遥感反射率。与 Landsat 8 叶绿素 a 产品相比，RMSE 和局部标准偏差表明，30m 规模的最终叶绿素 a 浓度改善了近海水域附近的细致质地，并且与原始的 MODIS 叶绿素 a 产品相比保持了准确性。

香港附近的另一个研究区域也被选中来测试这种方法。每月的浮标数据由香港环境保护署（https://cd.epic.epd.gov.hk/EPICRIVER/marine/）分享，数据可用于验证最终叶绿素 a 产品。类似的结果显示在研究区域 2 中，Rrs 预测与真实数据之间具有强线性关系（蓝色和绿色波段的 R^2 分别为 0.8521 和 0.8857）。对于这六个浮标，RMSE 显示 Landsat 8 和 U-STFM 具有相似的准确度，分别为 $0.557mg/m^3$ 和 $0.503mg/m^3$，并且优于初始 MODIS 1km 叶绿素 a 产品。

总的来说，在这项研究中，我们使用时间序列的相关性和不同尺度的相关性来推断近海地区附近叶绿素 a 浓度的空间变化。图像缩小问题通常是不适合的，只能根据先前的知识来推断，但是通过本书中的方法，预测 30m 叶绿素 a 浓度产品可以帮助我们更好地了解近海水域的更深层物理机制。

3.2　海岸带卫星遥感监测数据时间要素插补技术

3.2.1　缺失数据的常用处理方法

对于赤潮灾害分析，积累的大量历史数据都属于时间序列数据范畴，在进行时间序列预测之前，一般对数据系列的连续性都有所要求。缺失值产生的原因多种多样，主要分为机械原因和人为原因。机械原因是指由于机械导致的数据收集或保存失败造成的数据缺失，如数据存储的失败、存储器损坏、机械故障导致某段时间数据未能被收集（对于定时数据采集而言）。人为原因是指由于人的主观失误、历史局限或有意隐瞒造成的数据缺失，如在市场调查中被访人拒绝透露相关问题的答案，或者回答的问题是无效的，数据录入人员失误漏录了数据。缺失值从缺失的分布来讲可以分为完全随机缺失、随机缺失和完全非随机缺失。完全随机缺失（missing completely at random，MCAR）指的是数据的缺失是随机的，数据的缺失不依赖于任何不完全变量或完全变量。随机缺失（missing at random，MAR）指的是数据的缺失不是完全随机的，即该类数据的缺失依赖于其他完全变量。完全非随机缺失（missing not at random，MNAR）指的是数据的缺失依赖于不完全变量自身。对于缺失值的处理，从总体上来说分为删除存在缺失值的个案和缺失值插补。对于主观数据，人将影响数据的真实性，存在缺失值的样本的其他属性的真实值不能保证，那么依赖于这些属性值的插补也是不可靠的，所以对于主观数据一般不推荐插补的方法。插补主要是针对客观数据，因为它的可靠性有保证。常用的缺失数据的处理方法有以下几种。

对于少量不影响时间序列完整性的缺失数据，主要有简单删除法和权重法。简单删除法是对缺失值进行处理的最原始方法。它将存在缺失值的个案删除。如果数据缺失问题可以通过简单的删除小部分样本来达到目标，那么这个方法是最有效的。当缺失值的类型为非完全随机缺失时，可以通过对完整的数据加权来减小偏差。把数据不完全的个案标记后，将完整的数据个案赋予不同的权重，个案的权重可以通过 Logistic 或 Probit 回归求得。如果解释变量中存在对权重估计起决定性因素的变量，那么这种方法可以有效减小偏差。如果解释变量和权重不相关，那么这种方法并不能减小偏差。对于存在多个属性缺失的情况，就需要对不同属性的缺失组合赋不同的权重，这将大大增加计算的难度，降低预测的准确性，这时权重法并不理想。

对于影响时间序列完整性的缺失数据很难采取直接删除的方法，这时候的思路是采用可能值插补缺失值，它的思想来源是以最可能的值来插补缺失值比全部删除不完全样本所产生的信息丢失要少。在数据挖掘中，面对的通常是大型的数据库，它的属性有几十个甚至几百个，因为一个属性值的缺失而放弃大量的其他属性值，这种删除是对信息的极大浪费，所以产生了以可能值对缺失值进行插补的思想与方法，常用的有如下几种方法。

1）均值插补

数据的属性分为定距型和非定距型。如果缺失值是定距型的，就以该属性存在值的平均值来插补缺失的值；如果缺失值是非定距型的，就根据统计学中的众数原理，用该属性的众数（即出现频率最高的值）来补齐缺失的值。

2）利用同类均值插补

同类均值插补的方法都属于单值插补，不同的是，它用层次聚类模型预测缺失变量的类型，再以该类型的均值插补。假设 $X=(X1, X2, \cdots, Xp)$ 为信息完全的变量，Y 为存在缺失值的变量，那么首先对 X 或其子集行聚类，然后按缺失个案所属类来插补不同类的均值。如果在以后统计分析中还需用引入的解释变量和 Y 做分析，那么这种插补方法将在模型中引入自相关，给分析造成障碍。

3）极大似然估计（max likelihood，ML）

在缺失类型为随机缺失的条件下，假设模型对于完整的样本是正确的，那么通过观测数据的边际分布可以对未知参数进行极大似然估计（Little and Rubin）。这种方法也被称为忽略缺失值的极大似然估计，对于极大似然的参数估计，实际中常采用的计算方法是期望值最大化（expectation maximization，EM）。该方法比删除个案和单值插补更有吸引力，它的一个重要前提是适用于大样本。有效样本的数量足够保证 ML 估计值是渐近无偏的并服从正态分布。但是这种方法可能会陷入局部极值，收敛速度也不是很快，并且计算很复杂。

3.2.2 多重插补（MI）技术的实现

迄今为止，学术界针对数据缺失提出的插补方法有 30 多种，在时间序列抽样中多用的是单一插补和多重插补。单一插补指对每个缺失值，从其预测分布中抽取一个值填充缺失值后，使用标准的完全数据分析进行处理。单一插补方法大致可以归为两类：随机插补和确定性插补，具体包括均值插补、热卡插补、冷卡插补、回归插补和模型插补等。但是单一插补假定好像缺失值在完全数据分析中是已知的，并未反映出位置缺失数据的预测的不确定性，容易扭曲变量关系，无法反映无回答模型的不确定性，并且参数估计的估计方差结果将是有偏的。在国外相当多的抽样调查中，对缺失数据进行插补处理是非常普遍的，替换缺失数据技术的意义在于比列表除浪费更少的信息，但是当缺失数据为非随机缺失时，替换缺失数据技术比列表制除更稳健，特别是当数据收集者与数据分析者是不同的个数时，插补法更具优势。

插补法主要经历了单一插补和多重插补两个阶段，多重插补法的出现弥补了单一插补法的缺陷。第一，多重插补过程产生多个中间插补值，可以利用插补值之间的变异反映无回答的不确定性，包括无回答原因已知情况下抽样的变异性和无回答原因不确定造成的变异性。第二，多重插补通过模拟缺失数据的分布，较好地保持变量之间的关系。第三，多重插补能给出衡量估计结果不确定性的大量信息，单一插补给出的估计结果则较为简单。多重插补法则弥补了单一插补法的缺陷，考虑了缺失数据的不确定性，提出了处理缺失数据的另一种有用的策略。美国哈佛大学统计学系的 Rubin 教授于 20 世纪 70 年代末首先提出多重插补的思想。它是给每个缺失值都构造 m 个插补值（$m>1$），这样就产生出 m 个完全数据集，对每个完全数据集分别使用相同的方法进行处理，得到多个处理结果，再综合这个处理结果，最终得到对目标变量的估计。与单一插补相比，多重插补构造 m 个插补值的目的是模拟一定条件下的估计量分布，应用完全数据分析方法和融合数据收集者知识的能力，根据数据模式采用不同的模型随机抽取进行插补，能够反映在该模型下由缺失值导致的附加（额外）变异，增加了估计的有效性；同时在多个模型下通过随机抽取进行插补，简单地应用完全数据方法，可以对无回答的不同模型下推断的敏感性进行直接研究。利用多重插补技术，我们对 MODIS 遥感反演的荧光基线高度数据、海表面温度数据进行插补，恢复数据在时间尺度上的完整性，从而进行后续分析。

多值插补的思想来源于贝叶斯估计，认为待插补的值是随机的，它的值来自于已观测到的值。具体实践上通常是估计出待插补的值，然后再加上不同的噪声，形成多组可选插补值。根据某种选择依据，选取最合适的插补值。

多重插补法分为三个步骤：①为每个空值产生一套可能的插补值，这些值反映了无响应模型的不确定性；每个值都可以被用来插补数据集中的缺失值，产生若干个完整数据集合。②每个插补数据集合都用针对完整数据集的统计方法进行统计分析。③对来自各个插补数据集的结果，根据评分函数进行选择，产生最终的插补值。

假设一组数据包括三个变量 Y_1、Y_2、Y_3，它们的联合分布为正态分布，将这组数据处理成三组，A 组保持原始数据，B 组仅缺失 Y_3，C 组缺失 Y_1 和 Y_2。在多值插补时，对 A 组不进行任何处理，对 B 组作产生 Y_3 的一组估计值（作 Y_3 关于 Y_1、Y_2 的回归），对 C 组作产生 Y_1 和 Y_2 的一组成对估计值（作 Y_1、Y_2 关于 Y_3 的回归）。

当用多值插补时，对 A 组不进行处理，对 B、C 组将完整的样本随机抽取形成 m 组（m 为可选择的 m 组插补值），每组个案数只要能够有效估计参数就可以了。对存在缺失值的属性的分布作出估计，然后基于这 m 组观测值，对于这 m 组样本分别产生关于参数的 m 组估计值，给出相应的预测值，这时采用的估计方法为极大似然法，在计算机中具体的实现算法为期望最大化法（EM）。对 B 组估计出一组 Y_3 的值，对 C 组将利用 Y_1、Y_2、Y_3 它们的联合分布为正态分布这一前提，估计出一组（Y_1、Y_2）的值。

上例中假定了 $Y1$、$Y2$、$Y3$ 的联合分布为正态分布。这个假设是人为的，但是已经通过验证（Graham and Schafer，1999），非正态联合分布的变量，在这个假定下仍然可以估计到很接近真实值的结果。

多重插补和贝叶斯估计的思想是一致的，但是多重插补弥补了贝叶斯估计的几个不足。

（1）贝叶斯估计以极大似然的方法估计，极大似然的方法要求模型的形式必须准确，如果参数形式不正确，将得到错误结论，即先验分布将影响后验分布的准确性。而多重插补所依据的是大样本渐近完整的数据的理论，在数据挖掘中的数据量都很大，先验分布将极小地影响结果，所以先验分布对结果的影响不大。

（2）贝叶斯估计仅要求知道未知参数的先验分布，没有利用与参数的关系。而多重插补对参数的联合分布作出了估计，利用了参数间的相互关系。

相比较而言，极大似然估计和多重插补是两种比较好的插补方法，与多重插补对比，极大似然缺少不确定成分，所以越来越多的人倾向于使用多值插补方法。多重插补是通过变量间关系来预测缺失数据，利用蒙特卡罗方法生成多个完整数据集，再分别对这些数据集进行分析，最后对这些分析结果进行汇总处理。本书的研究是通过 R 软件中的 mice 包实现的。实现流程和实现步骤如图 3-27 所示。

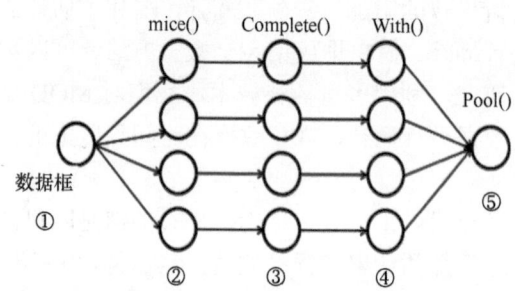

图 3-27 多重插补 mice 包的流程

具体步骤如下：

（1）包含缺失值的数据源；

（2）生成 m 个完整数据，调用 mice 包；

（3）查看（2）中任一插补的完整数据集，complete[（2），action=i，i 取 1，…，m 中任一数]；

（4）对每个插补数据集应用统计模型，如 with [（2），lm（$a \sim b+c$）]；

（5）对（4）中的 m 个结果进行组合，形成一个包含 m 个统计分析平均结果的列表对象。

第4章　快速城市化进程中人类活动对深圳沿海生态环境的影响

　　沿海地区是缓解人口增长和土地短缺的城市扩张需求之间矛盾的重要区域（Crawford，2007）。许多国家，包括日本（Suzuki，2003）、意大利（Breber et al.，2008）、荷兰（van de Ven，1994）、新加坡（Louis，1990）、印度（Murthy et al.，2001）和中国（Cai et al.，2017）通过填海解决土地赤字问题。沿海地区通常城市化水平、人口密集程度、经济发展较内陆地区更好（Mori and Takemi，2016）。然而，受海洋生态系统和陆地生态系统影响的这些区域比其他区域更敏感和更脆弱，并且由于人类活动的影响，它们的生态环境易于退化（Celliers et al.，2004；Denner et al.，2015）。由于人口增长和社会经济的快速发展，沿海生态系统可能出现的生态问题逐渐被社会和经济活动的加剧所放大（Scherner et al.，2013；Burt，2014；Li et al.，2014）。这些环境问题包括海岸侵蚀（Mars and Houseknecht，2007）、湿地损失（Lee et al.，2006）和水质恶化（Brando and Dekker，2003；Chen et al.，2007），其引起了全世界的关注。

　　中国是一个人口众多的发展中国家，贫富差距较大（Chauvin et al.，2016），目前正处于社会经济快速发展阶段。其东部沿海地区大多经济发达，人口密集（He et al.，2014）。自中国稳步推进"一带一路"倡议（Pavlićević，2015）以来，沿海开发逐步从南向北发展，沿海可持续发展推动内陆经济发展受到政府的重视（Lin，2016）。因此，进一步研究沿海地区的生态发展和沿海地区环境在开发过程中的时空变化具有重要意义。

　　深圳是中国改革开放后建立的第一个经济特区。它是中国经济发展早期迅速发展的前沿区，它从小城镇迅速发展为现代工业、住宅和商业城市群（Sklair，1991）。深圳是一个典型的沿海城市，其沿海地区经历了快速的城市化，但发展正在稳固（Guo et al.，2011）。因此，生态问题（如湿地减少）（Wu et al.，2008）和重金属污染（Huang et al.，2007；Deng et al.，2015），伴随深圳过度开发和发展活动无序造成的风险比其他沿海城市更早、更严重。研究人员利用景观格局分析来帮助了解快速城市化对生态系统的影响。Peng 等（2015）将生态系统服务和景观模式联系起来，评估深圳及其几个沿海经济特区的城市生态系统健康。Sui 和 Zeng（2001）及 Yu 等（2015）分别模拟了深圳景观结构的动态和测量的景观互联互通。景观格局分析是反映生态系统状态的重要方式（Gautam et al.，2003）。因此，必须分析人类活动对快速城市化时期沿海地区景观格局的影响。

　　土地利用/覆盖的空间景观格局可以揭示城市化进程，还可以在区域范围内形成社会和经济发展政策（Redman，1999）。景观格局度量是衡量生态过程在空间和时间尺度上变化的重要指标（Lausch and Herzog，2002）。这些指标已被广泛用于描述景观结构（O'Neill et al.，1988；Turner，1989），描述城市地区的土地-土地覆盖和景观格局动态（Oliveira et al.，2017）。Huang 等（2009）定量分析了中国东南沿海海湾地区土地利用和景观格局的变化。Zhu 等（2016）揭示，中国渤海湾土地使用正在快速工业化。

　　对文献的回顾表明，以往的研究主要集中在海洋复垦与小地区特定类型生态问题之间的关系上。Mulder 等（1994）和 Li 等（2014）研究了沿海复垦对环境的影响。Li 等（2014）在中国连云港发现了由于城市快速扩张而造成的沿海湿地损失和环境变化。然而，在深圳的研究主要集中在海洋复垦动态及其对沿海生态系统和沿海水域的影响上（Huang et al.，2007；Chen and Jiao，2008；Hu and Jiao，2010）。Guo 等（2007）分析了东部沿海潮滩和河道的变化及其对沿海生物多样性的影响。但是关于深圳快速城市化时期整个沿海地区景观格局变化的报道很少（Feng et al.，2016）。

　　本书建立了积极和消极生态要素的比较评价方法，以了解快速城市化时期人类活动对沿海生态系统的影响。根据不同人类活动对景观格局的影响，建立了正负生态要素分类体系，用土地利用指数显示了影响差异。利用正负生态元素时空变化特征的比较分析，揭示了人类活动时空分布和强度的变化。考虑到一些景观格局指标之间的相关性，我们选择了几个具有代表性的指标（面积加权平均形状指数、边缘密度、补丁大小标准偏差、补丁大小方差系数、景观连接和香农均匀度指数）分析景观格局的变化。本书的研究结果可为我国北方沿海地区的生态发展提供参考，有助于指导其他沿海城市沿海城镇化的科学发展规划和管理措施。

4.1　土地使用和海岸线的提取方法

4.1.1　研　究　区　域

　　深圳作为典型的沿海城市，位于中国南方经济快速增长的珠江三角洲。它具有悠久的沿海开发历史，在过去 30 年的港口建设、土地复垦等沿海开发中已经取得了巨大的成功。城市的快速扩张和城市经济的发展，以及密集的人口和大量人口跨越深圳和九龙半岛的边界，加速了深圳沿海生态环境的变化。深圳沿海地区的生态问题及其管理比其他沿海城市更早反映出来，因此，这座城市是一个理想的研究区。

　　研究区为亚热带海洋气候，四季分明，雨量充沛。研究区的空间范围是从连接 2015 年海岸线、深圳、香港边境到内陆线路 10km（Hou and Xu，2011）的缓冲区范围（图 4-1）。由于地形复杂，这座城市的沿海地区显示出几种类型的海岸地质成分，由九龙半岛分为两部分——东部和西部。东海岸大多是自然的，包括大亚湾和大鹏湾，有一个岩石海岸和海滩，而西海岸之间的东宝河北部和深圳湾南部主要是泥滩（Ma et al.，2012）。沿海地貌类型的多样性带动了深圳沿海的多元化发展。

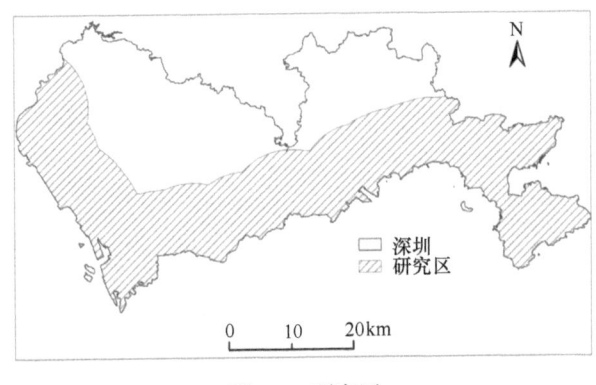

图 4-1　研究区

4.1.2　土地使用和海岸线空间信息的提取

该数据集由 30m 空间分辨率大地卫星 5 号专题成像仪（TM）和 HJ 卫星图像组成。1990～2015 年城市化期间共使用了 19 张图像（表 4-1）。由于深圳属亚热带气候，选定图像时在秋冬，云覆盖率较低。以 2000 年图像为参考，对其他图像进行几何校正，以消除系统偏差。2015 年的海岸线是从 2015 年的图像中提取的，其作为参考海岸线。然后，根据四个综合图像计算出每年 10km 的缓冲范围。

表 4-1　多元遥感影像

年份	行/列	TM 影像	HJ 影像
1990	121/44	TM19890213/ TM19911009	HJ20101112
	122/44	TM19901013	—
2000	121/44	TM20000127	—
	122/44	TM20000914	—
2010	121/44	TM20101208	
	122/44	TM20101028/ TM20101113/ TM20101129	HJ20101112
2015	121/44	TM20150707/TM20150808/TM20150925/TM20151027	—
	122/44	TM20150103/TM20150119/TM20150628/TM20151018	—

4.1.3　海岸线检测

2015 年的海岸线被提取出来以显示研究区的范围。由于深圳海岸融合了基岩海岸、泥质海岸、人工海岸等多种类型，因此提取了几条不同类型的海岸线，然后进行了连接，采用了现有的海岸线开采方法（Kuleli et al.，2011；Zhang et al.，2013）。对于高反射性的基岩和人工海岸，水和土地的边界被提取为海岸线。对于植被覆盖的海岸，一般是红树林和人造沿海景观林，使用归一化植被指数（NDVI）对边界进行了区分。海滩山脊线的上限被提取为沙质海岸线。NDVI 的计算公式如下：

$$NDVI = \frac{NIR - R}{NIR + R}$$
（4-1）

变量近红外是遥感图像的相位红外反射率，R 为图像的波段红色的反射率值。

4.1.4 土地使用检测

根据国家土地利用分类体系《土地利用现状分类标准》（GB-T21010-2007），深圳沿海地区每年都提取土地利用（图 4-2）。采用 NDVI 模型进行植被提取，采用高斯-normalized 指数提取河流，建立了人工表面提取模型，并将其与正态差表面指数（NDISI）、归一化差异指数（NBDI）和归一化指数（MNDI）相结合。然后，利用 NDVI 和 MNDWI 对植被区的植被点进行采样点选择，建立了植被区域多次迭代的最大似然函数，从而准确提取了森林、草地、湿地和耕地。对于花园和其他人造森林，应用 Google Earth 使用纹理信息识别和纠正结果。最后，通过现场调查和人工视觉解释对所有结果进行了验证，以确保分类精度达到 85% 以上（结果大于此数字，表明该结果的准确性良好）（Guerschman et al.，2003；Salovaara et al.，2005；Akumu et al.，2010）。

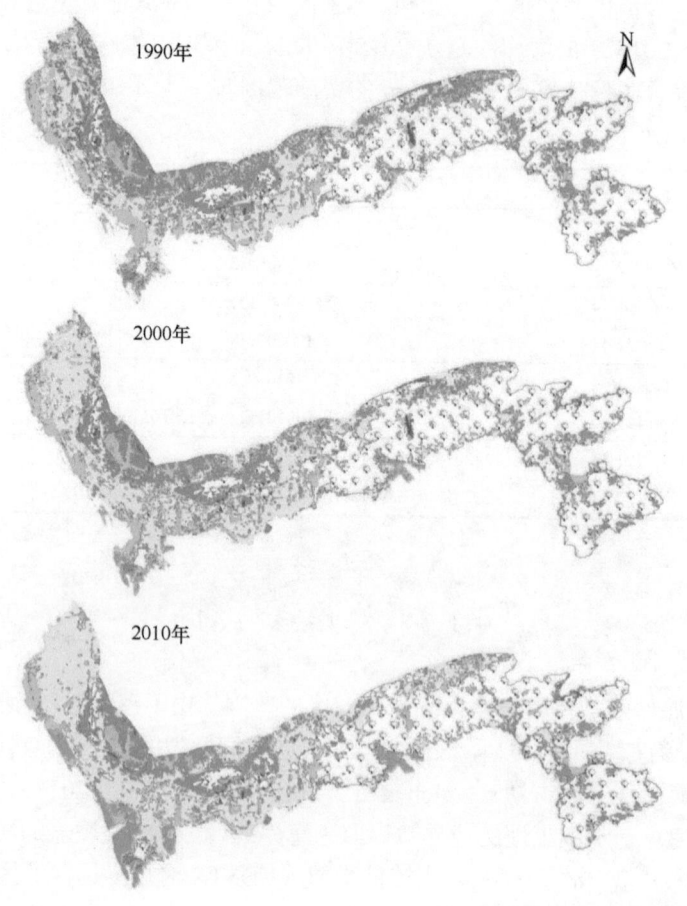

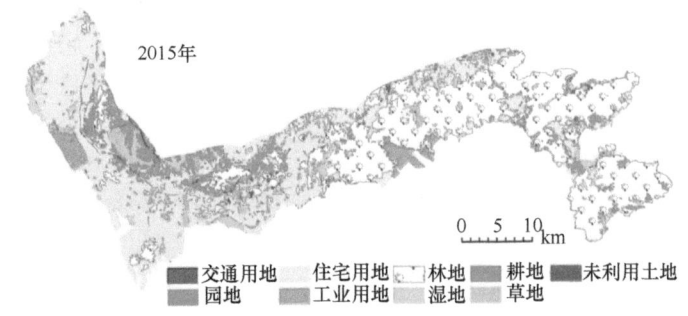

图 4-2　1990～2015 年深圳海岸带的土地利用图

本节中使用的索引计算如下：

$$NDISI = \frac{TIR - [VIS_1 + NIR + SWIR_1]/3}{YIR + [VIS_1 + NIR + SWIR_1]/3} \tag{4-2}$$

式中，TIR、NIR、$SWIR_1$ 为遥感图像 TIR、NIR、$SWIR_1$ 波段的反射值；VIS_1 为红色、蓝色、绿色三个波段中的任意一个（选择哪个波段）的反射值，其取决于特定图像分析的需要。

$$NDBI = \frac{SWIR_1 - NIR}{SWIR_1 + NIR} \tag{4-3}$$

式中，变量 $SWIR_1$ 和 NIR 的含义与式（4-2）相同。

$$MNDWI = \frac{Green + SWIR_1}{Green - SWIR_1} \tag{4-4}$$

式中，$SWIR_1$ 的含义与式（4-2）中的含义相同，变量绿色是带绿色的反射值。

4.2　基于土地利用程度指数的景观分类

城市沿海地区经常进行城市建设和土地扩张（Murthy et al.，2001），因此其显示出明显的人工生态系统特征。由于城市西部和东部地质结构的差异（Zhu，2005）和人类活动强度的差异，正在经历快速经济增长的西海岸很少发现本土沿海生态系统（Yang et al.，2008），低山和丘陵分布在东海岸，其拥有丰富的天然林和草原资源，是城市的生态缓冲区。

为深圳沿海地区景观设计了一个新的分类制度，该系统根据土地使用和土地覆被变化分类制度，考虑了人类活动的差异。土地使用程度指数是根据人类活动的差异提出的（Zhuang and Liu，1997）。第一层次的分类被设计为正和负生态要素，代表正负生态价值。由于人工土地的土地利用程度最高，未使用土地的土地使用程度最低，这两类土地被归类为负面生态要素。2 级的土地利用类别被归类为自然主导因素，3 级的土地利用类别被归类为人为主导因素。土地利用程度水平表明，土地利用程度的价值越大，人类活动强度对其（未使用土地除外）的影响就越大。未利用土地是指低密度植被覆盖、未被建筑物覆盖、生态系统服务价值低的土地，划分为负面生态要素。

4.2.1　人类活动空间分布的变化

我们计算了海洋复垦的面积和速度，绘制了快速城市化时期各景观元素的空间分布图，以揭示人类活动的变化。将多时间面积（每年整个沿海地区的总面积）的变化计算为海洋复垦区。两个时期之间的面积变化除以两个时期的时间间隔，将其称为海洋复垦率（面积/单位：km²/a）。景观类的映射包含自然显性的正、人为显性的正和负生态元素。计算 1990～2015 年各类景观要素的面积比变化，以揭示人类发展活动的重点变化。两个区域比率，即自然主导因素和负生态要素之间的面积比率与人为主导因素与负生态要素的比率，比较分析后可反映人类活动对景观格局的生态效应的影响。

4.2.2　景观样式变动

景观指标被广泛用于定量地反映景观格局的现状及其变化（Turner，1989；Luck and Wu，2002）。由于一些指数的相关性很高，同时使用这些指数不需提供补充资料（Hargis et al.，1998）。此外，由于景观矩阵是深圳沿海地区快速城市化进程中的人工景观，因此在阶级和景观方面选择了几个具有代表性的指标来分析 1990～2015 年的景观格局变化水平。通过推荐补丁分析（景观模式分析扩展）用户指南（Rempel et al.，2012），我们选择了以下指标：面积加权平均形状指数（AWMSI）、边缘密度（ED）、补丁大小标准偏差（PSSD）、补丁大小系数变化（PSCOV）、景观连通性（连接）和香农性指数（SHEI）。这些指标是通过式（4-5）～式（4-10）计算的：

$$\text{AWMSI} = \sum_{i=1}^{m} \sum_{j=1}^{n} \left[\left(\frac{0.25 P_{ij}}{\sqrt{a_{ij}}} \right) \left(\frac{a_{ij}}{A} \right) \right] \tag{4-5}$$

式中，AWMSI 可用于分析景观成分的形状复杂性和空间组成；$0.25 P_{ij}$、a_{ij} 分别为每个补丁的周长和区域。

$$\text{ED} = \frac{E}{A} 10^6 \tag{4-6}$$

式中，ED 描述了景观单位的边缘特征；E 为景观中所有补丁的边界总长度；A 为所有补丁的总面积。

$$\text{PSSD} = \sqrt{\frac{\sum_{i=1}^{m} \sum_{j=1}^{n} \left(a_{ij} - \frac{A^2}{N} \right)}{N} 10^6} \tag{4-7}$$

式中，PSSD 经常被用来描述特定景观中所有补丁的区域差异；a_{ij} 的含义与式（4-5）中的含义相同，式（4-6）中的 A 与它相同；N 为景观中斑块的数量。

$$\text{PSCOV} = \frac{N \cdot \text{PSSD}}{10^6 A} \tag{4-8}$$

式中，N，PSSD，A 与式（4-7）中的相同；PSCOV 可以反映景观小块结构。

$$CONNECT = 1 + \sum_{i=1}^{m}\sum_{j=1}^{n}\left[\frac{P_{ij}\ln P_{ij}}{2\ln m}\right] \tag{4-9}$$

式中，m 为景观中斑块的类型数；P_{ij} 为随机选择 i 和 j 单元格的两个相邻单元格的概率。连接以测量空间结构中景观的连续性。

$$SHEI = \frac{\sum_{i=1}^{n}P_i\log_2^{P_i}}{\log_2^{n}} \tag{4-10}$$

式中，P_i 为整个景观中 i 斑块的面积百分比；n 为整个研究区域中斑块的类型。SHEI 的特征是，价值越大，景观成分分布越均匀，其有助于我们发现不同时期同一景观多样性特征的变化。Uuemaa 等（2013）的研究表明，这些指标可以描述景观的空间格局。使用 ArcMap 的 Patch 分析 5.1（Rempel et al.，2012）计算了三个景观类别（自然主导元素、人为主导元素和负生态元素）的景观指标。

4.3　人类活动对深圳生态环境影响的空间差异

4.3.1　西部和东部地区人类活动空间分布的差异

图 4-3 显示了 1990 年、2000 年、2010 年和 2015 年土地使用地区每个生态要素的面积和总面积。每个时期总面积的变化是由于填海面积增加导致的。1990～2000 年，填海面积为 28.63km²。2000～2010 年，填海面积增至 32.69km²。2010～2015 年，填海面积仅为 5.04km²。复垦率经历了由快速增长趋势向缓慢上升趋势的转变。深圳快速城市化期的第二个十年比第一个十年大，但在第三个时期，这一比例迅速下降。

在整个快速城市化时期，西部生态要素空间分布的变化大于东部（图 4-4）。人工表面面积逐渐增加，而自然主导因素和人工主导因素继续减少。自然主导因素的减少主要发生在西海岸附近，特别是在前海湾至宝安机场的海岸附近，该海域往往被转移为工业用地。人为主导因素面积的减少集中在西部地区，城市化时期人工主导因素的空间分布更加有序。东部地区的变化包括盐田港、平山镇、葵冲镇和大鹏镇的人工表面面积增加。此外，填海主要分布在东海岸西海岸和盐田港，其中大部分用于工业活动。这些变化是由平坦的西部海岸和崎岖的东部海岸之间的地形差异推动的（Peng et al.，2017）。人类活动对西海岸生态环境的影响大于对东海岸的影响。

1990～2015 年每个景观类的面积百分比变化如图 4-3 所示。从正负景观类面积百分比的比较（各要素面积占总面积的比例）可以看到这两种生态元素之间的反差趋势。积极和消极的景观在这一过程中都经历了持续下降和持续上升。自然显性正生态因子保持相同的速度持续下降，但人工显性正生态因子先迅速下降，然后缓慢下降，而负生态因子的面积百分比则缓慢下降后分阶段增加。

在自然优势正生态元素中，各时期草地面积比例最小，变化不大，仅从 1990 年的 0.63%上升到 2010 年的 0.75%。增加的部分原因是，填海后尚未开发的土地上的过渡草

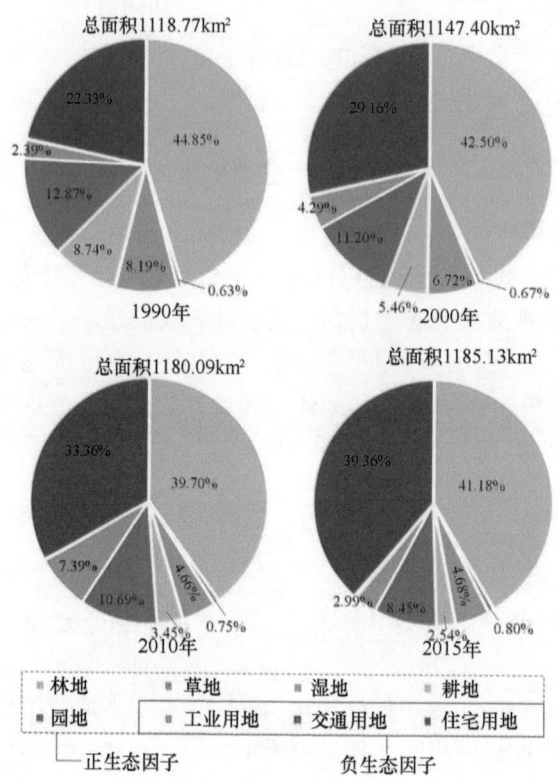

图 4-3　1990～2015 年研究区景观类别的面积百分比，1990～2015 年积极与消极生态要素景观指标的变化

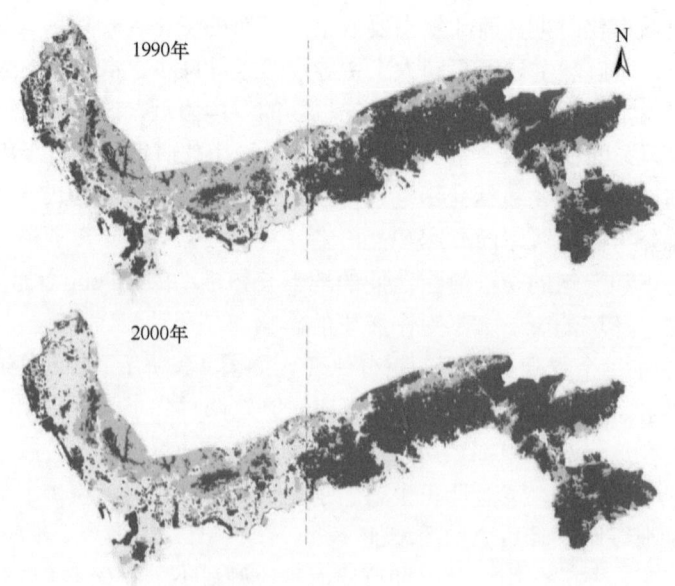

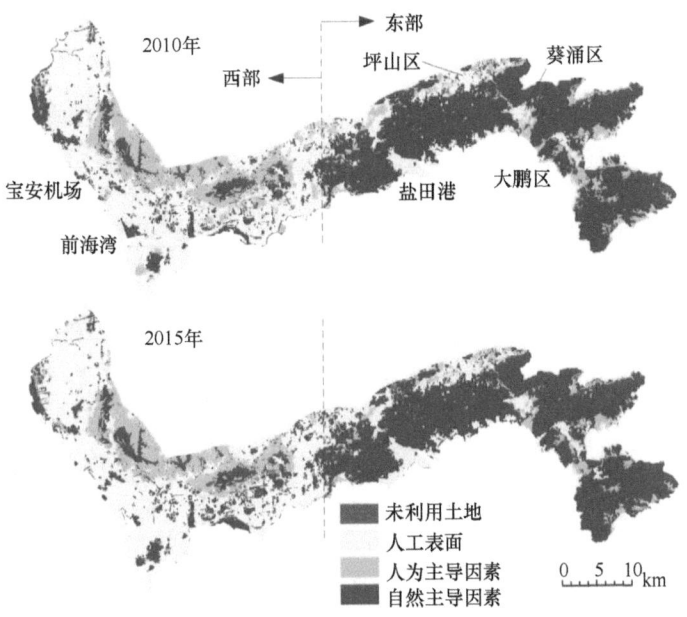

图 4-4 1990~2015 年人类活动空间分布的差异

原增加。林地面积比例从 1990 年的 44.85%下降到 2010 年的 39.70%,湿地从 1990 年的 8.19%下降到 2010 年的 4.66%。在这 20 年中,这两类元素的面积比例变化率继续下降,反映出林地和湿地被牺牲用于沿海开发。2010~2015 年,林地面积比例增长 1.48%,达到 41.18%,草地和湿地面积比例分别增长 0.05%和 0.02%,显示出环境强的沿海规划和政府管理的有效性意识。

在人工显性正生态元素中,耕地的降幅范围和下降率大于园林土地。1990~2010 年,耕地的比例从 8.74%下降到 3.45%,而园林土地的比例则从 12.87%下降到 10.69%。显然,沿海开发过程中对耕地的破坏大于对园林土地的破坏。就下降率而言,2000~2010 年,这两个地区的下降率都有所下降。2010~2015 年,耕地和园林土地的比例仍下降了 0.91%、2.24%。从整体上看,人工显性生态元素的下降范围和速度快于自然主导生态要素,这表明人工优势生态元素的水平与发展有关,高于自然主导生态元素。

我们比较了每个负生态元素的面积百分比,发现除了交通用地的面积百分比外,每个元素的面积百分比都有很大的变化。1990~2000 年,住宅用地的面积百分比由 21.57% 上升至 28.37%,至 2010 年为 32.81%。然而,工业用地面积在 1990~2000 年从 2.39% 上升到 4.29%,在 2000~2010 年从 4.29%上升到 7.39%。2010~2015 年,住宅用地的百分比上升了 5.69%,达到 38.5%,但工业用地的百分比下降了 4.4%~2.99%,这反映了当地产业转移政策(大部分工厂搬离海岸)。沿海城市化分阶段进行。

4.3.2 正与负生态要素面积之比的变化

从图 4-5 中可以看到,自然主导因素和负面生态要素的面积比率趋势,以及人为主导因素和负面生态要素的面积比率趋势。从整体变化周期来看,自然主导因素与负生态要素（自然比）的面积比高于人为主导因素与负生态要素（人工比）的面积比。这意味着，整个快速城市化时期人类活动对自然主导因素景观格局的影响大于人为主导因素的景观格局。所有积极因素的面积比率下降率在第一个十年都大于第二个十年，第二个十年的下降幅度大于第三个十年，表明人类活动对生态环境的影响减弱了在快速城市化时期的第二个时期。

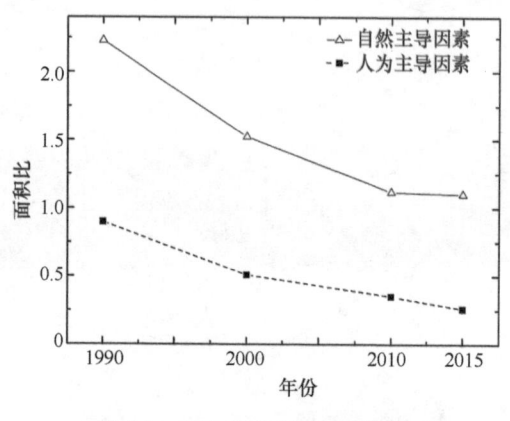

图 4-5　正负生态要素的面积比

4.3.3　1990～2015 年景观元素的 AWMSI、ED、 PSCOV 和 PSSD 的变化

图 4-6 显示了 1990～2015 年横向度量的趋势。在整个快速城市化时期，林地的 AWMSI、PSCOV 和 PSSD 增多，揭示了林地景观形态趋于复杂，边缘效应加剧，并使其越来越破碎。草地和湿地的 AWMSI 和 PSCOV 逐渐减少，景观面积变化程度降低，景观破碎化程度减低，形态趋于规律性。1990～2015 年，所有衡量自然主导的积极生态要素都呈下降趋势，这表明自 1990 年以来，自然主导的正生态要素的景观小块程度逐渐减弱。在自然主导的正生态要素中，林地可持续发展问题世界首脑会议的增长趋势反映了人类活动强度的逐渐增加，1990～2000 年林地和草地面积的增加强于 2000～2010 年，2000～2010 年强于 2010～2015 年。1990～2010 年，草原 PSSD 首次增加，然后 2010～2015 年有所下降。1990～2015 年，湿地的 PSSD 继续下降。然而，人工主导的良性生态要素的 AWMSI、ED、PSCOV 和 PSSD 呈下降趋势，反映出耕地和园林土地是沿海开发活动中的主要牺牲生态要素。

整个研究期间负生态要素的 PSSD 呈上升趋势，表明沿海地区景观小块特征明显，地形复杂度较高。1990～2010 年工业用地的 AWMSI、ED 和 PSCOV 上升，在这一时期显示出面积、规模、边缘效应加剧和形状复杂性增加；然后 2010～2015 年的下降代表工业用地转移了其他景观因素，其形状趋于规律性。从工业用地的 PSSD 不断上升我们看到，人类活动的加强导致了发展规模的逐步扩大。此外，住宅用地的 ED 减少和 PSSD 逐渐增加，说明住宅用地变得更加正规，在城市快速发展的过程中，建设也保持稳定。

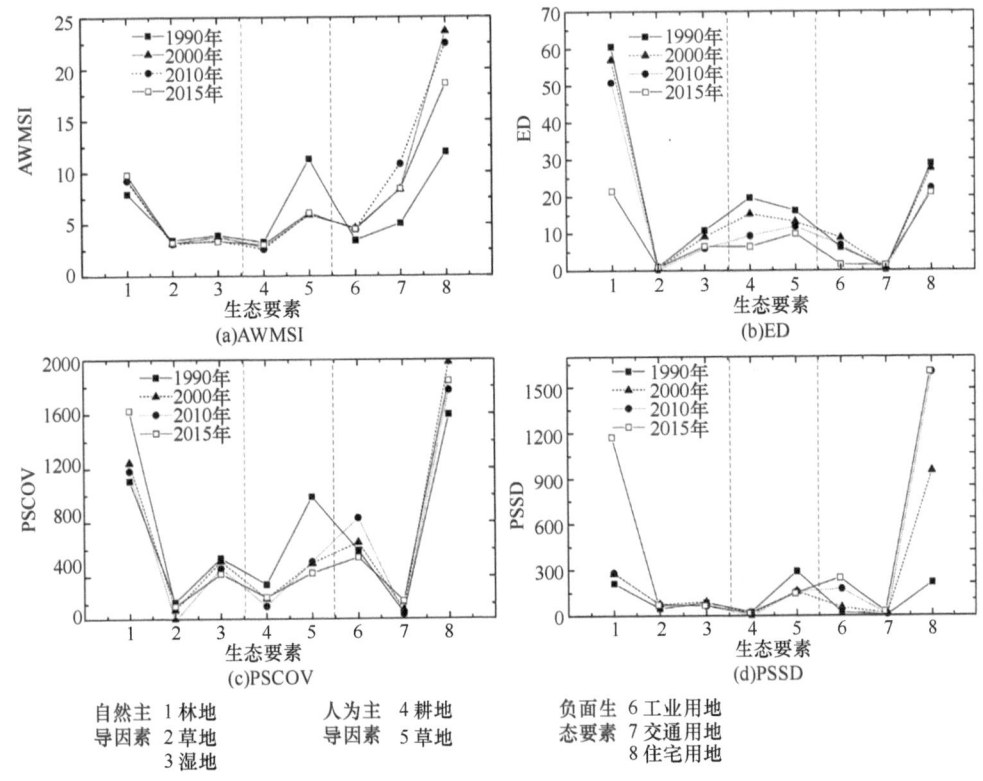

自然主　1 林地　　　　　人为主　4 耕地　　　　　负面生　6 工业用地
导因素　2 草地　　　　　导因素　5 草地　　　　　态要素　7 交通用地
　　　　3 湿地　　　　　　　　　　　　　　　　　　　　8 住宅用地

图 4-6　生态要素的景观格局指数变化

工业用地变化率在负面生态要素中最大，表明 1990～2010 年是深圳城市发展由传统农业模式向传统农业模式转变的一个非常重要的阶段。工业模式。2010～2015 年，城市从以工业为导向技术为导向转变。

4.3.4　CONNECT 和 SHEI 正与负生态要素

　　景观连通性的程度是指景观结构单位之间的连续性程度（Bunn et al.，2000），其对保护异质景观中的生物多样性具有重要意义（Goodwin，2003；Kindlmann and Burel，2008），考虑到均匀度指数可以用于描述区域景观的异质性，我们在一级和景观层面分别计算了 CONNECT 和 SHEI（图 4-7～图 4-9）。在 CONNECT 计算过程中，距离阈值设置为 300m 和 1000m，景观连通是物种扩散和迁移的主要影响因素，均匀度指数被用来反映斑块的不均匀度在某一地区的分布。

　　图 4-7 显示了 1990～2015 年自然主导因素、人为主导因素和负面生态要素的 CONNECT（300m 距离阈值）趋势的变化。除负面生态要素外，这两类正生态元素的连接在 1990～2000 年有所下降，但 2000～2010 年有所上升。2010～2015 年，自然主导因素的连接率仍然上升，但在这一期间，人为主导因素的连接率有所下降。通过对人为主导因素连接率的变化和前两个时期自然主导因素的变化进行比较分析，发现在前期，自然主导因素的连接比人为主导因素减少得更快，在第二个时期，人为主导因素的连接增

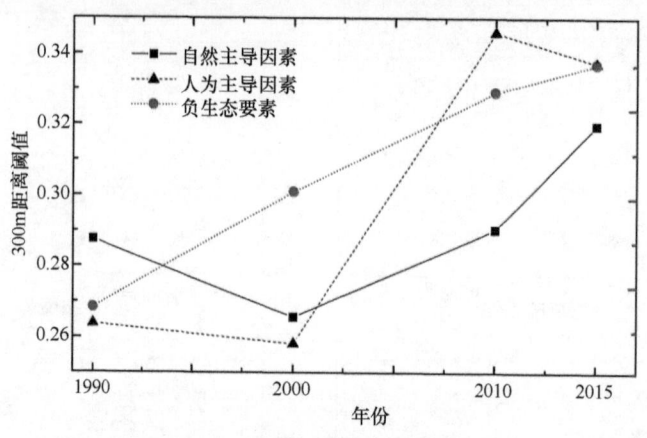

图 4-7　CONNECT 的 300m 距离阈值

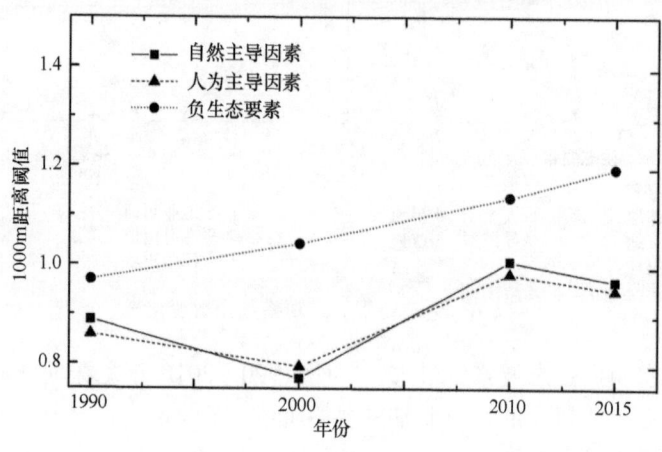

图 4-8　CONNECT 的 1000m 距离阈值

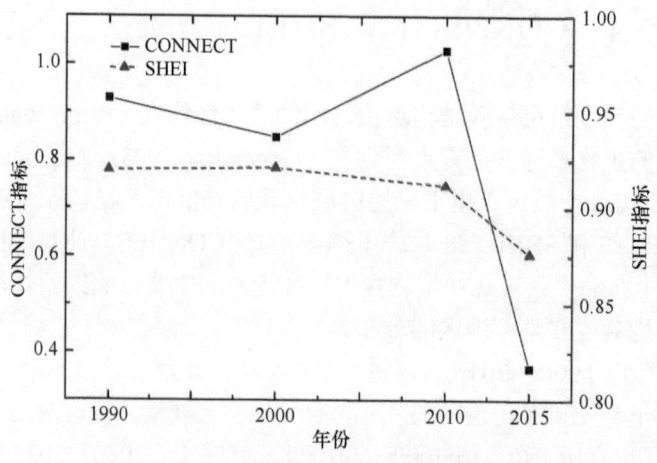

图 4-9　景观层面的 CONNECT 和 SHEI 指标

长速度快于自然主导因素。然而，1990～2000 年、2000～2010 年和 2010～2015 年三个时期，不利生态要素的结合上升得越来越缓慢。在开发中，人工生态系统的生态效应的修复比自然生态系统中的生态效应更为有效。

图 4-8 显示了 1990～2015 年三种生态元素的连接（距离阈值为 1000m），从中还发现，负面生态要素的连接继续增加，但两类正生态要素的连接呈现波动变化。自然主导因素的连接和人为主导因素的连接在 1990～2000 年都有所下降，2000～2010 年有所增加，2010～2015 年再次下降。将自然主导因素的连接与人为主导因素的连接因素进行比较，我们看到，在第一个十年中，自然主导因素连接的下降速度快于人为主导因素的连接，在第二个十年中上升得更快，并有与人为主导因素相似的下降速度。

4.3.5　景观层面积极与消极生态要素的联系

图 4-9 显示了景观层面整个研究区域的 CONNECT 和 SHEI。1990～2010 年，整个景观的 CONNECT 先减少，然后增加，而 SHEI 先是缓慢上升，然后下降。这表明，景观格局在第一个十年发生了很大的变化，整个景观的连通性变得薄弱，其生态效应下降。SHEI 的变化还表明，景观的空间结构比第一个十年小，说明在快速城市化时期，斑块的构型结构发生了巨大的变化。2010～2015 年，CONNECT 和 SHEI 都有所下降，表明整个景观的生态系统服务大幅下降。因此，为了避免冗余，并最大限度地发挥城市化沿海地区生态要素的最大生态效应，应给予具有 CONNECT 和 SHEI 的天然显性正生态元素更多的保护，在快速城市化时期，需要建立连接程度高、多样性丰富的人工显性正生态要素。

4.3.6　讨　　论

我国沿海地区的生态环境正面临着快速城市化的严峻挑战。特别是在快速城市化时期，沿海景观格局的变化是中国沿海研究的重点。研究沿海地区景观格局的变化，可能有助于了解人类活动在快速城市化进程中对沿海景观格局的影响。通过构建考虑人类活动强度在土地利用类型上差异的景观分类体系，确定并提取了深圳沿海地区的正负生态元素。我们根据典型的景观格局指标，考察了提取的景观元素的时空变化，并对正负生态元素的景观格局进行了比较和分析，揭示了人类活动的影响的差异。

通过绘制负生态元素的空间分布图，发现深圳整个沿海地区并没有同时经历快速城市化，西岸和东部沿海存在明显差异。许多研究人员分别将深圳沿海地区划分为东部和西部地区，以发现每个部分的特点（Guo et al., 2007；Jiang et al., 2007）。西部地区的城市化率明显高于东部沿海地区，原因是各地区地质结构与生态环境保护政策存在差异（Yu et al., 2009），这些差异导致了景观格局的差异。正生态元素的面积百分比占研究区总面积的 1.61%，其中大部分正生态元素位于西部沿海地区。增加的负生态要素区位于盐田港及其附近区域。

1990～2010 年，深圳沿海地区处于快速城市化时期；事实上，到 2005 年，深圳的城市化率达到了 100%（Zhang et al., 2008）。与世界经济发展最快的上海（Chen et al., 2001）相比，上海 2005 年仍处于快速城市化阶段，但深圳较早完成了城市化。通过景观要素面积百分比变化特征我们发现，海垦是深圳城市扩张的主要方法，在此期间新增土地 61.32km²。人工表面元素的面积百分比变化反映了 20 年来的城市化速度，其面积百分比占沿海总面积的 1.62%。

景观格局的变化和正负生态要素景观指标的比较分析显示了时间阶段特征和城市化速度放缓，而景观格局则趋于放缓。从 2000 年开始，稳定和经济增长加快，这反映在面积百分比和景观指标的变化上。快速城市化产生了巨大的社会和经济效益，而牺牲了人为主导的积极生态元素，而不是自然主导的积极因素，即耕地>林地>湿地。在经济发展、可持续发展和可持续发展方案、AWMSI 和 PSCOV 的景观元素中的变化表明，景观元素的形状逐渐变得有规律。而自然优势正生态元素的面积比从 2010 年上升到 2015 年。这些特点表明，在快速城市化进程中，深圳市政府的环保意识逐渐增强。深圳的沿海地区与其他城市的沿海地区有很大的不同。中国其他城市，如上海（Chen et al.，2001）和天津（Tian et al.，2016），在人口密度增加期间，沿海地区的发展强度继续增加。

图 4-10 显示，随着 1990～2015 年国内生产总值的逐步上升，常住人口的增长率正在逐步下降，1990～2000 年，常住人口的增长率大于国内生产总值的增长率。工业生产总值在第一个十年上升，在第二个十年下降，2010～2015 年缓慢上升。在整个快速城市化时期，农业生产总值继续增加，但耕地面积有所减少，2000～2015 年的增长率大于 1990～2000 年。这一切都意味着高密度人口和工业是 1990～2000 年深圳沿海城市化的重要驱动因素。从 2000 年开始，政府开始重视沿海地区的环境保护规划和管理，密集的土地开发模式逐渐得到体现，这导致深圳获得了联合国环境规划署（环境署）授予《全球 500 荣誉》，因为它努力在 2002 年同时产生经济和环境收益（环境署，2002）。

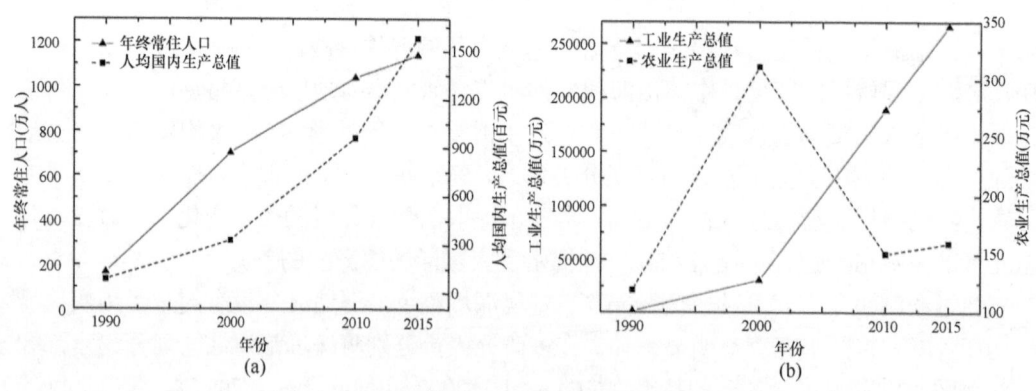

图 4-10　快速城市化时期社会经济指标的变化趋势

然而，景观指数、CONNECT 和 SHEI 在一级和景观层面的结果显示，自然主导积极因素的形态往往是规律性的，随着自然主导积极因素面积比的增加，2010～2015 年整体景观 CONNECT 和 SHEI 大幅下降。这意味着深圳市政府环保意识的增强和沿海开发中的一些环保项目并没有带来更好的沿海生态系统（Wu et al.，2008；Chen and Jiao，2008；Hu and Jiao，2010；Deng et al.，2015）。因此，沿海治理和管理需要考虑具有正生态服务价值、统一规划各类景观的正生态要素的景观格局。只增加正生态元素的面积，并不能带来最大的生态效益。在积极的生态要素中，仍需增加物种多样性，改善景观的连接和聚集，构建生态走廊的完整性，进而提高每个生态岛屿的生态效益。同时，在沿海地区整个开发规划过程中，也需要避免孤立的人工绿地、草地等面积很小的积极生态元素，以减少冗余正生态元素。

这项研究有助于其他沿海地区的生态规划和可持续管理。在本书的研究中，我们为深圳沿海地区景观设计了一个新的分类系统，考虑到人类活动的差异，将土地使用分为正负两种生态元素。然后对这两类生态要素在快速城市化时期的变化进行了比较评价，探讨了人类活动对沿海生态系统的影响。对正、负生态要素时空变化特征的比较分析显示，人类活动对沿海生态系统的影响不同时空分布和人类活动强度在西海岸比在东海岸更强大。这两种生态要素景观格局变化的阶段性特征表明，从 2000 年开始，政府的环保意识开始增强，但生态系统健康并没有变得更好。本书的研究结果总体表明，正生态要素面积并不是衡量沿海生态环境状况、景观格局的积极和消极生态要素以及正生态效益的唯一指标，在沿海城市化的规划和管理中，不同尺度的生态要素更为重要。

然而，生态要素分类体系更注重人为活动的差异，本书的研究对景观生态效益的定量分析是充分的。今后，可以通过对不同尺度的景观生态效益进行评估，进一步发展。

第5章 深圳海域生态环境要素的遥感监测

5.1 利用 Landsat 8 影像对深圳近海海域叶绿素的监测技术

5.1.1 研 究 概 述

叶绿素 a 浓度是研究近海区域海水水质的重要参数，对其进行监控能有效地反映出深圳近海海域的水质变化情况。对比传统的监测利用采集水样、过滤、萃取再仪器分析的方法确定叶绿素 a 浓度时费时费力，且只能了解测量点附近的结果，而遥感技术具有研究范围广、成本低、周期性强、可行性好的特点，遥感反演逐渐成为广大学者关注的研究热点，研究结果表明应用该技术估测近海海域叶绿素 a 浓度是可行的。

水体中的某些水质参数，如悬浮物、叶绿素 a、有色可溶性有机物（CDOM）浓度的变化，会引起水体生物光学特性和水面反射率的改变，因此研究水体反射、吸收、散射太阳光形成的光谱特征与水质指标浓度之间的关系是水质遥感监测的基础。总结而言，常见的遥感反演方法可以分为三大类，即经验法、半经验半分析法和分析法。本次试验使用半经验半分析法，即在水体表观参数和目标物理量建立的数学模型，模型需经实测数据检验和修正，并确定其参数，通过建立的半经验模型来进行反演。

遥感反演使用的卫星遥感数据源主要包括 NOAA/AVHRR、SeaWiFS、MODIS、Landsat/TM、SPOT、IRS-lC、ERS-l SAR、ERS-2 SAR 以及 CASI 等。我国水色反演常使用的 NOAA/AVHRR、SeaWiFS 数据由于分辨率较低，所以难以满足近海海域的研究。Landsat 8 空间分辨率为 30m，适合近海海域的研究。所以本书将其结合实测数据建立针对深圳近海的半经验模型来反演叶绿素 a 和悬浮物浓度的时空分布，并简单分析变化原因。

以深圳近海海域为研究对象，利用 13 个实测点的叶绿素 a 浓度的实测数据与同步的 Landsat 8 卫星影像数据，分别分析了 Landsat 8 不同波段及其组合对叶绿素 a 浓度的敏感性，通过相关分析选择合适的波段组合，再利用回归分析的方法构建起叶绿素 a 浓度的反演模型，从而得到深圳近海海域的叶绿素 a 浓度的时空分布模型。结果表明，TM5 与 TM4 波段组合与叶绿素 a 浓度相关性最好，以 TM5/TM4 或（TM5–TM4）/（TM5+TM4）为自变量，以叶绿素 a 浓度的对数为因变量的回归模型效果最好。

5.1.2 数 据 的 准 备

1. 实测数据

本书的实测数据使用甲方提供的 13 个监测点监测到的 2012～2016 年逐小时数据。

数据内容为叶绿素 a 浓度。13 个监测点的具体信息见表 5-1 和图 5-1。

表 5-1　站点信息

名称	序号	站点	经度（°E）	纬度（°N）
FBDP1	浮标 6#	大鹏湾沙头角	22.55383	114.2418
FBDP2	浮标 7#	大鹏湾大梅沙	22.59278	114.3133
FBDP3	浮标 8#	大鹏湾下沙	22.56667	114.4558
FBDP4	浮标 9#	大鹏湾南澳	22.52556	114.4777
FBDP5	浮标 10#	大鹏湾口门	22.46007	114.475
FBDY1	浮标 1#	大亚湾坝光	22.65917	114.555
FBDY2	浮标 2#	大亚湾长湾	22.60925	114.5801
FBDY3	浮标 3#	大亚湾东山	22.56944	114.5177
FBDY5	浮标 5#	大亚湾东冲	22.47306	114.5714
FBSZ1	浮标 11#	深圳湾蛇口	22.4818	113.9481
FBZJ1	浮标 12#	珠江口沙井	22.68988	113.7344
FBZJ2	浮标 13#	珠江口矾石	22.49465	113.8064
FBZJ3	浮标 14#	珠江口内伶仃以南	22.38415	113.788

图 5-1　试验区域示意图

2. 遥感数据

2013 年 2 月 11 号发射的 Landsat 8 卫星上携带有两个主要载荷：OLI（operational land imager，陆地成像仪）和 TIRS（thermal infrared sensor，热红外传感器）。OLI 包括 9 个波段，空间分辨率为 30m，其中包括一个 15m 的全色波段（表 5-2），成像宽幅为 185km×185km。

表 5-2 波段介绍

OLI			ETM+		
波段名称	波段（μm）	空间分辨率（m）	波段名称	波段（μm）	空间分辨率（m）
Band1 Coastal	0.433~0.453	30			
Band2 Blue	0.450~0.515	30	Band1 Blue	0.450~0.515	30
Band3 Green	0.525~0.600	30	Band2 Green	0.525~0.605	30
Band4 Red	0.630~0.680	30	Band3 Red	0.630~0.690	30
Band5 NIR	0.845~0.885	30	Band4 NIR	0.775~0.900	30
Band6 SWIR 1	1.560~1.660	30	Band5 SWIR 1	1.550~1.750	30
Band7 SWIR 2	2.100~2.300	30	Band7 SWIR 2	2.090~2.350	30
Band8 Pan	0.500~0.680	15	Band8 Pan	0.520~0.900	15
Band9 Cirrus	1.360~1.390	30			

试验严格选取与检测数据同步的卫星影像，所使用影像信息见表 5-3。

表 5-3 影像信息

日期	行列号
2014153	121044
2014249	121044
2014281	121044
2014288	122044
2014320	122044
2014329	121044
2015179	122044
2015188	121044
2015220	121044
2015268	121044
2015291	122044
2015300	121044
2016086	122044
2016175	121044
2016271	121044

5.1.3 Landsat 8 影像预处理

1. 辐射定标

遥感器辐射定标（calibration）是将传感器记录的遥感数据灰度值（即 DN 值）转换成传感器的入瞳辐亮度的处理过程，是最基本的一种辐射校正处理。辐射定标的作用体现在：保证探测器的精度能够满足应用需求，保证探测器的输出能够反映被测量目标的真实变化，校正探测器性能的自然衰变对测量结果的影响。对于定量遥感而言，辐射定标是必需的。

2. 大气校正

经过遥感辐射定标后传感器记录的遥感图像灰度值已经转换成入瞳辐亮度。下一步需要将传感器入瞳辐亮度转换为地表的真实反射率（即大气校正），因为从水体或植被中提取生物物理变量（水体中的叶绿素 a、悬浮泥沙等）时，必须对遥感数据进行大气校正（Haboudane et al.，2002；Thiemann and Hemann，2002）。如果数据未经校正，就可能会丢失这些重要成分的反射率（或出射率）的微小差别信息。另外，相对于陆地，水体的反射率很低，入瞳辐亮度中有 80%以上来自大气的干扰信息，因而精确地大气校正就更为重要。

FLAASH 工具是大气校正的良好选择，它可以高保真地恢复地物波谱信息。因此，本书采用 ENVI 5.1 软件中的 FLAASH 模块对 Landsat 8 影像进行大气校正。

3. 去云与海域提取

为了更好的试验效果，对影像进行水体提取和去云处理。水体提取本书采用基于阈值的水体指数方法，即分析不同影像的波段特征，选择合适的阈值 T，利用公式：（TM3–TM5）/（TM3+TM5）>T 来提取水体，其中 TMi 即为 Landsat 8 的第 i 个波段。同理，去云处理使用第五波段和阈值进行处理。

4. 叶绿素 a 浓度与波段相关性分析

不同波段对叶绿素 a 浓度的敏感性表现不同，试验首先分析光谱特征，选择合适的波段组合，计算其与实测数据的相关性，选择最优的波段组合进行建模试验。

5. 反演模型的建立

水质参数的遥感反演已经形成了多种半经验模型，其中主要有：多元回归函数、幂函数、对数函数、指数函数及各类特殊曲线函数。选取相关性最好的波段，利用线性回归建立模型并计算精度。

从全部的实测数据中，随机选取 2/3 作为训练数据训练模型，剩余的作为精度验证数据。从相关性的分析中我们发现，第四和第五波段的组合与叶绿素 a 浓度相关性最好，所以我们取 TM5/TM4 及（TM5–TM4）/（TM5+TM4）作为自变量，Y 取叶绿素 a 浓度的对数作为因变量，建立不同类型函数的回归模型，并进行对比研究。当 X=TM5/TM4 时，反演模型见表 5-4。

表 5-4　X=TM5/TM4 的反演模型结果

序号	模型	R	P	估算标准误差
1	$Y = 1.653X – 0.506X^2 + 0.342$	0.721	<0.001	0.374
2	$Y = 1.269X + 0.359$	0.704	<0.001	0.379
3	$Y = 1.315X – 1.542X^2 + 1.299X^3 + 0.569$	0.741	<0.001	0.366
4	$Y = 1.162 – 0.051/X$	0.153	<0.001	0.527

当 X=（TM5–TM4）/（TM5+TM4）时，反演模型见表 5-5。

表 5-5　$X=$（TM5–TM4）/（TM5+TM4）的反演模型结果

序号	模型	R	P	估算标准误差
1	$Y=1.297X+0.177X^2+1.464$	0.74	<0.001	0.368
2	$Y=0.679X+1.302$	0.706	<0.001	0.382
3	$Y=1.557X+0.569X^2+0.087X^3+1.495$	0.741	<0.001	0.372
4	$Y=0.954–0.013/X$	0.28	<0.001	0.519

6. 精度验证

利用实测点进行验证，结果见表 5-6。

表 5-6　实测点验证结果

序号	Chla 实测值	反演结果					
		TM5/TM4 三次	NDVI 三次	TM5/TM4 二次	NDVI 二次	TM5/TM4 线性	NDVI 线性
1	2.343	2.379	2.2218	2.1847	2.2398	2.0741	2.5342
2	1.7	2.089	1.8445	1.7676	1.8089	1.7191	2.2122
3	0.4	0.3769	0.4051	0.4588	0.402	0.689	0.2936
4	3.5	3.1055	3.2057	3.2461	3.2353	3.1649	3.1434
5	2.238	2.8022	2.044	1.9886	2.041	1.9036	2.3914
6	3.564	2.8022	2.837	2.8554	2.8804	2.7224	2.9431
7	2.31935	2.5419	2.4613	2.4477	2.4973	2.3147	2.7071
8	2.054	2.4391	2.5986	2.2806	2.3348	2.1601	2.5995

经过分析，发现其中以 $X=$（TM5–TM4）/（TM5+TM4）作为自变量时，$Y=1.297X+0.177X^2+1.464$ 模型最优（图 5-2），其性能见表 5-7～表 5-9。

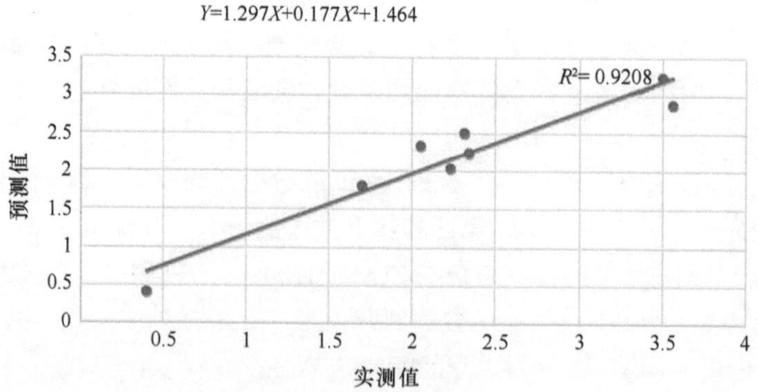

图 5-2　拟合曲线

表 5-7　回归统计结果 1

	回归统计结果
Multiple R	0.959561845
R Square	0.920758935
Adjusted R Square	0.90755209
标准误差	0.30544713
观测值	8

表 5-8　回归统计结果 2

	df	SS	MS	F	Significance F
回归分析	1	6.504576	6.504576	69.71832	0.00016
残差	6	0.559788	0.093298		
总计	7	7.064364			

表 5-9　回归统计结果 3

	Coefficients	标准误差	t Stat	P-value	Lower 95%	Upper 95%	下限 95.0%	上限 95.0%
Intercept	−0.209067319	0.315347	−0.66297	0.531975	−0.98069	0.56256	−0.98069	0.56256
X Variable 1	1.134831191	0.135912	8.349749	0.00016	0.802266	1.467396	0.802266	1.467396

7. 结果分析

因珠江口地区常年被云覆盖，本书进行分析时筛选 2013～2017 年 1～12 月无云少云影像共计 10 景，进行叶绿素 a 浓度反演，结果如图 5-3 所示。珠江口入海地区的表层叶绿素 a 浓度变化范围为 0.23～5mg/m^3，丰水期均值略高于枯水期。叶绿素 a 浓度的空间分布在两季的空间分布变化不大，都呈现出河口上游要明显低于下游，且在内伶仃岛附近有明显的浓度分界，上游和下游在分界两侧的叶绿素 a 浓度值相差 0.5mg/m^3 左右。该结果与黄邦钦等（2005）关于珠江口表层叶绿素 a 浓度在枯水期叶绿素 a 浓度在河口上游要明显高于下游的研究结果略有出入，究其原因可能与其实验数据为 1996 年 7 月和 1997 年 3 月的单月丰水期和枯水期的偶然性及采样测站的分布不能完全反映叶绿素 a 浓度的空间分布有关。本书研究结果与黄良民（1992）关于珠江口表层叶绿素 a 浓度的平面分布结果较为一致，总体呈现出自西向东递增和由河口向外递增的趋势，而 9 月、11 月的分布变化是两侧沿岸较高，河口中心区较低。

5.1.4　季节分析

为进一步分析珠江口内各区域叶绿素 a 浓度随季节的变化，本书选取虎门、洪奇沥、内伶仃岛和大屿山附近水域为兴趣区，统计其叶绿素 a 浓度均值的变化（图 5-4）。由图 5-4 可知，珠江口内四个主要区域的叶绿素 a 浓度均值的季节变化趋势基本一致，呈现双峰型周年变化，主高峰为 6 月、7 月，次高峰为 10 月，2 月、3 月、5 月为低值期。这与黄良民（1992）的结论并不一致，他认为珠江口海域叶绿素 a 含量周年变化呈双峰型，表层最高值出现于 9 月，次高峰出现于 10 月，11～12 月为最低值期。二者实验结果的不同或与数据采集方式和生态环境变化有关，黄良民使用的是 1987 年 2 月～1988 年 2 月每月一次的航次调查数据，采样点集中在澳门-大屿山一带，且时隔 30 年，珠江口附近水域的生态环境已经发生巨大变化。从总体结果来看，大屿山附近水域叶绿素 a 浓度均值明显高于虎门、洪奇沥和内伶仃岛附近水域，这与珠江口叶绿素 a 浓度在内伶仃岛至大屿山之间水域的浓度分界有关。

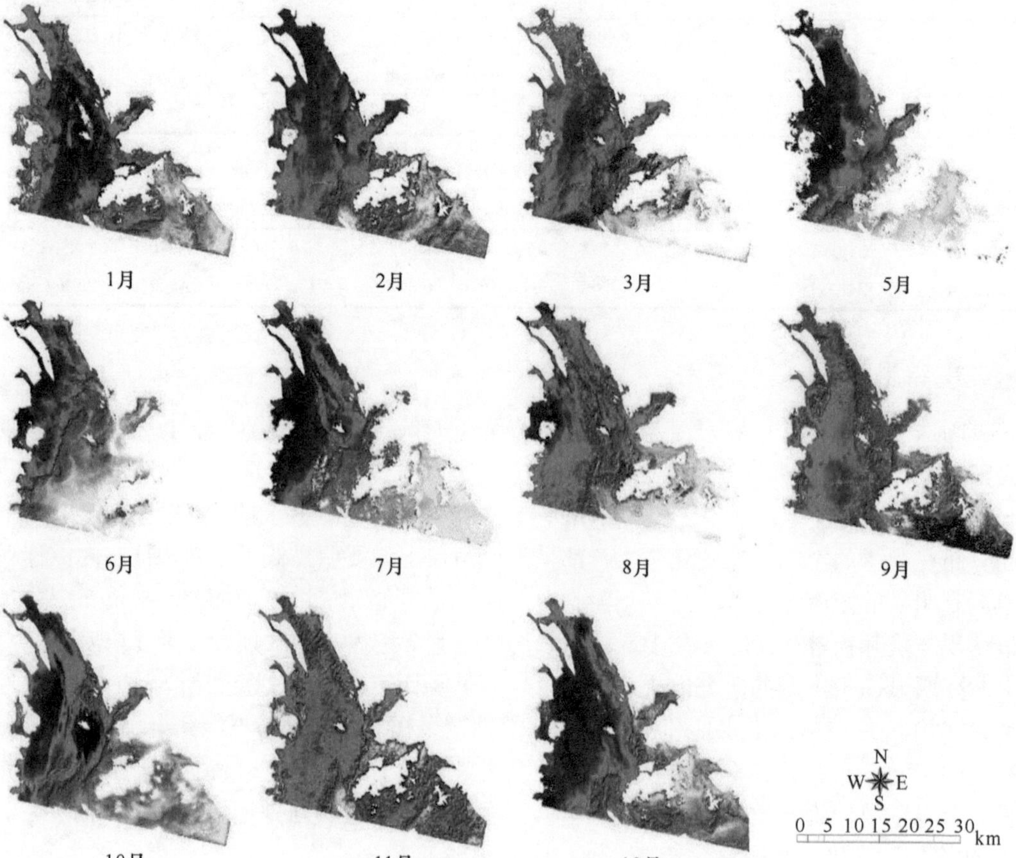

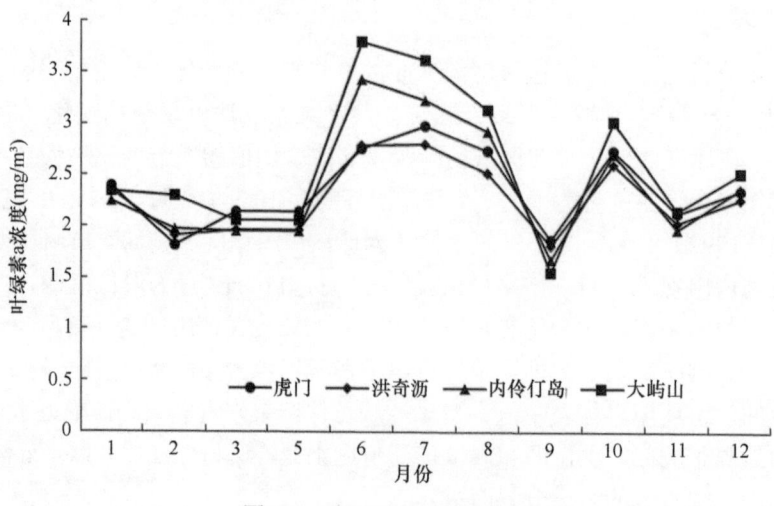

图 5-3　珠江口叶绿素 a 浓度的月分布图

图 5-4　珠江口各区域月均值

5.1.5　空间分布

空间分布上,珠江口水域表层叶绿素 a 浓度在内伶仃岛至大屿山附近存有明显锋面,锋面两侧叶绿素 a 浓度差在 0.5mg/m³。该锋面或与内伶仃岛盐度锋面密切相关,锋面的形成与盐度层化现象对水生生物生长繁殖和泥沙输移过程有直接影响。多项研究均已证实珠江口外盐度锋面的存在, 内伶仃岛北部表层盐度等值线汛期呈 NE-SW 走向,枯季中间略弯曲呈 "S" 形(赵焕庭,1990)。盐度锋面是由径流冲淡水和高盐陆架水之间的盐度梯度形成,受径流、风和潮汐影响,盐度锋会作用于珠江口物质分布和能量输移(包芸,2005)。珠江口整体冲淡水团从口门至口门外的河流冲淡水羽状水团、河口混合水羽状流水团和口门外混合水团与外海水之间依次形成羽状流锋、河口混合水羽状流锋和口门外混合水羽状流锋,其中口门外混合水羽状流锋是淡水和咸水的分界(马荣华,2015)。叶绿素 a 浓度较低的河流淡水与外海潮波作用进来的相对高叶绿素 a 浓度的海水相互混合,形成沿 NE-SW 分布的叶绿素 a 浓度锋面。叶绿素 a 浓度锋面位置与口门外混合水羽状流锋位置基本一致,盐度锋面不随潮涨潮落消散,但会随涨落潮向口门外或口门内推移,类似地,叶绿素 a 浓度锋面并不随枯水期丰水期消散,但叶绿素 a 浓度大小呈现季节变化。

5.1.6　与其他卫星传感器的对比分析

陈晓翔(2004)采用 SeaBAM 小组提出的 OC2 算法和 SeaWiFS 影像数据对珠江口区域叶绿素 a 浓度进行反演,实测验证后平均误差达到 0.4,平均相对误差为 29.0%,浓度范围为 0～4mg/m³。刘大召(2008)采用 695nm 处的一阶光谱导数的指数模型反演了珠江口叶绿素 a 浓度,其精度比 SeaBAM 小组提出的 OC2 算法精度高。李密(2011)采用 BP 神经网络模型对 SAR 影像进行反演得到大屿山岛周边水域叶绿素 a 浓度范围 0～6mg/m³。解学通(2016)采用波段比值的经验算法反演珠江口叶绿素 a 浓度,浓度范围为 0～48.77mg/m³,并指出整个珠江近岸海域的叶绿素 a 浓度分布呈现西高东低的趋势。

5.1.7　水质监测的应用

叶绿素 a 浓度是水域肥瘠和水质富营养化程度的直接指标。以深圳湾生蚝养殖为例,生蚝养殖处的叶绿素 a 浓度比周边水域明显高很多,说明生蚝养殖可以使水域内叶绿素 a 浓度有一定程度提升(图 5-5)。

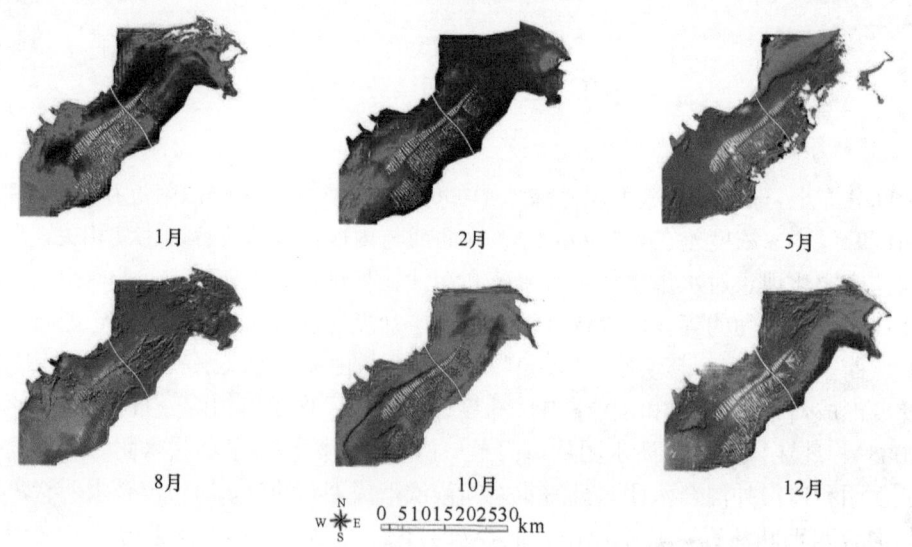

图 5-5　深圳湾生蚝养殖处的叶绿素 a 浓度

5.2　基于单通道法的深圳海域海表温度监测技术

近年来热红外通道应用广泛，在全球气候、海水温度等研究领域发挥了巨大的作用。海表温度（sea surface temperature，SST），即海洋水体表层一定深度内的温度。随着我国沿海城市的快速发展，近海海域的水体质量情况愈发受到人们的重视，海表温度的监测也日益重要。遥感通过远程非接触的方式获取信息，其技术具有实时性强、成本低、连续性好、尺度大等特点，因此非常适宜海洋的研究，越来越受到广大学者的青睐。

目前已有众多种类的遥感数据应用于全球海表温度遥感反演当中并产出了一系列高质量的海表温度产品，如 MODIS 的全球 SST 产品、AVHRR 的 SST 产品等。但这些卫星的分辨率为公里级，其大大限制了它们在近海海域研究中的应用。NASA 发射的 Landsat 8 卫星携带的热红外传感器（thermal infrared sensor，TIRS）具有两个热红外通道（波段 10 和波段 11），波长范围分别为 $10.60\sim11.20\mu m$ 和 $11.50\sim12.50\mu m$，空间分辨率为 100m，与之前的 Landsat 系列卫星 TM 或 ETM+传感器相比，热红外波段由单通道变为双通道；与 NOAA 系列卫星的 AVHRR 数据和 MODIS 数据相比，其空间分辨率显著提高；与国内卫星 HJ-1B 相比较，其具有更多的波段数和更好的空间分辨率，因此，Landsat 8 卫星影像质量优秀，数据源稳定，可作为近海海域海表温度研究的影像数据，有必要对其进行进一步应用研究。

国内外学者根据不同热红外遥感数据特点，在热辐射传输方程理论的基础上，相继提出的多种热红外遥感反演地表温度的算法可归纳为单通道法（或单窗算法）、劈窗算法（分裂窗法）和多通道法（TES 模型）三大类。①单通道法主要是通过修正大气和比辐射率的影响来反演地表温度。②劈窗算法的前提条件是假设地表比辐射率已知，利用在 $11\sim12\mu m$ 大气窗口的两个邻近的红外通道对大气水汽吸收特性的差异来进行大气和比辐射率的纠正。分裂窗算法最初是由 McMillin 提出用于反演海表温度的。③多通道法目前多用于海表温度的定量遥感反演研究。Gillespie 等（2011）提出了一种主要利用地物在通道间的比辐射率经验关系来计算地表温度的温度与比辐射率分离模型（TES 模型）。TES 模型的核心问题是在比辐射率未知的情况下必须引入对地物比辐射率波谱形状某种先验知识的约束作为额外条件，因其需要高精度的大气校正和不同传感器之间相适应的比辐射率经验关系，该算法并不具有普适性。本书采用单通断算法，根据 Jiménez-Muñoz 等（2014）的研究，通过对普朗克函数在某个温度值附近作一阶泰勒展开，并以高斯三角滤波函数作为热红外波段通道响应函数对大气效应进行模拟，得到海表温度的反演算法。单通道法中大气水分含量的计算，本书采用了 MODIS 大气水分含量 1km 数据，重采样为 30m。

5.2.1　研究区与数据源

1. 研究区概况

珠江口终年受沿岸冲淡水和南海表层咸水的交替影响，其是我国南方重要的运输通道和沿岸渔场。深圳湾为珠江口伶仃洋东侧中部的一个内宽外窄的半封闭型浅水海湾，水域面积约 90.8km²，受珠江径流、广东香港沿岸流和高温高盐南海外海水的综合影响（图 5-6）。

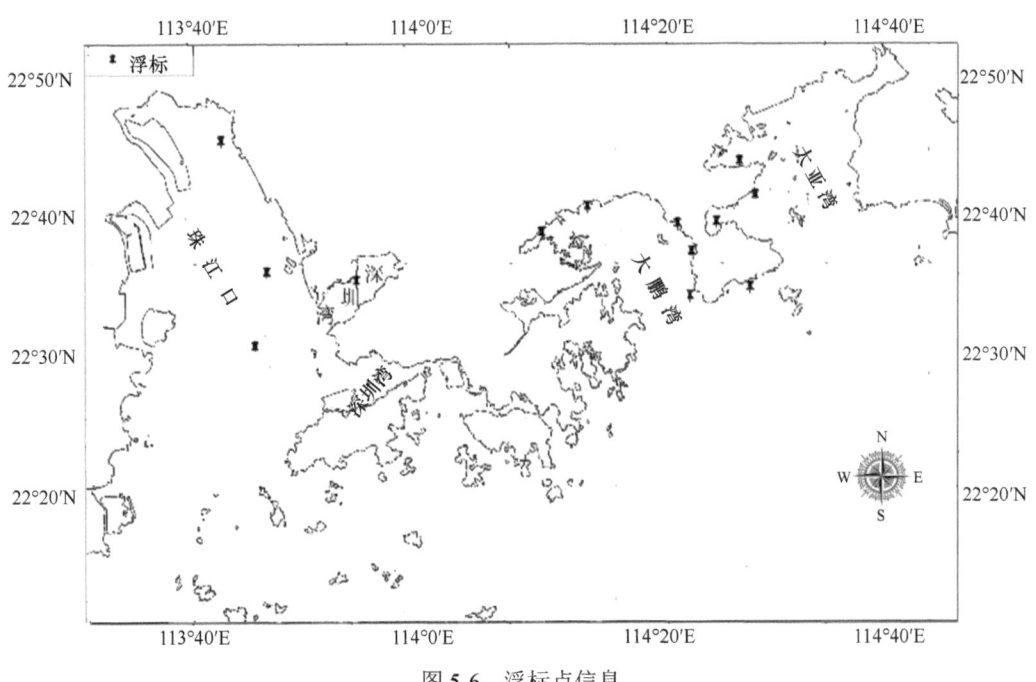

图 5-6　浮标点信息

2. Landsat8 影像获取与预处理

1）影像获取

Landsat 8 影像数据来自于美国地质调查局网站（http://glovis.usgs.gov/），研究所用影像数据的成像时间为 2013 年 7 月～2017 年 4 月（表 5-10），空间分辨率为 30m，可见光和近红外光谱覆盖范围 430～890nm，热红外光谱覆盖范围 10.60～12.51μm。本书采用 ENVI 5.1 软件中的 FLAASH 工具对 Landsat 8 影像进行大气校正，采用 NDWI 指数选择合适的阈值来提取水域，利用 ENVI 软件的 Haze_tool 工具去除薄云。

表 5-10　研究所用影像

月份	行列号	成像日期	月份	行列号	成像日期
1	122-44	2015-1-19	8	122-44	2013-8-9
2	122-44	2016-2-7	9	122-44	2016-9-18
3	122-44	2016-3-26	10	122-44	2015-10-18
5	122-44	2016-5-29	11	122-44	2014-11-16
7	122-44	2015-7-14	12	122-44	2013-12-31

2）影像预处理

（1）辐射定标：辐射定标是将不同波段的像元灰度值转化成各波段的辐射亮度值，Landsat 8 的表观辐亮度计算如下：

$$L_\lambda^{\text{at-sensor}} = \text{gain} \cdot \text{DN} + \text{bias} \tag{5-1}$$

式中，$L_\lambda^{\text{at-sensor}}$ 为辐射亮度；DN 为像元灰度值；gain 和 bias 分别为影像头文件的增益值和偏移量，两个参数：0.0003342 和 0.1。

（2）亮度温度计算：根据普朗克函数将辐射亮度值转化为亮度温度。

$$T_0 = \frac{k_2}{\ln\left(\dfrac{k_1}{L_\lambda^{\text{at-sensor}}} + 1\right)} \tag{5-2}$$

式中，T_0 为星上亮度温度，单位为 K；k_1、k_2 为 Landsat 8 TIRS 第 10 波段的预设常量：$k_1 = 774.89$；$k_2 = 1321.08$。

3. 研究方法

本书采用 Jimenez-Munoz 提出的单通道法进行海表温度反演，该算法是对普朗克函数在某个温度值附近作一阶泰勒展开，并以高斯三角滤波函数作为热红外波段通道响应函数对大气效应进行模拟，其公式为

$$T_s \approx \gamma(\lambda, T_0)[\varphi_1^{\text{sst}}(\lambda, \varpi) L_\lambda^{\text{at-sensor}} + \varphi_2^{\text{sst}}(\lambda, \varpi)] + \delta(\lambda, T_0) \tag{5-3}$$

式中，$\gamma(\lambda, T_0) = \left[\dfrac{(c_2 L_\lambda^{\text{at-sensor}})}{T_0^2}\left(\dfrac{\lambda^4 L_\lambda^{\text{at-sensor}}}{c_1} + \dfrac{1}{\lambda}\right)\right]^{-1}$；$\delta(\lambda, T_0) = -\gamma(\lambda, T_0) L_\lambda^{\text{at-sensor}} + T_0$；$\varphi_1^{\text{sst}} = 0.01098\varpi^3 + 0.00776\varpi^2 + 0.09935\varpi + 1.00859$；$\varphi_2^{\text{sst}} = -0.12252\varpi^3 - 0.4543\varpi^2 - 0.68071\varpi + 0.08094$。

其中，以 Landsat 8 第 10 波段的中心波长 10.9μm 作为等效波长 λ；c_1 为 1.19104×10^8（W·μm）/（m²·sr）；c_2 为 1.43877×10^4 μm·K；大气水分含量 ω 使用 MODISMOD05 近红

外水汽二级产品，空间分辨率为 1km，该产品使用 MODIS 水汽吸收通道（0.905μm、0.936μm、0.940μm）与大气窗区通道（0.865μm 和 1.241μm）的比值法反演得到；φ_1^{sst} 和 φ_2^{sst} 为大气影响因子，是大气水分含量 ω 的函数。

5.2.2　结果与分析

如图 5-7 所示，使用 Landsat 8 数据的红外波段和 MODISMOD05 近红外水汽二级产品数据，通过单通道算法反演出珠江口水域的 SST。筛选每月 Landsat 8 影像，总计 12 幅影像进行反演，其中 4 月和 6 月因原始影像云量过多，反演结果可用数据稀少，不予使用。因此反演结果共 10 幅影像。

1月

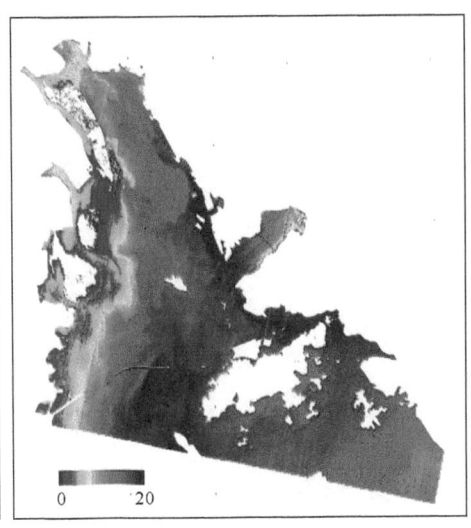

2月

3月

5月

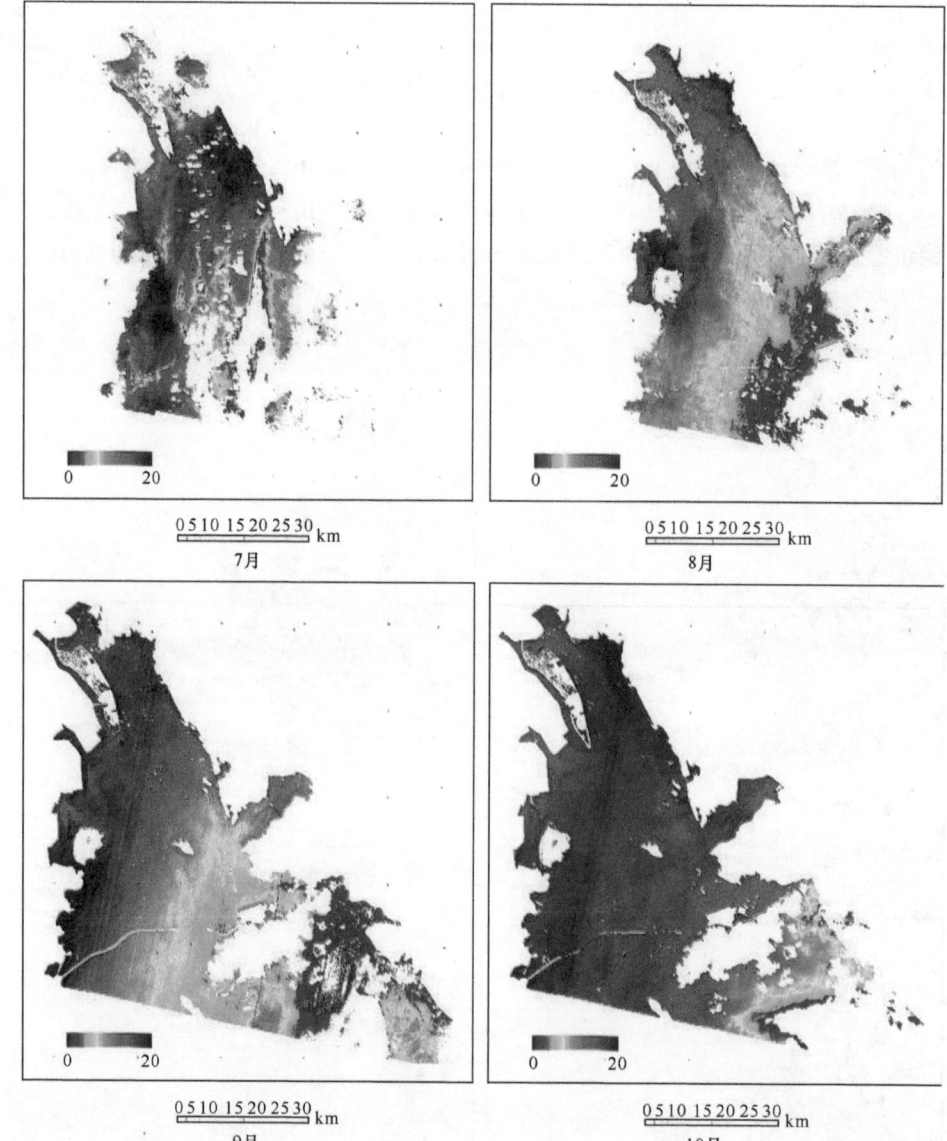

7月　　　　　　　　　　　　　　　　　8月

9月　　　　　　　　　　　　　　　　　10月

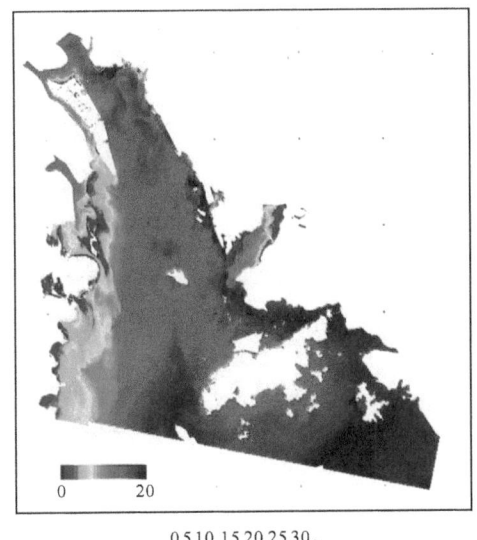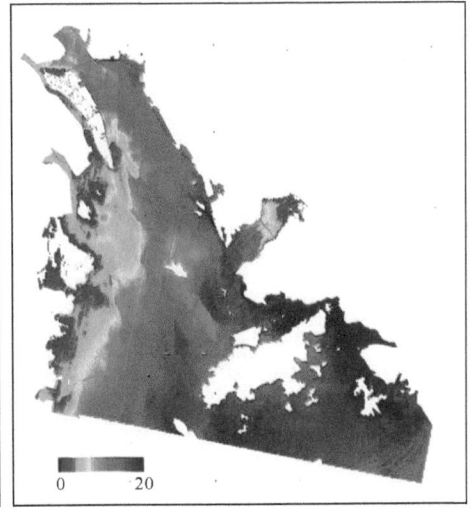

图 5-7　珠江口全年 SST 分布图

反演结果分辨率为 100m，具有良好的纹理细节，可以看见 SST 有明显的分级，适宜于近海海域的研究。由于影像云覆盖问题，春夏季节的反演结果有部分区域缺失明显，而秋冬季节少云，反演结果区域覆盖完整。

实验结果图可以良好地表现出 SST 分布的周年规律，8～10 月海表温度最高，海水表面温度的峰值达到 31℃左右，1～2 月温度最低，温度峰值仅有 20℃。全年温度随季节变化，夏季明显高于冬季。从反演结果也可以明显地看出 SST 分布的空间规律，冬夏季节温度锋线明显，具有良好的研究价值。为了进一步检验算法的可靠性，实验用监测点的实测数据做精度验证。

5.2.3　精度验证

使用监测站点的实测数据与本实验单窗算法所得反演结果进行对比，以验证算法精度，结果如图 5-8 和图 5-9 所示。

验证结果表明：算法预测值整体均略微偏小，这可能与算法预测结果的近似取值有关。样本的平均值为–2.71713℃，标准差为 2.355414℃，最大误差为–8.4378℃，最小误差为–0.3393℃，绝对误差在 1℃以内的样本占 29.4%，绝对误差在 2℃以内的样本占 52.9%。实验方法预测值与监测点实测数据的相关系数 R^2 为 0.8636，可以看出预测结果是可靠的。

实测值和预测值之间的误差是由多种因素导致的，主要有以下几点：①实验所用的 MODIS 大气水分含量数据分辨率不足，为了使其能与 Landsat 8 红外波段匹配，对其进行了插值操作，此过程会引进部分误差。②珠江口地区全年多云雨，实验进行了去云操作，但部分影像区域的薄云污染很难去除，这明显影响了反演的精度。③模型误差，模型计算过程中使用了约等于，此处显然会产生误差。

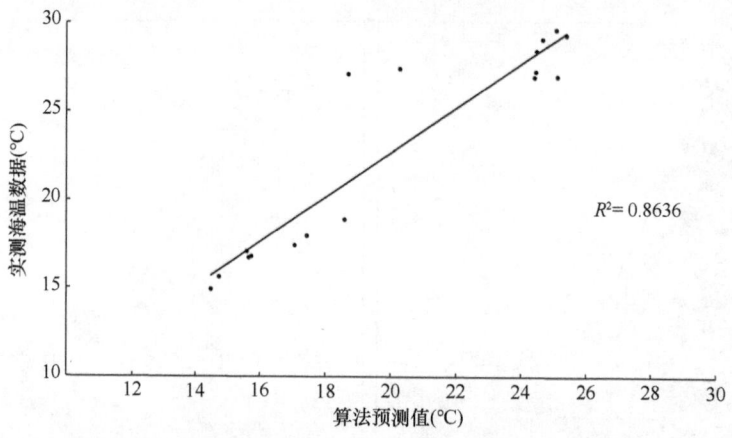

图 5-8　实测点验证 SST 反演结果

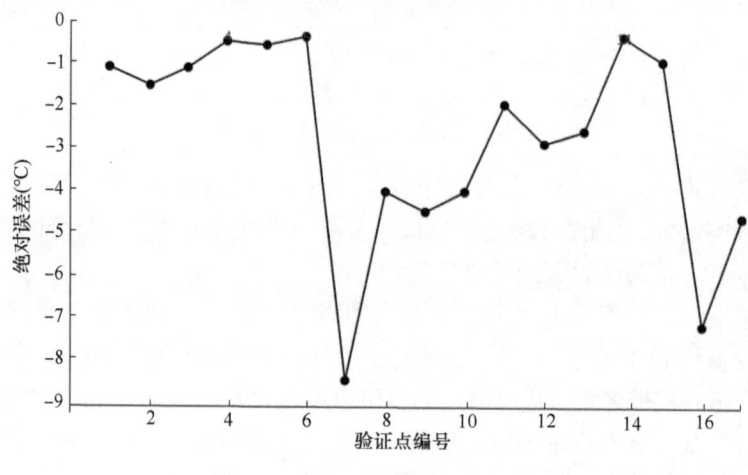

图 5-9　实测值与预测值绝对误差

5.2.4　珠江口海域 SST 周年变化

　　虎门、蕉门是珠江口西北重要的口门且具有较大的径流量，深圳湾是伶仃洋东侧中部的一个重要浅水海湾，珠海海域位于珠江口的西南方位，香港海域位于珠江口的东南方位，这五个区域具有典型性和代表性，选它们作为兴趣区有利于研究珠江口海域 SST 的时空分布。

　　统计虎门、蕉门、深圳湾、珠海海域、香港海域这五个兴趣区内 SST 的全年分布情况，得到的结果如图 5-10 所示。

　　统计结果表明，珠江口海域海水表面温度的峰值出现在 8 月，谷值出现在 2 月，2～8 月温度逐步上升，8 月至次年 2 月温度逐步下降，其中 10～12 月下降最快。珠江口各月的 SST 存在着 1～3℃的区域差异。珠江口夏季 SST 峰值的成因主要是太阳辐射和冲淡水的影响。汤超莲等（2006）通过对多年月平均 SST 资料进行研究也得到了相同的结论，珠江口 SST 的年变化呈准正弦曲线，峰值多出现于 7～9 月，谷值多出现于 2 月，

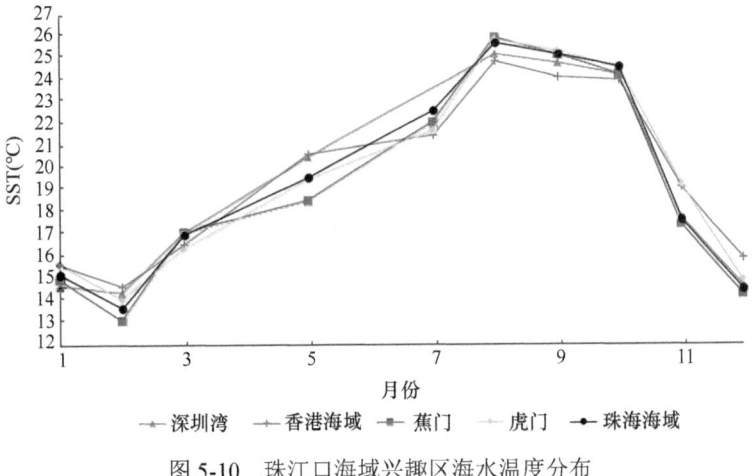

图 5-10 珠江口海域兴趣区海水温度分布

春季是升温最快的季节，影响 SST 季节变化的主要因素是到达海洋表面的太阳总辐射（GSR）、海洋环流、季节环流等。夏季太阳辐射强，海水整体 SST 较高，冬季太阳辐射弱，海水整体 SST 较低。

5.2.5 珠江口海域冬夏季节 SST 空间分布

选取出现峰值的 8 月反演结果代表夏季，选取出现谷值的 2 月代表冬季，发现冬夏 SST 的空间分布正好相反（图 5-11）。冬季珠江口 SST 分布为东部和深圳湾湾口处

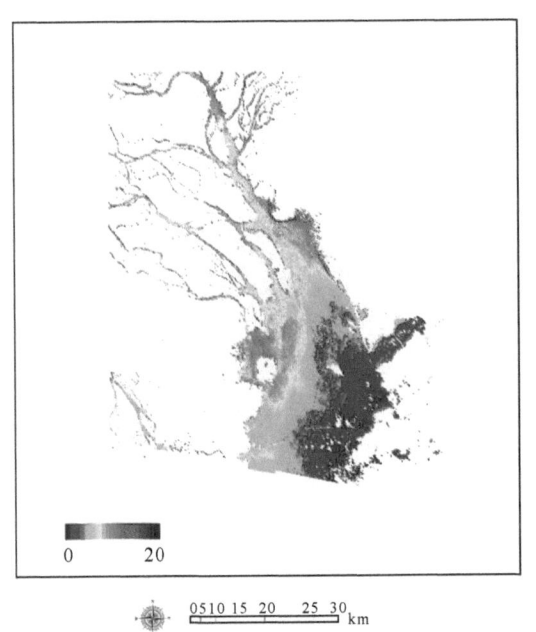

(a)冬季

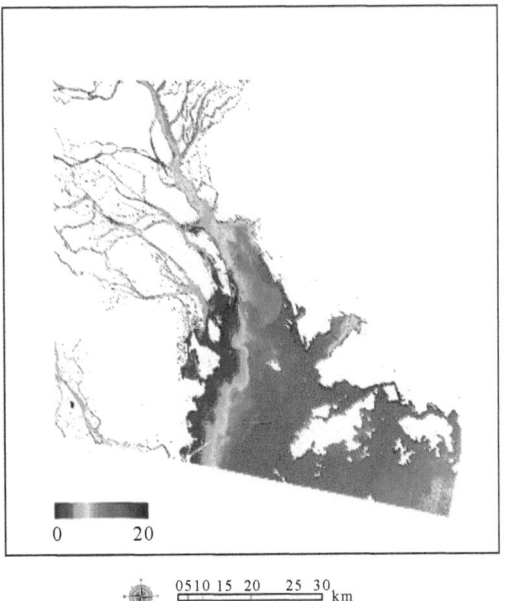

(b)夏季

图 5-11 SST 空间分布

温度较高，海表温度主要处在 12～16℃，东西温差约为 2℃，等温线多呈南北走向，在虎门至珠海、澳门近海沿线有较为明显的锋线出现，海表温度分级明显。珠江口东侧整体温度较为稳定。形成冬季 SST 东高西低格局的主要影响因素是河流径流和冲淡水的分布。通过反演结果可以看出，冬季河流径流的水表温度要低于海水的海表温度，所以温度较低的冷水从珠江口西岸的各口门汇入，导致珠江口 SST 西低东高分布的形成。田向平（1994）教授也得出相同结论：枯水期河流径流较海水冷，因此具有径流盐度低温度低，海水盐度高温度高的特点，温度与盐度呈现一致的变化趋势，西低东高，沿海岸线呈带状分布。这也与马华荣的研究相佐证，其研究得出枯水期珠江口冲淡水呈由西向东的三级分布，对应盐度分布亦呈东高西低，其盐度锋线与本实验温度锋线较为吻合。

夏季情况正好相反，河流径流的温度要高于海水温度，所以温度较高的水沿西岸各口门注入珠江口。珠江口 8 月又正值洪期，径流量大，河流径流对 SST 分布影响显著，所以珠江口夏季 SST 整体呈西高东低，北部和西部几大口门处温度最高，海表温度处于 24～28℃，东西温差约为 1.5℃，在珠江口东南边形成锋线，锋线基本呈南北走向。

第6章 海岸带区域生态环境时空变化特征与评价方法

6.1 海岸带区域初级生产力时空变化分析

6.1.1 初级生产力概述

浮游植物作为海洋生态系统的初级生产者，是各种海洋动物直接或间接的饵料，是海洋食物链网中最基本的环节之一，其数量多寡和分布直接影响着海域初级生产力的水平。浮游植物的种类组成和数量分布，对于了解海洋生产力水平，合理开发、利用和保护海洋生物资源等具有重要意义。

初级生产力，即自养生物通过光合作用或化学合成制造有机物的速率。初级生产力包括总初级生产力和净初级生产力（Antoine et al., 1996）。前者是指自养生物生产的总有机碳量，后者是总初级生产量扣除自养生物在测定阶段中呼吸消耗掉的量，呼吸作用通常估计为总初级生产力的 10%左右（Behrenfeld and Falkowski, 1997）。与陆地上一样，海洋最主要的初级生产过程是光合作用过程，即植物通过光合作用吸收太阳光能，以水、包括氮、磷等营养盐类为原料，把无机碳还原成植物体有机碳的过程（Carr et al., 2006）。光合作用包括光反应和暗反应的一系列非常复杂的化学反应过程，其中有的细节至今尚不清楚。光反应主要是叶绿素吸收光能并通过一系列的光化学反应产生，同时把光能转化为和的化学能，这些反应必须在光照条件下才能进行（Guan et al., 2005）。

实际上，与光能吸收有关的仅是第一个反应。暗反应是利用上述光能转化为化学能的能量进行酶促反应，即以光反应中产生的高能和物质还原成高能的碳水化合（Kameda and Ishizaka, 2005）。应当指出，叶绿素是光合作用中能把吸收的光能直接通过电子传递给光合系统的色素，其吸收峰仅限于某些波长范围。不过，海洋藻类还具有其他类型的辅助色素，包括胡萝卜素、岩藻黄素、藻蓝蛋白等，它们可以吸收其他波长的可见光，并把这些能量传递给叶绿素。如果考虑到海水中的光学条件，辅助色素对海洋植物的能量利用效率从而对初级生产力效率有重要意义（Mao, 2005）。浮游植物初级生产力是海洋生态学研究的重要内容，是描述海洋生态系统及其环境特征的重要参数。海洋初级生产力是反映海水肥沃与贫瘠的重要指标，是海洋有机物的最初来源，也是海洋生态系统食物网结构与功能的基础环节，是供养和维持海洋巨大生物资源的物质基础，对于维持生态系统食物网各营养阶层的生产及依此评价水产资源的生产潜力和对资源的合理开发、利用和保护具有重要意义（Morel and Berthon, 1989）。

　　很多科学家认为，二氧化碳是造成全球变暖的最重要的"温室效应气体"。海洋浮游植物的光合作用将海水中数量巨大的二氧化碳转化为颗粒有机碳，驱使大气向海洋转移，一般认为，海洋从大气吸收的二氧化碳比释放到大气中的多，因此对控制着海洋与大气的交换和缓解全球出现的温室效应具有重要意义。海洋对大气净吸收主要是通过一系列称为生物泵的生物学过程来实现的，这些过程主要包括，海洋真光层的浮游植物通过光合作用将海水中溶解态二氧化碳转化为颗粒态，然后通过食物链网由小颗粒转化为大颗粒，最后有部分颗粒有机碳沉到海底。海洋生物泵的作用是可能溶解态二氧化碳使转变成颗粒有机碳和固体碳酸盐并有相当部分下沉，通过这样的垂直转移过程，就可使海洋表层分压低于大气分压，从而使大气中的二氧化碳进入海洋，实现海洋对大气含量的调节作用。据粗略估计，目前由于人为原因释放到大气的二氧化碳约有一半可能被海洋吸收。

　　总之，初级生产力研究不但对深刻理解和研究海洋生态系统、海洋生物地球化学循环及全球变化等具有极其重要的意义，而且为保护海洋生态环境、研究海岸带提供技术支持。探寻碳循环途径、实现碳循环的定量化是全球科学界正在为之奋斗的目标，而水体的碳循环是全球碳循环的重要组成部分，其对于维持水体生态系统平衡具有重要作用。海洋浮游植物初级生产过程影响着海洋碳的收支平衡，对于研究碳在海洋中的转移和归宿乃至全球气候变化具有重要意义。浮游植物初级生产力还在一定程度上决定了水体的渔业产量，可直接为渔业生产的管理提供决策支持。此外，浮游植物初级生产力还是水体富营养化的重要表征，如湖泊富营养化的最终表现便是水体浮游植物旺发、初级生产力大幅增加。因此，对水体浮游植物初级生产力进行定量观测与估算，有助于深度理解水生生态系统物质能量循环，合理利用和保护水生资源与环境。然而，传统的观测方法本身受观测条件的限制较大，成本较高，也无法实现大空间尺度、长时间序列的动态观测。而利用遥感手段进行观测成为大尺度下浮游植物初级生产力观测的关键手段，可为浮游植物初级生产力现场观测提供重要补充（Platt et al.，1991）。

6.1.2　海岸带初级生产力研究现状

　　海洋初级生产力研究在国际上已经历了大半个世纪，自从 1952 年 Steemann Nielsen 引入了放射性同位素示踪法来测定浮游植物光合作用以来，初级生产力研究就出现了长足的进步，不仅对区域性的海洋初级生产力开展了大量观测而且出现了全球海洋初级生产力的分布图，该图是 Koblentz-Mishke 根据 7000 多个测站取得的数据，并把世界海洋水域分为五种类型统计绘制的。随着世界性资源与环境问题日益突出，全球碳循环和气候变化生物资源潜在生产力的评估和可持续发展等成为人们关注的研究课题，从而成为生物海洋学、海洋生态学、水产资源学等研究的热点之一（宁修仁，2001）。

　　海洋微食物环中不同粒级浮游生物及其在生态系统中的作用，越来越受到海洋生态学家的重视。粒径谱和生物量谱概念的提出，旨在以能量生态学的观点和方法将复杂生态系统简化为生物量谱的模型，以便从宏观掌握海洋生态系统的状况及动态，而初级生产的粒级结构研究，无论在生物量谱，还是微食物环的研究中，都是不可缺少的基础环节。近期研究结果表明，自养的浮游植物大多遵循异速生长的理论，即浮游植物细胞大小与同化系数之间存在着负相关，在近岸海湾，浮游植物的粒级结构也有遵循这一规律的趋势。对近岸的不同粒级结构的初级生产者及其对初级生产力的贡献证明，在受到环境扰动的情况下如河口区混浊度增加，这一规律将可能被打破（Sathyendranath et al.，1995）。例如，在智利近岸的上升流区，粒级小于 8μm 的浮游植物的光合作用同化系数明显大于粒径大于 8μm 的浮游植物，但在夏季，由于受到光照及营养盐的限制作用，这种规律就不明显。因此，通过对比不同粒级及生物量范围可以更好地理解初级生产力的变化情况。对于总体的初级生产力的量值来说，一般较大个体浮游植物占优势的水域，其水体初级生产力值也较高。这种现象与微型浮游植物占主导地位的大洋海区相一致。但由于不同河口或海湾在水文、地理、化学环境等方面的差异，不同大小的浮游植物对初级生产力所做的贡献也不尽相同（Siegel et al.，2001）。在海湾，浮游植物生物量与初级生产力有很好的线性相关性，而大型浮游植物的贡献在高生物量及生产力时最明显，其在该水域同时是及生产力的主要贡献者（Smith et al.，1982）。在近岸河口及海湾，初级生产者的粒级结构有季节性的变化，在有些海区，初级生产者的粒级分布与浮游生物种群的产氧及呼吸耗氧的总体平衡有着重要的联系，而这反过来又控制有机物的潜在输出（Tang et al.，2006）。

　　浮游植物初级生产力的遥感研究是从海洋发展起来的（Tan and Shi，2005）。在全球碳循环中，海洋中碳的贡献约占 46%，浮游植物初级生产力估算对于理解海洋生态、定量把握全球碳循环具有重要的意义。由于传统观测手段的离散性和高成本性，遥感手段成为海洋浮游植物初级生产力估算研究的主要方法（Walsh et al.，1988）

6.1.3　初级生产力的影响因子

　　浮游植物对水体环境的变化非常敏感，作为水体中最主要的初级生产者，浮游植物利用太阳能和二氧化碳，通过光合作用将水体中的无机物转化为有机物，同时自身也被浮游动物或者其他动物捕食，是食物链中不可缺少的部分。浮游植物同化产生有机物的数量与环境因子息息相关。根据美国生态学家 V.E.Shelford 的"耐受性法则"（law of tolerance），生物对每一种生态因子都有其耐受的上限和下限，上、下限之间就是生物对这种生态因子的耐受范围，其中包括最适生存区。Liebig 的"最小因子法则"（law of the minimum），每一种植物生长都需要一定种类和一定数量的营养物，如果其中有一种营养物完全丧失，植物就会发育不良甚至死亡，如果这种营养物质处于最小量的状态，植物的生长就会受到不良影响。浮游植物的生存和繁殖也是依赖于各种生态因子的综合作用。其中，一定有一种或几种因子是限制浮游植物生存和繁殖的关键性因子。影响浮游植物初级生产力的环境因子有很多，如光照强度、温度、营养物质、浮游植物生物量、透明度、生物因素等。

1. 光照强度和透明度

　　在水域生态系统中，光能是浮游植物进行光合作用的唯一能源，没有光照就没有光合作用，光照强度、光谱组成和光照时间一同决定着浮游植物的光合作用速率，进而影响着水域的初级生产力。在水体中，由于受到水分子，悬浮颗粒物及浮游植物等的吸收和散射，光照强度随着水体深度的增加而呈指数递减。光照强度太低会使得光合作用无法正常进行，使得初级生产力降低；然而太高的光照强度也会限制光合作用。在一定的范围内，浮游植物的光合作用速率随着光照强度的增加而加快，在最适合的光照强度范围内，初级生产力最大。因此，在水体中，次表层水体的初级生产力往往是最高的。另外，表层水体的高光照强度也会使叶绿素的分解作用变得更加强烈，因此，次表层水体的叶绿素含量往往也会高于表层水体（付翔，2007）。

不同的浮游植物的最适光照强度都不同，有实验表明，扁藻的最适光照强度在5000～10000lx，球等鞭金藻在 6000～10000lx，小球藻的最适光照强度为 10000lx。不同的浮游植物对光照时间的适应也不一样，较短的光照有利于蓝藻的生长，而绿藻则更适合较长的光照。

透明度由水体悬浮颗粒物、水色、浮游生物等决定，其是一个能直观反映水质的物理指标，透明度与水体光合有效辐射的垂直分布密切相关，是影响水体初级生产力的一个重要因子。

2. 水温

温度是一个重要的环境因子，生物的所有活动都必须在一定的温度范围内才能正常进行。水温直接影响着浮游植物的光合作用和呼吸作用速率，在合适的温度范围内，温度越高，浮游植物的光合作用速率也越高，初级生产力也越高。

水温对浮游植物的生存、繁殖及新陈代谢有着直接的影响，进而影响着浮游植物的群落结构以及时空分布，最终影响着生态系统的物质循环及能量流动。温度会影响藻类的生长，不同的藻类生长繁殖最适合的温度各不一样，在较低的水温下，硅藻和金藻生长繁殖较适合，因此在早春、晚秋以及冬季时，硅藻和金藻在浮游植物群落中容易占优势。绿藻在中等水温下生长得最好，而蓝藻则更适宜生长在温暖的水体当中，因此在夏季、秋季绿藻和蓝藻容易占优势。在合适的温度范围内，温度的上升会使藻类的生长加快；反之，若超过最适生长温度范围，藻类的生长就会受到抑制，因此水温的变化会导致藻类群落结构的时间和空间发生变化（杨东方等，2006）。

3. 营养物质

浮游植物的生长需要营养物质，氮、磷等元素是浮游植物生长繁殖所必需的重要营养元素，也是导致水域发生富营养化的重要营养元素，其对藻类的生长有重要的影响。水体中的营养盐结构和浓度对浮游植物的生长具有非常重要的调控作用。由于各种浮游植物最适合的营养盐比例及浓度各不一样，单种营养盐的浓度会影响浮游植物的生长与繁殖，多种营养盐的构成比例也会影响浮游植物的生物量及群落结构。浮游植物吸收利用的氮源主要是无机氮，包括铵盐、硝酸盐、亚硝酸盐。

根据 Redfield 比率，一般浮游植物细胞的元素组成摩尔比为 $P：N：C=1：15.5：108$，当水体中的氮磷比偏离 Redfield 比率时，浮游植物的生长就会受到抑制，初级生产力也就随之降低。当营养盐浓度很低时，它就成为了浮游植物初级生产力的限制因子。在贫营养水域中，低浓度的营养盐往往是限制浮游植物初级生产力的主要因子。在富营养化的水域中，营养盐有时也会成为浮游植物初级生产力的限制因子（刘华雪等，2011）。

4. 微量元素

影响藻类初级生产力的微量元素主要有锰、铁、硅等，在浮游植物光合作用中，锰能促进氮的同化，并且活化酶系统。在浮游植物繁殖旺盛的季节，水体中溶解态的锰浓度通常很低，锰会体现出明显的限制作用。铁对浮游植物的光合作用和呼吸作用有重要影响，缺铁会导致叶绿素无法合成。在天然的水体中，铁的溶解量通常都比较低，因此铁也经常成为浮游植物初级生产力的限制因子。李吉方等（1998）认为是高价铁（Fe^{3+}）在溶氧充足的条件下形成了胶体状的氢氧化铁与氧化铁，并且其对磷酸盐还有吸附作用；溶解态 Fe^{3+} 还能与磷酸盐生成难溶的磷酸铁沉淀，从而体现出铁的抑制作用。硅是硅藻的重要组成元素，在水体中，有效硅化合物主要是硅酸盐和胶体硅，水体中有效硅的含量有比较低，因此硅也常常成为浮游植物初级生产力的限制因子（施益强等，2011）。

5. 浮游植物生物量及种类组成

随着光照、温度及营养盐等环境因子的变化，浮游植物的种类组成也呈现季节变化。除了生物量的高低与初级生产力有直接关系外，不同藻类以及处于不同时期的藻类其生产力大小差异也比较明显。由于不同的浮游植物适应的理化条件不一样，在同一理化条件下，不同的浮游植物的生长速率不同，从而影响着浮游植物的初级生产力。

此外，浮游植物的光合作用能力与浮游植物细胞的大小也有关系，浮游植物细胞越小，其光合作用能力越强，处于增长期的浮游植物细胞光合作用能力远高于处于平衡期的老化细胞。赵文等（2001）对营养型和富营养型水体的初级生产力的研究发现，对初级生产力的贡献最大的是微小型浮游植物；在对淡水鱼池初级生产力的研究中发现，超微藻类贡献的初级生产力占总量的 23%～93%，但是在富营养化的水体中，超微藻类对初级生产力的贡献较少。这一现象是由于在浮游植物生物量同等的情况下，超微藻类对营养物质的吸收能力具有较大的竞争优势，所以在水体初级生产力中的贡献会高于微型或更大型藻类。

6. 生物因素

影响浮游植物初级生产力的生物因素主要包括浮游动物、水生高等植物、滤食性鱼类、微生物、底栖动物等。生物因素主要从以下几个方面影响浮游植物的初级生产力：一是与竞争浮游植物的生存资源；二是对浮游植物的摄食和分解；三是通过化感作用产生的化感物质影响浮游植物生长，化感作用物质包括自感作用物质与他感作用物质。

水生高等植物对浮游植物初级生产力的影响主要是竞争光照和营养物质，其次就是对浮游植物的化感作用。有研究发现，凤眼莲、水花生、满江红对藻类有他感作用。有学者用凤眼莲种植水培养藻类，研究发现藻类的光合作用效率明显降低、叶绿素 a 被破坏、细胞的还原能力也明显下降（李小斌等，2006）。

　　水体中滤食性鱼类和浮游动物的摄食会影响浮游植物生物量,进而影响浮游植物初级生产力。在浮游植物生物量不高时,鱼类和浮游动物的摄食会使浮游植物初级生产力下降,但是当浮游植物密度过于高时,滤食性鱼类和浮游动物的摄食却可以调节浮游植物密度,增加光照,促进浮游植物初级生产力。

6.1.4　初级生产力的测量方法

　　在遥感手段应用到浮游植物初级生产力估算之前,对浮游植物初级生产力的测定主要通过船载取样结合黑白瓶法、碳同位素法、叶绿素法、营养盐法。早在 20 世纪 50 年代,就有学者对黑白瓶法测定浮游植物初级生产力进行了讨论,目前该方法仍广泛应用于小型水体和离散点位浮游植物初级生产力的测定。由于黑白瓶法测定的局限性,Selvaraj(2002)讨论了黑白瓶法在浅水区域进行净初级生产力估算的适用性问题,并指出其在热带沿岸海域进行初级生产力估算的不确定性与不稳定性。因此,黑白瓶法虽然简单易行,但容易受到观测条件的限制,其本身的适用性与稳定性也有区域差别。此外,高频溶氧观测也存在受观测条件限制大、成本较大的不足。而后,通过研究浮游植物初级生产力和叶绿素浓度的关系,建立以叶绿素为表征的生物量与初级生产力之间的相关模式,以此估算浮游植物初级生产力。然而,这种模式由于仅仅只考虑到叶绿素浓度对初级生产力的影响,适用性较差。

　　生物光学的发展为浮游植物初级生产力的估测提供了一种新的可能,研究光学与水生环境、水生生物、浮游生物生态学的相互关系已成为湖沼学研究中极具活力的部分,并发展了生物光学模式来计算水体初级生产力。太阳辐射是水生生态系统的主要能量来源,其影响着水体浮游植物的初级生产力,因此通过生物光学模式获取初级生产力的方法是可行的。实际上,已有学者研究利用水下光强和光谱分布来计算初级生产力,利用生物光学模型对坦噶尼喀湖的浮游植物初级生产力进行估算,并分析其时空分布特征。有研究也利用生物光学模型对较清洁湖泊浮游植物初级生产力的估算进行了讨论,并开发了计算日初级生产力的生物光学模型(余成等,2017)。

　　利用遥感输入数据对浮游植物初级生产力进行估算是对生物光学模式的丰富和发展(丛丕福等,2009)。在此之前,光学参数主要来自野外的定点观测,这种方式的优点是减少了大气的影响,观测结果更为精确,但也存在观测成本高、时间和空间离散化的不足,就这点看仍没有摆脱传统观测手段的局限。水色遥感的发展为利用生物光学模式进行初级生产力的大尺度长时间序列的估测提供了可能(官文江等,2005)。利用遥感数据作为参数输入进行浮游植物初级生产力的估测摆脱了现场实测的时空限制,将光与初级生产力关系的研究由点外推至整个近表层,创造了由此推向整个水柱及非卫星过境时期的可能,因此浮游植物初级生产力的估算研究有了新的局面。在利用水色资料进行初级生产力的遥感估算早期,主要通过水色遥感反演水体表层叶绿素浓度,进而利用叶绿素浓度与实测初级生产力的经验模型估算浮游植物初级生产力(赵辉和张淑平,2014)。实际上在水色遥感之前,就已经有学者研究初级生产力与叶绿素浓度之间的关系,并建立了相关模型,Ryther(1957)提出了在光饱和条件下浮游植物光合作用速率与叶绿素浓度之间的关系模型。Smith 等（1982）提出了利用卫星资料得到的叶绿素浓度来估算初级生产力的模型。而后 Emelyanova 等（2013）将这种初级生产力和叶绿素的统计关系模型运用到了加利福尼亚近岸水域与南加利福尼亚湾。然而，由于单一叶绿素估算模型只考虑到单一因素叶绿素浓度对浮游植物初级生产力的影响，忽视了水体其他影响因子的影响，因此容易给浮游植物初级生产力遥感估算带来较大误差。Ishuzaka 等则尝试将 OCTS 遥测的叶绿素和水温数据运用到标准模式中，对北太平洋三陆冲海域的初级生产力进行计算。水体初级生产力的遥感估测从单一考虑叶绿素浓度的经验模型走向了综合考虑叶绿素浓度、日表面光强、水柱平均生产量等因素的半分析模型，由此发展形成了在浮游植物初级生产力研究中应用较为广泛的垂向归纳模型（VGPM）。

1. 黑白瓶溶氧法

黑白瓶溶氧法是现在使用较为普遍的初级生产力测定方法。1927 年，T.Gaarder 和 H.H.Gran 首次将黑白瓶溶氧法用于海洋生态系统初级生产力的研究，由于操作方法非常简便，这种方法现已得到了广泛应用。

黑白瓶溶氧法是根据水中藻类和其他具有光合作用能力的水生生物，利用光能合成有机物，同时释放氧气的生物化学原理测定初级生产力的方法。该方法所反映的指标是每平方米垂直水柱的日平均生产力（阎喜武，1997）。

采集水样之前先用照度计测定水体透光深度，如果没有照度计，可用透明度盘测定水体透光深度。采水与挂瓶深度确定在表面照度 1%～100%，可按照表面照度的 100%、50%、25%、10%、1%选择采水与挂瓶的深度和分层。浅水湖泊（水深≤3m）可按 0m、0.5m、1.0m、2.0m、3.0m 的深度分层。将采集的水样分装在 250～300ml 的一对黑白瓶中，其中白瓶透光，可以正常进行光合作用，黑瓶不透光，不能进行光合作用，但是有呼吸作用。将黑瓶和白瓶悬挂在水样原来的深度曝光 24h 之后再测定各个瓶内水样的溶氧量。根据瓶内溶氧量的变化就可以计算出总初级生产力、净初级生产力和呼吸作用量，总初级生产力=白瓶溶解氧–黑瓶溶解氧，净初级生产力=白瓶溶解氧–初始瓶溶解氧，呼吸作用量=初始瓶溶解氧–黑瓶溶解氧。

黑白瓶溶氧法的优点是对于流水系统、河口湾以及污水系统等富营养化水体都特别适用，且操作简单。但黑白瓶溶氧法是假设浮游植物呼吸作用在白瓶和黑瓶中是一样的，但有些种类的浮游植物在光照和黑暗条件下会有不一样的呼吸速率，并且水样中的异养生物尤其是细菌会使呼吸消耗偏离正常值，导致初级生产力被低估。

2. 放射性同位素 ^{14}C 测定法

放射性同位素 ^{14}C 测定法的原理为：将一定数量的放射性碳酸氢盐或碳酸盐加入已知二氧化碳总量的水样瓶中，曝光一定时间后将藻类滤出，干燥后测定藻细胞内数量，即可计算被同化的总碳量。该方法在光合作用过程中使用放射性同位素示踪剂测定初级生产量可以获得较为精确的结果，并且有极高的敏感性。丹麦科学家 Steemann-Nielsen 在 20 世纪 50 年代首先将放射性同位素 ^{14}C 测定法应用于海洋初级生产力方面的研究。

放射性同位素 ^{14}C 测定法采样步骤与黑白瓶溶氧法一致，区别在于放射性同位素 ^{14}C

测定法要在黑白瓶中加入定量的 $NaH_{14}CO_3$，在原水环境曝光后取出，将水样过滤，将滤膜干燥后放入计数室，通过计算它们的放射性水平来推算水体的初级生产力。放射性同位素 ^{14}C 测定法的缺点在于浮游植物细胞在过滤时可能在滤膜上破裂，另外，使用测三磷酸腺苷变化的研究表明，放射性同位素 ^{14}C 测定法常常低估碳的吸收量，从而低估了浮游植物初级生产力。

3. 叶绿素测定法

浮游植物是通过叶绿素进行光合作用产生有机物和氧气的，所以叶绿素的含量可以用来表征水体的初级生产力水平，叶绿素测定法的原理就是依据浮游植物叶绿素含量与光合作用量以及光合作用率之间的相关关系来推算初级生产力。假定每单位的叶绿素光合作用率是一定的，则叶绿素含量与初级生产力呈正比例关系。

估算公式一般使用 Cadée 和 Hegeman（1974）提出的简化公式，以表层叶绿素浓度与初级生产力的关系进行估算，计算公式如下：

$$P = (P_s \times E \times D)/2 \tag{6-1}$$

$$P_s = C_a \times Q \tag{6-2}$$

式中，P 为初级生产力（以 C 记）；P_s 为表层水中浮游植物潜在生产力；E 为真光层深度；D 为光照时数；C_a 为表层叶绿素 a 浓度；Q 为同化系数。

叶绿素法的优点是采样方便，样品取得后可以在实验室内测定，且只需测定叶绿素 a 浓度。其缺点在于同一水体中叶绿素光饱和时的光合作用率变化范围在不同月份是不相同的，并且在不同季节、不同地区和不同天气条件下，全天的太阳辐射能难于测定和查询，各水体的同化系数也难于测定。

4. pH 测定法

pH 测定法的原理是：浮游植物光合作用吸收的二氧化碳和呼吸作用放出的二氧化碳会使水体的 pH 发生变化。

该方法是使用 pH 电极连续记录水体的 pH 变化，进而分析浮游植物的光合作用量与呼吸作用量，用其来估算浮游植物初级生产力。pH 测定法的优点是操作简单，对原生态系统也不会有太大的改变。但是 pH 的变化与二氧化碳的变化一般并不是呈线性关系，该方法需要对具体的水生生态系统中二氧化碳与 pH 的关系进行校准。

5. 卫星遥感法

卫星遥感法是根据卫星遥感水域的颜色变化来推算浮游植物生物量，再由浮游植物生物量推算水域的初级生产力的。

卫星遥感法主要运用在海洋初级生产力的估算上，卫星遥感法能够快速、同步、大尺度地获取海洋生态系统的某些特征信息，弥补传统出船实测方法在此方面的不足，因而其逐渐成为海洋生态学尤其是浮游植物现存量和初级生产力研究中的重要手段。遥感在海洋生态学研究中的优点主要体现在三个方面：第一是能够大面积同步测量，并且具有较高的空间分辨率；第二是可以进行动态观测和长期监测；第三是可以涉及船舶、浮标不易抵达的海区。但是由于卫星、遥感影像等问题，使用该方法得出的叶绿素浓度与实际测定值存在一定的误差，估算的初级生产力值误差比较大，初级生产力往往被高估。

具体而言，使用遥感技术估算初级生产力浓度的模型分为三个类别：基于叶绿素浓度进行遥感估算、基于浮游植物碳的遥感估算和基于浮游植物吸收系数的遥感估算。

6.1.5　海岸带区域海水初级生产力的遥感反演及其时空变化分析

为了更好地介绍海岸带水域的初级生产力遥感反演，我们结合具体应用，以深圳周边海域为研究区，以 MODIS/AQUA 卫星遥感产品为数据源，结合实测浮标数据修正了 VGPM 中叶绿素 a 含量的估算，进而分析深圳海域净初级生产力的时空分布规律。研究表明：①深圳海域 2014 年 2 月、5 月、8 月、10 月的净初级生产力在空间分布上从近海向外逐渐降低，初级生产力整体呈现出"西高东低"的局面，且未有明显的季节性波动。②4 个海区的叶绿素 a 含量均表现为夏季最高，秋冬季次之，但各海区主要影响因素不同，珠江口主要受季风造成的浮游植物种类与细胞密度的季节变化影响，大亚湾主要受营养盐限制，大鹏湾的主导因素为湾内余流的季节变化，深圳湾的叶绿素 a 含量主要与浮游植物细胞密度的季节变化有关。③珠江口的初级生产力春夏季高于秋冬季；大鹏湾的初级生产力夏季最高，且季节变化趋势与叶绿素 a 表现一致；深圳湾的初级生产力夏季最高，且季节变化趋势与海表温度表现一致；大亚湾的初级生产力波动明显，夏冬季海洋初级生产力数值总体高于春秋季。

1. 研究范围

深圳市位于广东省南部沿海，陆域范围为 22°26′59″N～22°51′49″N，113°45′44″E～114°37′21″E，其东临大亚湾和大鹏湾，西濒珠江口和伶仃洋，南隔深圳河与香港相望，北接东莞和惠州；海域连接南海与太平洋，主要划分为珠江口、深圳湾、大鹏湾和大亚湾 4 个海区（图 6-1），海岸线全长 257km，海域面积 1145km²；属南亚热带海洋性季风气候，沿岸海区年均表层水温 18～28℃；近岸海域主要污染物为石油类、无机氮和活性磷酸盐，近 12 年共发生赤潮 62 次，累积发生面积 621.85km²，主要发生在 2～6 月，赤潮已成为该海域日益突出的生态问题。

2. 研究方法

垂直归纳模型是 Behrenfeld 和 Falkowski（1997）通过对 1971～1994 年全球包括一类水体和二类水体在内的 1068 个站点的实测数据进行分析，从经验中发现归一化初级生产力垂直分布呈现相同形式，基于深度积分的初级生产力模型简化后得到的估算模式，其简化表达式为

$$PP_{eu} = 0.66125 \times P_{opt}^{B} \times \frac{E_0}{E_0 + 4.1} \times Z_{eu} \times C_{opt} \times D_{irr} \qquad (6\text{-}3)$$

式中：PP_{eu} 为海水表层到真光层的初级生产力，以每平方米产生的碳的毫克数计，单位

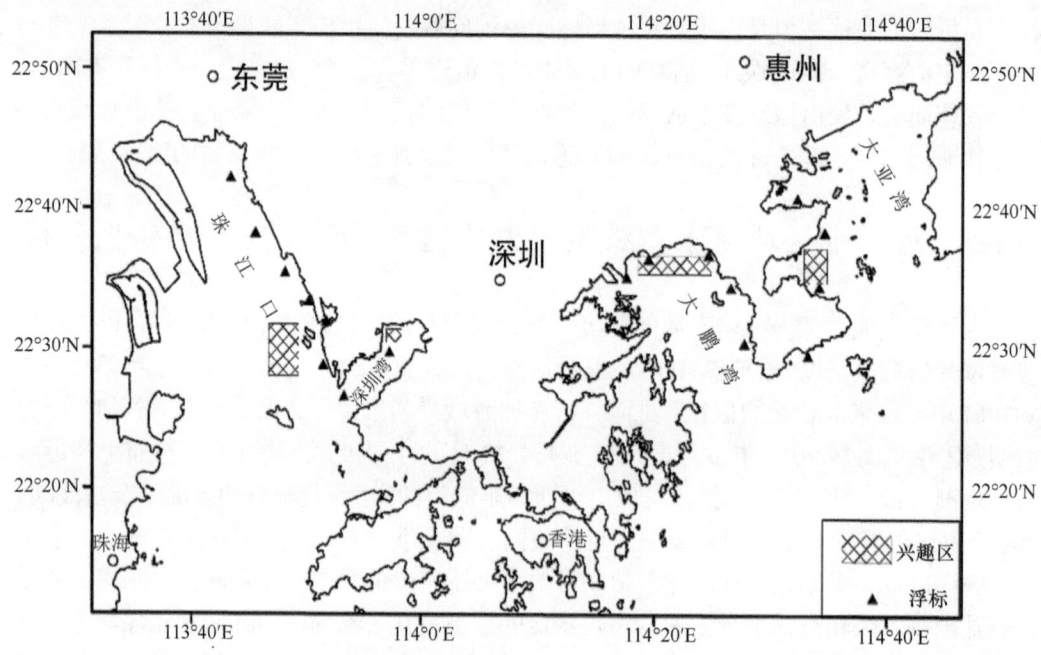

图 6-1　深圳海域叶绿素 a 含量观测点

为 mg/m²；P_{opt}^B 为水体最大光合速率，以每小时每毫克叶绿素所产生的碳的毫克数计，单位为 mg/（mg·h）；E_0 为海表面日光合有效辐射度，单位为 mol/（m²·d）；Z_{eu} 为真光层深度，单位为 m；C_{opt} 为 P_{opt}^B 所在深度处的叶绿素 a 含量，可用表层叶绿素 a 含量代替，单位为 mg/m³；D_{irr} 为光照周期，单位为 h。

该模型的主要输入参数为表层叶绿素浓度、海表面温度、光合有效辐射强度及真光层深度等，由于 MODIS 数据产品被较多应用于一类水体，本书的研究首次尝试将 MODIS 数据和 VGPM 模型应用于深圳市近岸水域的二类水体，为提高 MODIS 数据的空间分辨率并尽量保证数据可用性（Lorenzen，1970），首先结合实测数据对 MODIS 影像进行修正，然后对深圳主要海区选取控制点进行 IDW 插值。

3. 数据源及处理

数据源由式（6-3）可知，基于 VGPM 模型来估算深圳市海域初级生产力所需要的数据有叶绿素 a 含量（C_{opt}）、曝光周期（D_{irr}）、真光层深度（Z_{eu}）、光合有效辐射强度（E_0）、最大光合作用速率（P_{opt}^B），这些参量均可采用遥感手段获得，数据全部采用 2014 年的 MODIS/AQUA 的可见光和近红外通道数据，具体计算如下。

（1）水体最大光合速率 P_{opt}^B：

$$P_{opt}^B = \begin{cases} 4.00, & T > 28.5 \\ 1.13, & T < -1.0 \\ f(T), & -1.0 < T < 28.5 \end{cases} \qquad (6\text{-}4)$$

$$f(T) = -3.27 \times 10^{-8} T^7 + 3.4132 \times 10^{(-6)} T^6 - 1.348 \times 10^{(-4)} T^5 \\ + 2.462 \times 10^{(-3)} T^4 - 0.0205 T^3 + 0.0617 T^2 + 0.2749 T + 1.2956 \quad (6\text{-}5)$$

式中，$P_{\text{opt}}^{\text{B}}$ 被视为温度的函数，因叶绿素进行光合作用主要受酶控制，而酶的活性主要受温度影响。其中，海水温度 T 由海表温度 SST 代替，采用 MODIS 三级产品的月平均数据，空间分辨率是 4km×4km，单位为℃。

（2）真光层深度 Z_{eu}：本研究结合研究区接近二类水体的实际情况，采用唐世林等（2007）提出的南海真光层深度与漫衰减系数的经验公式：

$$Z_{\text{eu}} = 2.784 / K_{\text{d}}(490) \quad (6\text{-}6)$$

该经验公式是基于辐射传输定律与真光层深度和遥感光学深度之间的线性关系推算而来的。其中，海水漫衰减系数采用 MODIS 三级产品的 $K_{\text{d}}(490)$ 月平均数据，空间分辨率是 4km×4km，单位是 m^{-1}。该产品是通过 MODIS 的标准业务化算法 OK2 反演得到的，表达式为

$$K_{\text{bio}}(490) = 10^{-0.8813 - 2.0584\rho + 2.5878\rho^2 - 3.4885\rho^3 - 1.5061\rho^4} \quad (6\text{-}7)$$

$$\rho = \frac{R_{\text{rs}}(488)}{R_{\text{rs}}(547)} \quad (6\text{-}8)$$

$$K_{\text{d}}(490) = K_{\text{bio}}(490) + 0.0166 \quad (6\text{-}9)$$

式中，$K_{\text{bio}}(490)$ 为海水在 490nm 处的漫衰减系数 $K_{\text{d}}(490)$ 与纯水吸收系数 $K_{\text{w}}(490)$ 之差；$R_{\text{rs}}(488)$ 为水体在 488nm 处的遥感反射率；$R_{\text{rs}}(547)$ 为水体在 547nm 处的遥感反射率。

（3）光合有效辐射强度 E_0：海水光合有效辐射 PAR 采用 MODIS 三级产品的月平均数据空间分辨率是 4km×4km，单位是 Ein/（m^2·d）。

（4）叶绿素 a 含量 C_{opt}：叶绿素含量资料采用 MODIS 的业务化遥感产品叶绿素 a 含量的月平均数据，其空间分辨率是 4km×4km，单位是 mg/m^3。该产品经 MODIS 叶绿素 a 的标准业务化算法 OC3 反演得到，采用的是蓝绿波段比值的幂指数经验算，表达式为

$$C_{\text{opt}} = 10^{(0.2424 - 2.7423R + 1.8017R^2 + 0.0015R^3 - 1.2280R^4)} \quad (6\text{-}10)$$

$$R = \lg \left\{ \max \left[\frac{R_{\text{rs}}(443)}{R_{\text{rs}}(547)}, \frac{R_{\text{rs}}(488)}{R_{\text{rs}}(547)} \right] \right\} \quad (6\text{-}11)$$

本书的研究将现场实测与当天的 MODIS 产品数据进行回归，建立深圳近岸海域海表叶绿素含量的修正关系式（图 6-2）：

$$C_{\text{opt}} = 10^{0.747\ln(C_{\text{m}}) + 0.005} \quad (6\text{-}12)$$

式中，C_{opt} 为 MODIS 产品叶绿素 a 含量；C_{m} 为当天现场实测叶绿素 a 含量。

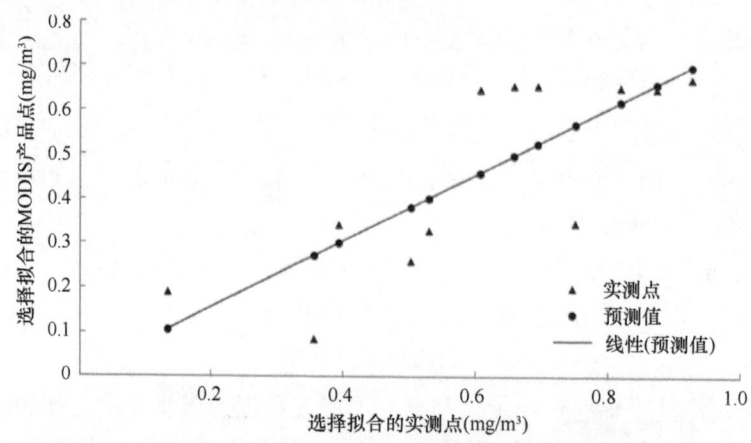

图 6-2　现场表层叶绿素含量与遥感产品叶绿素含量的关系

（5）曝光周期 D_{irr}：光照周期通过深圳市天文台查询得到月平均光照周期（http: // www.szmb.gov.cn/twt/）。深圳海域 2014 年 2 月、5 月、8 月、10 月各月的光照周期时长依次为 11.4h、13.2h、12.9h、11.67h。

数据处理：以结合实测数据修正后的 MODIS 叶绿素 a 产品为例，利用 NDVI、NDWI 以及去云指数从 Landsat 8 数据上提取深圳海域，对处理后的 MODIS 叶绿素 a 数据进行裁剪和 mask 处理，最后在深圳海域典型地带均匀选取插值控制点，进行 IDW 插值，最终得到深圳海域叶绿素 a 含量的时空分布。

4. 深圳海域初级生产力分布及时空变化

1）海洋初级生产力 NPP 的季节分布特征

图 6-3 是应用 VGPM 模型对 MODIS 数据进行计算的 2014 年 2 月、5 月、8 月、10 月各月份深圳海域初级生产力结果。为直观显示 NPP 季节差异，分别统计各月份 NPP 均值（图 6-4），夏季（8 月）NPP 值最高，达 2044.36mg/（m²·d），秋季 NPP 值最低，为 1394mg/（m²·d）。初级生产力整体呈现出"西高东低"的局面，且未有明显的季节性波动。其中，大亚湾夏季 NPP 值最高，或与该海域夏季过多核电站温排水密切相关，且 NPP 的分布与大亚湾水域的浮游植物丰度与分布趋势一致。王雨（2012）指出，大亚湾水域浮游植物丰度的分布保持西高东低、近岸高于远岸的特征，且浮游植物的高丰度与营养盐丰富及温排水有关。

2）海洋初级生产力 NPP 的空间分布特征

为分析各海区叶绿素 a 含量、真光层深度、海表温度和净初级生产力的变化，本研究在珠江口、深圳湾、大鹏湾和大亚湾附近分别选取 4 个研究区，分别统计研究区内各参数的均值，并绘制相应柱状图（图 6-5）。

从叶绿素 a 含量来看，4 个海区均是夏季最高，秋冬季次之。黄良民（1992）指出，珠江口叶绿素 a 含量的周年变化曲线呈现双周期型，表层叶绿素 a 含量为 9 月最高，4 月最低。黄邦钦等（2005）、蒋万祥等（2010）的现场测定结果也证实珠江口表层叶绿

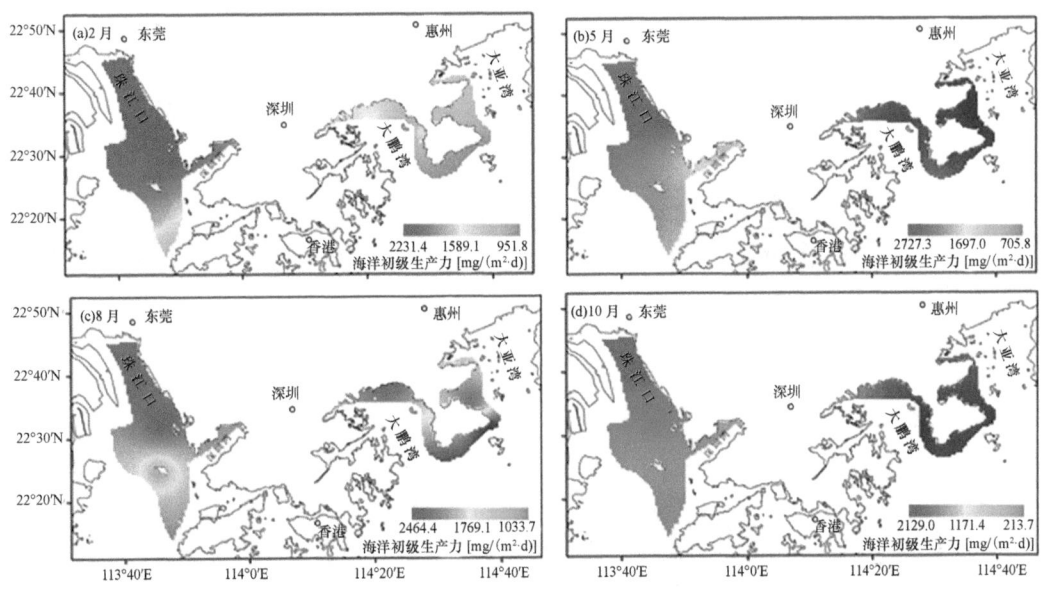

图 6-3　深圳海域 2014 年初级生产力分布

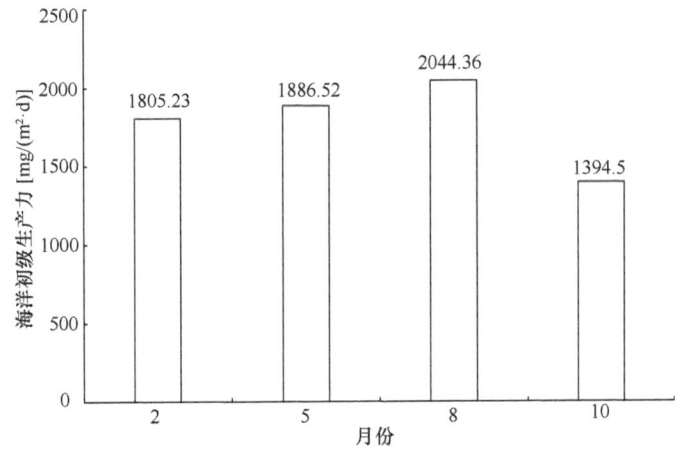

图 6-4　深圳周边海域 2014 年 2 月、5 月、8 月、10 月 NPP 均值

素 a 含量夏春季明显大于秋冬季。戴明等（2004）认为，珠江口浮游植物种类与细胞密度均是夏冬季多于春秋季。这是由于受季风影响，每年 4～9 月为珠江洪水期，冲淡水势力强劲，沿岸性种类优势明显，10 月至翌年 3 月为枯水期，外海水逼近沿岸，大洋种类优势明显。丘耀文等（2005）对大亚湾近岸海域的叶绿素 a 含量的研究结果与本书的研究结果基本一致，叶绿素 a 含量夏季较高，因阳光充足，营养盐供应丰富，浮游植物的光合作用丰富；而李丽等（2013）认为，该区域叶绿素 a 含量夏季略低于秋季，因夏季浮游植物受营养盐限制。黄良民和钱宏林（1994）对大鹏湾的采样调查显示，赤潮多发区海水表层叶绿素 a 含量为 0.06～8.28mg/m³，季节均值以春、秋季较高，夏、冬季较低，季节变化可归因于赤潮；王小平等（1996）则认为，表层叶绿素 a 含量为 3 月最高，10 月次之，7 月最低，主要是由上下层水温及盐度差异导致。大鹏湾是半封闭型海

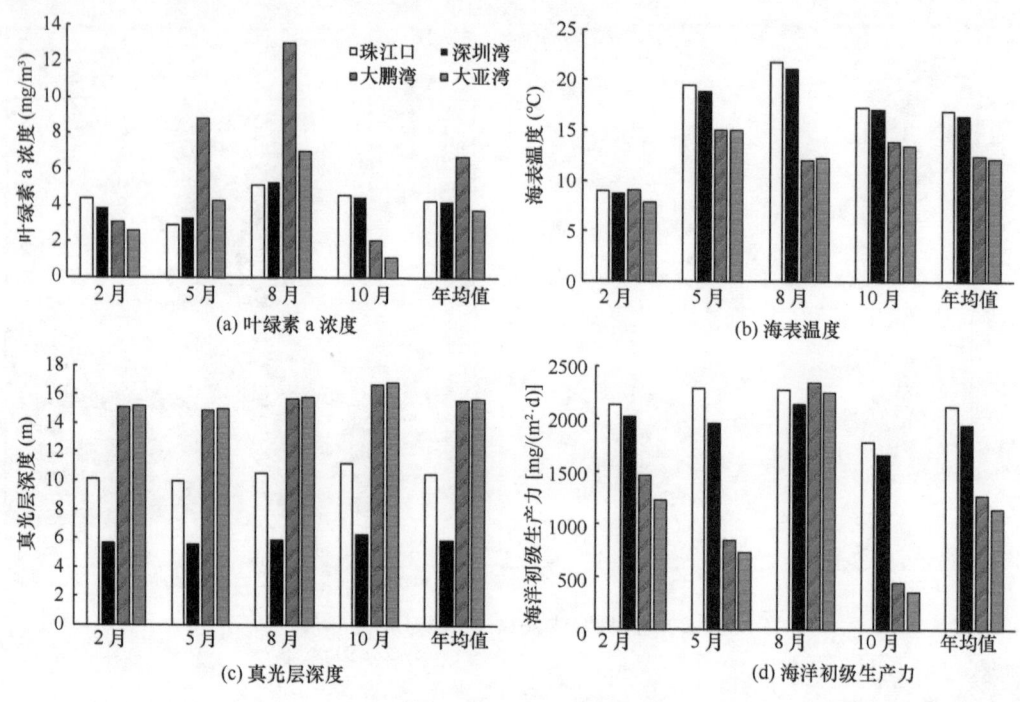

图 6-5　兴趣区内主要参数均值

湾，其东部海域属于深圳，海湾内未有大河流注入，主要污染源为沿岸居民生活及工业污水。叶锦昭和卢如秀（1990）与黄小平和黄良民（2003）对大鹏湾水动力学特征的研究表明，海湾内余流夏季为逆时针环流，春秋冬季为顺时针环流，而余流对污染物迁移扩散起重要作用。夏季大鹏湾内东半部海域海流以偏北流为主，易导致富营养化物质在湾顶积聚，加上大洋水中的营养盐与浮游植物涌入，使得夏季大鹏湾海域叶绿素 a 含量较其他季节偏高。张瑜斌等（2009）指出，深圳湾叶绿素 a 含量四季排序为春季>夏季>秋季>冬季，但张才学等（2010）对深圳湾浮游植物的调查显示，夏季浮游植物细胞密度最高，与一般亚热带春秋季的密度高峰不一致。本书的研究结果为夏季>秋季>冬季>春季，这种差异归因为统计区域的选取与浮游植物细胞密度二者共同作用，本书的研究统计区为大沙河口附近区域，夏季为丰水期，冲淡水带来的营养盐和污染物较多，利于浮游植物光合作用。因此，虽然 4 个海区的叶绿素 a 含量均表现为夏季最高，但是主要影响因素不同，珠江口主要受季风造成的浮游植物种类与细胞密度的季节变化影响，大亚湾主要受营养盐限制，大鹏湾的主导因素为海湾内余流的季节变化，深圳湾的叶绿素 a 含量主要与浮游植物细胞密度的季节变化有关。

　　在真光层深度方面，珠江口和深圳湾的真光层深度较大鹏湾和大亚湾偏低，真光层深度主要受海水在 490nm 处的漫衰减系数 $K_d(490)$ 影响，而漫衰减系数 $K_d(490)$ 与叶绿素 a 含量、悬浮物含量和黄色物质密切相关。陆源营养物质的输送是导致珠江口和深圳湾真光层深度较小的原因之一，珠江挟带大量陆源物质入海，导致河口区域的悬浮泥沙浓度较高。大鹏湾与大亚湾在真光层深度上的季节变化趋势一致。

　　在海表温度上，珠江口和深圳湾的海表温度峰值在 8 月，谷值在 2 月；大鹏湾和大亚湾的海表温度峰值在 5 月，谷值在 2 月。珠江口夏季高值主要受太阳辐射和冲淡水的影响。汤超莲等（2006）指出，珠江口 SST 的周年变化呈准正弦波形，谷值出现在 2 月，峰值出现在 7～9 月，主要影响因素为太阳总辐射、海洋环流和大气环流的变化。张燕等（2011）则认为，夏季珠江口表层高温水与冲淡水扩散形成的低盐水区域相对应，主要是因为低盐水浮在海表 5m 水深范围内，浮力阻碍了热量的垂向扩散，从而使得表层水温增高。冬季沿岸水温较低，水深小，海水冷却较快。

从海洋初级生产力来看，珠江口的 NPP 值在春夏季高于秋冬季。蔡昱明等（2002）对珠江口河口湾及其毗连海域的调查显示，初级生产力夏季高于冬季。蒋万祥等（2010）采用 Cadee 提出的叶绿素 a 法测定珠江口初级生产力显示，夏、秋季明显高于春、冬季。本研究结果与此类似，珠江口 NPP 值在春、夏季高于秋、冬季。珠江口终年受入海淡水和南海表层咸水交替影响，同时受人类活动强烈干扰。张燕等（2011）对珠江口附近海域的水文调查结果显示，夏季珠江口受冲淡水影响显著的浅水区近岸存在单跃层现象，跃层深度在 10m 以下，且温、盐、密跃层一致。王东晓等（2001）指出，冬季南海温跃层主要存在于 16°N～20°N，跃层抬头线以北区域为混合层充分发展的混合区，不存在跃层现象。这种季节性跃层会抑制水体的上下交换并影响浮游植物的垂直分布，夏季浮游植物主要分布在表层与温跃层，且冲淡水会带来丰富的陆源营养物质，使得珠江口表层 NPP 值春夏季高于秋冬季。大鹏湾的初级生产力秋季比春季稍高，平面分布与叶绿素 a 含量分布较为一致，本研究结果与此类似，大鹏湾的初级生产力夏季最高，且季节变化趋势与叶绿素 a 含量表现一致。深圳湾的初级生产力夏季最高，且季节变化趋势与海表温度表现一致。大亚湾的初级生产力水平波动明显，夏冬季海洋初级生产力数值总体高于春秋季。

6.2　海岸带区域水质评价体系

水域是海岸带的重要组成部分，随着社会经济的发展，水的地位和作用日益突出，水资源的需求量不断增加，水环境不断恶化，水环境的污染造成的水资源危机已成为一个国家在政策、经济和技术上所面临的复杂问题，成为经济发展的主要制约因素之一（Liu et al.，2012）。水的问题主要分两种：水量问题和水质问题，前者表现为水量的匮乏，需要国家通过宏观调控解决，后者则表现为水质无法满足正常生活生产的要求，需要通过水质评价确定水体污染程度，划分其污染等级，确定其主要污染物，并进而为消除水污染提供理论支持和技术指导。在水质评价过程中，为了全面、系统地分析问题，需要考虑众多影响因子，这些所涉及的因子即为水质评价指标。对水质评价指标的研究主要包括指标含量及其时空变化的分析。

海洋健康评价的目的是对水体的质量和利用价值作出评定。自 20 世纪 60 年代 Horton 等提出水体质量评价的水质指标概念以来，国内外对海洋健康评价指标选取和评价方法开展了一系列重要的研究。

我国的水环境质量评价工作开始于 1973 年，大体上经过了 4 个阶段：初步尝试阶段、广泛探索阶段、全面发展阶段和环境影响评价阶段。初期仅限于城市或小范围区域的现状评价，如官厅水库环境质量评价、北京西郊环境质量评价等；之后开展了松花江、白洋淀、武昌东湖、昆明滇池、太湖等水环境的专题质量评价工作。20 世纪 90 年代后，各种数学方法和模型的广泛应用使得水质评价方法得到进一步扩展。常见的有神经网络法、投影寻踪方法、灰色指数法、物元分析法等。现在，水质评价几乎成为所有综合环境质量评价中不可缺少的重要内容（Parinet et al.，2004）。

对于同一个地区，选择相同的评价参数，不同的评价方法得出的评价结果应该基本相同，如果评价结果差别较大，可以断定为某些方法的使用肯定是不合适的，因为方法的不同不应该影响到结果的不同，只能是"异曲同工"，而不能是"异曲异工"。在这样的前提下，选择什么样的评价方法就应该主要考虑操作的简单易懂、实用和稳定性这些方面（Štambuk-Giljanović，1999）。

水环境质量的综合评价有很多方法，如最差因子判别法、有机污染综合指数评价法、主分量分析法、模糊综合评价法、AHP 法、人工神经网络模型、遗传算法等。这些评价方法各有特点，本书着重对几种较常用的评价方法作一简要的评述（Munné and Prat，2009）。

6.2.1　常见的水质评价方法

1. 最差因子判别法

最差因子判别法是根据几种评价因子中污染最为严重的那个因子所属的水质类别来确定水体的总体水质类别。

最差因子判别法是操作最为简单的一种水质综合评价方法，只要依次判别出所选择的每个因子的水质类别，然后以最差的那个类别作为水质综合评价的类别就行了。不过这是一种最为悲观的评价方法，因为只要有一项因子污染严重，不论其他因子的污染程度如何，综合水质类别都是很差的（Tong et al.，2011）。

2. 有机污染综合指数评价法

有机污染综合指数评价法主要是针对水体有机污染的一种综合评价方法，它根据溶解氧（DO）、氨氮（NH₃-N）、高锰酸盐指数（COD_{Mn}）、五日生化需氧量（BOD_s）这四项指标的等标污染指数的和来判断水质的综合指标。其计算方法如下：

$$A = \frac{BOD_i}{BOD_0} + \frac{COD_i}{COD_0} + \frac{NH_3 - N_i}{NH_3 - N_0} - \frac{DO_i}{DO_0}　　　　（6-13）$$

式中，带下标"i"的项为该指标的实测值；带下标"0"的项为该指标某一类水标准的上限值。由于溶解氧含量越高，水质越好，则式中溶解氧前面为减号。A 值越大，说明有机污染程度越严重，反之则说明有机污染程度较轻。由式（6-13）不难看出，假如取 III 类水标准上限值计算，得出 $A_{III}<2$，则说明有机污染总体上要优于 III 类水，即应该属于 III 类水，$A_{III}>2$ 则说明有机污染总体上劣于 III 类水，对于取其他标准级别的上限值，也有类似的含义。

有机污染综合指数评价法能比较好地反映出水体的有机污染情况，而且计算也比较简单，因而应用比较广泛。但它也存在一些不足之处，该方法把四项因子同等重要地看待，没有考虑它们重要性的差别，即没有考虑权重问题。另外，一旦选定了某一水质类别，用式（6-13）计算的结果只能判别出水质优于或者劣于这一水质类别，如果要判别水体有机污染到底属于哪一类别，就需要把各级水质类别的上限值代入式（6-13）多次计算，这也是比较麻烦的。

3. 主分量分析法

用主分量分析法进行水质综合主评价的步骤是，首先用分指数公式将各评价因子的实测数据标准化，然后对标准化数据矩阵进行主分量分析，计算其特征值和特征向量，并确定公共因子数目和因子荷载，最后将这些因子线性综合成一个度量环境质量的综合指标。主分量分析法其实就是线性代数中的主成分方法。

主分量分析法的计算过程稍显复杂，其中涉及了矩阵运算，尤其当涉及多个评价因子、多个参与评价的站点时计算更复杂。但这些计算过程可以通过编程的方式进行，也可以直接使用功能十分强大的矩阵运算软件 Matlab。主分量分析法的最大优势在于它充分考虑了各个评价因子在综合评价中的不同作用，评价因子的作用越大，在主分量分析中所占的权重也越大。另外，主分量分析法的最终结果是一个由各个评价因子组成的代数式，只要将各因子的实测值代入计算，即可方便地得出水质综合指标。

4. 基于模糊理论的贴近度综合评价法

水环境质量评价实际上是依据水体污染物浓度的分级标准，比较待评价的水体各污染物实测值与某级标准浓度最接近，则它就被认为符合该级水环境质量。因此，水环境质量综合评价实际上是一个多指标的模式识别问题（Ye et al.，2015）。但是水环境质量的好坏和评定等级的划分，其界限是模糊的，没有一个确定的等级边界，因此用基于模糊理论的贴近度来进行综合评价，能够得到接近客观实际的结果。

水环境质量贴近度综合评价的步骤如下。

（1）选择参评因子（假设选定了 n 个因子，$i=1$，2，…，n）并计算各参评因子各级标准值（水环境质量标准级数，$j=1$，2，…，m）的隶属度，用式（6-14）计算：

$$\mu A_j(u_i) = \frac{S_{ij}}{H \sum_{j=1}^{m} S_{ij}} \tag{6-14}$$

（2）计算各因子实测值的隶属度，用式（6-15）计算：

$$\mu B_j(u_i) = \frac{C_i}{H \sum_{j=1}^{m} S_{ij}} \tag{6-15}$$

式（6-14）、式（6-15）中，S_{ij} 为第 i 因子的第 j 级标准值；C_i 为第 i 因子的实测值；H 为一正整数，并且需要满足（$C_i/H\sum S_{ij}$）≤1。

（3）计算各级标准下 A 与 B 的贴近度，用式（6-16）计算：

$$(A,B)=\frac{\sum \min\left[\mu A(u_i),\mu B(u_i)\right]}{\sum \max\left[\mu A(u_i),\mu B(u_i)\right]}\qquad i=1,2,\cdots,n \qquad (6\text{-}16)$$

式中，下标 i 的意义同上。对于 m 个级别的水环境质量标准，总共可以计算出 m 个贴近度。根据贴近度评价的择近原则，取 m 个贴近度中最大的贴近度所属的水质类别作为评价水体的总体水质类别。这种基于模糊理论的评价方法概念比较清晰，虽然公式看上去较复杂，但实际计算较简单，因此使用也较广。

5. AHP 法

AHP 法（层次分析法）是一种灵活、实用的定性与定量相结合的多准则决策方法。运用 AHP 法构建指标体系一般分为以下几个步骤：第一，确定目标层、准则层和指标层。目标层表示所需达到的目的，准则层进一步刻画了评价目标水平和内部协调性，每个准则层包括若干指标，指标选取要结合实际状况，能综合反映实际状况的特殊性。第二，筛选评价指标。指标的筛选是非常关键的一步，好的指标能正确地反映水质状况，其一般采用专家筛选法。专家的选择虽然具有主观性，但它们是专家本人知识、经验的反映，集成多数专家的意见，可化主观为客观。第三，确定评价指标体系。一般通过指标相关性分析来确定评价指标体系（Tang et al.，2012），其包括 4 个过程：一是评价指标的标准化处理；二是各个评价指标之间的简单相关系数的计算；三是规定临界值 M（$0<M<1$）；四是确定评价指标体系。浙江千岛湖水质现状和污染来源评价中就应用了层次分析法，并取得较好的效果。

6. 人工神经网络评价法

人工神经网络是由具有适应性的简单单元组成的广泛并行互联网络，它的组织能够模拟生物神经系统对真实世界物体所作出的交互反应。BP 模型是水质评价最常用的人工神经网络，BP 网络是一种具有 3 层或 3 层以上的神经网络，包括输入层、中间层、隐含层和输出层。BP 网络利用最陡坡降法，把误差函数最小化，将网络输出的误差逐层向输入层逆向传播，同时分摊给各层单元，获得各层单元的参考误差，进而调整人工神经元网络相应的连接权，直到网络的误差达到最小化。近年来，人工神经网络评价法得到了较为广泛的研究，利用人工神经网络 BP 结构模型建立水质模型，提出白洋淀水环境保护措施（Ming，2012）。

6.2.2　基于遥感数据的水质评价方法

水质评价指标监测的常规方法是采用人工实时实地监测，即先采集水样，然后进行水质实验室分析，并根据分析数据采用单一参数评价指数法或多参数综合评价法进行水质评价。该方法虽然能对众多的水质指标做出精确的分析和评价，但是费时费力，成本高，而且水样采集和分析的数量很有限，对于整个水体而言，这些测点数据只具有局部和典型的代表意义，难以获取大范围水域水质参数的分布和变化情况，不能满足水质适时、快速、大尺度的监测评价要求。

随着遥感与地理信息系统技术的发展，水质评价指标监测和研究得以朝空间分布和动态定量计算的方向发展。遥感数据源具有直观、宏观的特点，能清楚、快速、及时地反映出区域或整个流域污染现状和空间分布特征，而且具有常规方法所无法比拟的优点：①能够在一定程度上弥补水面采样观测时空间隔大且费时费力的缺陷和困难。②能发现一些常规方法难以揭示的污染物排放源、迁移扩散方向、影响范围（Vignolo et al.，2006）。③有利于查明污染物的来源，为科学地布设地面监测点提供依据。④利用不同时相的遥感数据源，可以分析某一区域水体污染的时空演变规律，为水资源保护和规划及可持续发展提供动态基础数据和科学决策依据。

由上可见，卫星遥感能够在一定程度上弥补传统的环境监测方法所遇到的时空间隔大、费时费力、难以具备整体和普遍意义、成本高的缺陷和困难，相比起传统的环境监测方法，遥感技术具有不可替代的优越性。

利用遥感技术进行水质评价指标监测的主要机理是含有污染物的水体具有独特的有别于清洁水体的光谱特征，这些光谱特征体现在其对特定波长的光的吸收或反射，而且这些光谱特征能够为遥感器所捕获并在遥感图像中体现出来。对所监测水体的遥感图像进行几何校正、大气校正和解译，得出所需的光谱信息，利用经验、半经验或者其他数据分析方法，筛选出合适的遥感波段或波段组合，将该波段或波段组合光谱信息与水质参数的实测数据结合，可以建立相关的水质评价指标遥感估测模型，达到一定的精度后可用来反演水体中水质指标的相关数据，从而达到利用遥感技术对水体进行水质定量监测和评价的目的（Alparslan，2005）。

1. 水质评价指标遥感反演理论

水质评价指标遥感监测的基础是研究水体反射、吸收和散射太阳能形成的光谱特征与水质指标浓度之间的关系。太阳辐射到达水面后，一部分被水面直接反射回空中形成水面反射光；其余光透射进水中，大部分被水体吸收，部分被水中悬浮泥沙和有机生物散射，构成水体散射光，其中返回水面的部分称为后向散射光；部分透过水层，到达水底再反射，构成水底反射光，这部分光与后向散射光一起组成水中光，回到水面再折向空中，所以遥感器接收到的光包括水面反射光和水中光及天空散射光。

由图 6-6 可见，在水环境卫星遥感监测中，搭载在卫星上的传感器记录的总辐射包含 4 个基本组成部分：

$$L_t = L_p + L_s + L_v + L_b \tag{6-17}$$

式中，L_t 为水体辐射总和；L_p 为路径辐射（path radiance）；指没有到达水体表面的下行太阳和天空辐射；L_s 为到达气-水界面，但是基本上都被水体表面反射回去的辐射，其包含了大多有关水体近表面特征的光谱信息；L_v 为水下体辐射，指穿过气-水界面到达水体内部的太阳和天空辐射在和水体中的水以及有机/无机组分相互作用，并且没有到达水底就离开水体的那部分辐射，这部分辐射提供了关于水体内部组成和特征的最有价值的信息；L_b 为透过水面，并且到达水体底部的太阳和天空辐射通过在水体中传播返回的那部分辐射，它提供了水底的相关信息。

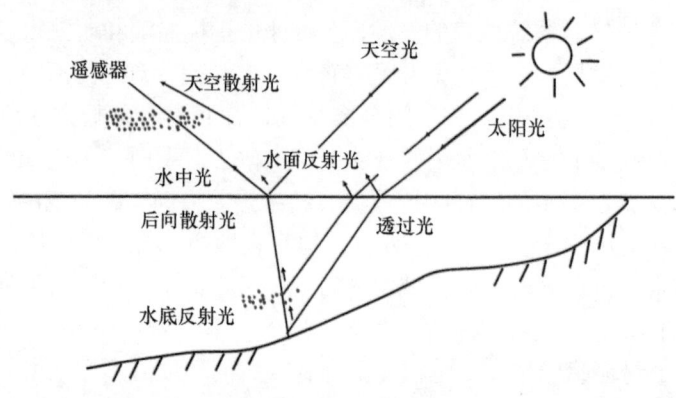

图 6-6　水体的光谱信息

一般情况下，影响水体有机污染的参数有：COD（化学耗氧量）、BOD（生物耗氧量）、DO（溶解氧）和 pH（酸碱度）、SS（悬浮物浓度）、Chla（叶绿素 a）、水温、SD（透明度）、DOC（黄色物质）等。水体中有机物通过在不同波段的吸收、散射作用，造成一定波长范围反射率的显著不同，这是遥感定量监测指标的基础。

2. 水质评价指标遥感监测模型

与前文类似，遥感水体反演的方法有很多种，一般根据水体色调的不同对水质状况进行定性分类、分级，常见的水体组分浓度反演算法基本可分为两类：建模方法和优化方法（Olmanson et al.，2015）。

1）建模方法

建模方法，即利用实测或模拟数据，将水体指标浓度表示成表观光学量的函数。通过建模方法估测组分含量一般有 3 种方法：理论方法、经验方法和半经验方法。

理论方法根据水中光场的理论模型来确定吸收系数与后向散射系数之比与表面反射率的关系。这种关系确定后，可由遥感测得的反射率计算水中实际吸收系数与后向散射系数的比值，水中组分的特征吸收系数、后向散射系数相联系，就可得到组分的含量。利用生物光学模型来描述水质参数与离水辐亮度或反射光谱之间的关系，同时利用辐射传输方程来模拟太阳光经过水和大气时被散射和吸收的情况（Hadjimitsis et al.，2006）。

在已知水质指标的散射系数和吸收特性（或者不同波段的地面反射率）条件下，可以根据其浓度模拟出不同组分水体的地面反射光谱（可通过建立线性方程组求出相应的水质指标浓度）。在实际研究中，理论方法具有较高的反演精度和较好的通用性，但是由于理论方法所要求的数据源即水质指标的光谱特性（散射系数、体散射系数和吸收系数等有关参数），而这些光谱特性需通过实验手段或野外观测到，难以满足，所以理论方法中的很多模型都只能采用经验的关系，得到的水质结果精度不高（Kumar et al.，2016）。

经验方法基于经验或遥感波段数据和地面监测的水质参数之间的相关性统计分析，选择最优波段或波段组合数据与地面实测水质参数值通过统计分析得到算法，进而反演水质参数。该方法一般通过建立遥感测量值与地面监测的水质参数（如叶绿素，悬浮物等）之间的统计关系来计算水质参数值。

经验模型是一种简单、易用的模型，它可通过选择合适的波段或波段组合建立回归方程反演水质参数浓度。这种方法的缺陷是：第一，对水质参数与遥感监测辐射值之间的时空相关性要求较高，否则模型反演的误差将显著增大；第二，模型具有时间和空间特殊性，不具备通用性，针对不同的湖泊、不同季节都要建立相应的模型；第三，经验模型需要有大量的实时实测采样数据作为基础，否则建立的模型具有较大的误差（Myhre et al.，1992）。

半经验方法是根据高光谱仪测量的水质参数光谱特征选择估算水质参数的最佳波段或波段组合，然后选用合适的数学方法建立遥感数据和水质参数间的定量经验性算法。国内外很多学者采用这种方法进行水质监测，得到了较高的监测精度。当需要预测的水质参数的光谱特征已知时，将已知的信息与统计模型结合，如选择特定的光谱区和合理的波段或波段组合的辐射值作为相关变量。它是目前最常用的方法。常用的统计方法有：线形回归、多元线形回归、对数转换线性回归、聚类分析、多项式回归、主成分分析法等。

2）优化方法

优化方法，即先选定各水体成分的初始浓度值，通过对计算实测表观光学量与计算值之间差距的目标函数的寻优迭代，不断改变前向模型的输入变量（各组分浓度值），最大限度地减少计算与测量辐射量间的偏差，最终确定各参数的反演值。近年来也有科学家主要采用神经网络法和最优化方法等来解决水色反演问题，这些方法与常用的方法常常交叉使用。

非线性最优化方法是通过改变作为模型输入的各成分浓度（即叶绿素、总悬浮物、黄色物质等），在各变量合理的阈值范围内，最大限度地减少模拟辐射值与被测辐射值之差。

6.2.3 海岸带区域水质评价体系——以深圳为例

1. 研究区域及数据

深圳是中国南部海滨城市，位于北回归线之南，113°46′E～114°37′E，22°27′N～22°52′N。其地处广东省南部，与香港相连，北部与东莞、惠州两城市接壤，辽阔海域连接南海及太平洋，多处可建深水港，海岸线长达260.5km，海岸资源极为丰富。据考察，可建深水港的主要有盐田、妈湾、赤湾、大梅沙、土围、西涌、大鹏湾；可建中型港的有蛇口、塘仁涌等；可建小型港的有十多处。深圳的海域辽阔，水产资源极为丰富，有蛇遛、金色小沙丁、金钱鱼、大眼鲷、带鱼、二刺鲷、盲曹、鲈鱼等30～40种名贵鱼种，还有虾、蟹、贝类和藻类。深圳市西部海域包括珠江口和深圳湾，东部海域包括大鹏湾和大亚湾。其中，西部海域主要功能为港口码头和景观旅游；东部海域除盐田港和大亚湾核电站海域外，其余部分的主要功能为滨海浴场、水产养殖，开发强度相对较小。东部近岸海域共布设了 9 个监测点位，西部海域布设了 4 个，监测点位位置如图 6-7 所示。

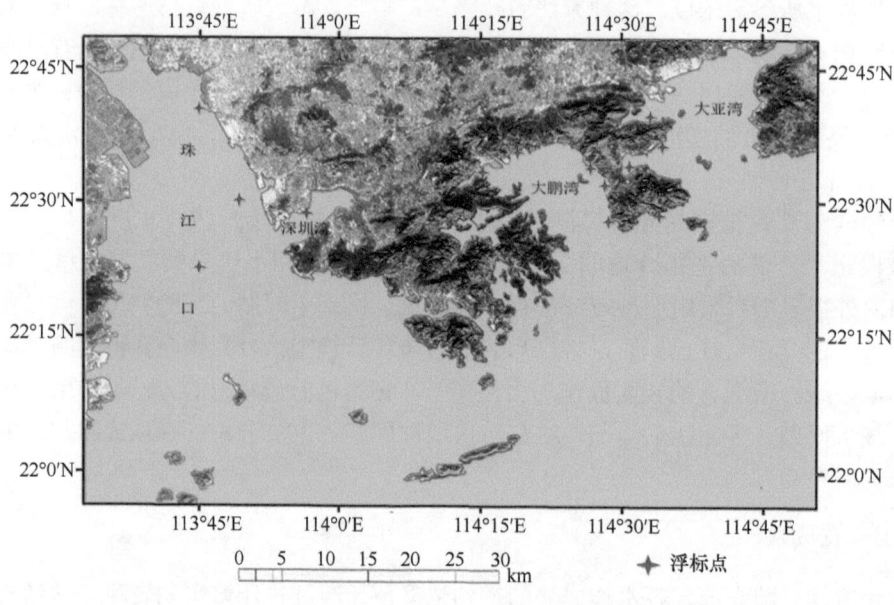

图 6-7　研究区域示意图

改革开放以来，深圳市发展速度举世瞩目，目前已成为中国经济最发达的城市之一。海洋在深圳市经济发展过程中起到了重要作用，港口运输、滨海旅游、水产养殖等海洋产业是深圳市经济的重要组成部分。然而，随着经济增长、人口增加以及对海域开发强度的加大，海洋环境污染也日趋严重，近岸海域生态环境遭到破坏、水质恶化。保护海洋环境和防治污染，对深圳市的社会经济持续发展具有重要意义。

本书使用深圳海域十三个浮标点所测量的实测数据进行验证，浮标点站位如图 6-7 所示，具体信息见表 6-1。浮标通过定点连续观测的方式获取数据，其测量内容包含温度、叶绿素 a、pH、浊度等。实测数据时间跨度为 2014 年 1 月～2016 年 10 月，时间分辨率为 30min。

表 6-1　监测站信息

浮标名称	浮标编号	浮标位置	纬度（°N）	经度（°E）
FBDP1	浮标 1#	大鹏湾沙头角	22.55383	114.2418
FBDP2	浮标 2#	大鹏湾大梅沙	22.59278	114.3133
FBDP3	浮标 3#	大鹏湾下沙	22.56667	114.4558
FBDP4	浮标 4#	大鹏湾南澳	22.52556	114.4777
FBDP5	浮标 5#	大鹏湾口门	22.46007	114.475
FBDY1	浮标 6#	大亚湾坝光	22.65917	114.555
FBDY2	浮标 7#	大亚湾长湾	22.60925	114.5801
FBDY3	浮标 8#	大亚湾东山	22.56944	114.5177

浮标名称	浮标编号	浮标位置	纬度（°N）	经度（°E）
FBDY5	浮标 9#	大亚湾东冲	22.47306	114.5714
FBSZ1	浮标 10#	深圳湾蛇口	22.4818	113.9481
FBZJ1	浮标 11#	珠江口沙井	22.68988	113.7344
FBZJ2	浮标 12#	珠江口矾石	22.49465	113.8064
FBZJ3	浮标 13#	珠江口内伶仃以南	22.38415	113.788

2. 基于浮标数据的海岸带区域水质评价体系

1）评价标准

为较全面反映近岸海水水质状况，评价因子选取了溶解氧、叶绿素 a、浊度、pH、海表温度（SST）等项目。根据 2016 年水质监测数据，深圳市近岸海域的主要污染物为氮、磷和有机物，重金属全部达标。因此，计算综合水质标识指数时不考虑重金属。其评价标准为《中华人民共和国海水水质标准》（GB3097—1997）。其中，第一类海水适用于海洋渔业水域、海上自然保护区和珍稀濒危海洋生物保护区；第二类海水适用于水产养殖区、海水浴场、人体直接接触海水的海上运动或娱乐区，以及与人类食用直接有关的工业用水区；第三类海水适用于一般工业用水区、滨海风景旅游区；第四类海水适用于海洋港口水域、海洋开发作业区。本书对深圳近岸表层海水的海水水质情况进行评价。

以 2016 年 11 月份为例，评价具体标准见表 6-2。

表 6-2 水质划分标准

编号	项目	第一类	第二类	第三类	第四类
1	溶解氧	6	5	4	3
2	叶绿素 a	3	5	12	30
3	浊度	7.0	38	77	115
4	pH	7.8～8.5 同时不超出该海域正常变动范围的 0.2pH 单位		6.8～8.8 同时不超出该海域正常变动范围的 0.5pH 单位	
5	海表温度（SST）	人为造成的海水温升不超过当时当地 1℃， 其他季节不超过 2℃		人为造成的海水温升不超过当时当地 4℃	

其中，溶解氧、pH 和海表温度（SST）的划分标准来源于《中华人民共和国海水水质标准》（GB3097—1997），叶绿素 a 和浊度指标依据深圳市多年观测数据与溶解氧指标对应获得。

2）基于模糊质量评价的浮标水质评价方法

a. 定义

设给定论域 U，U 上的一个模糊子集合 A，对于任意元素 $X \in U$，都能确定一个函数 $\mu A(x) = [0, 1]$，其用以表示 x 属于 A 的程度，$\mu A(x)$ 称为 x 对 A 的隶属度。

单项浮标观测指标分级标准划分上的相对性和类别分布的不同步性导致了浮标观测分级评价存在模糊性。用模糊数学的观点来看，对于一个浮标观测样本，它究竟应该被评价为哪一级水只存在程度的不同，而无绝对界限的区别。这种程度可以用模糊数学的隶属度来刻画。

以浮标观测样本对于"符合某级水标准"的程度作为评价依据，对隶属度做如下定义：如果浮标观测样本 c 对于"符合 k 级水标准"的程度这一模糊概念的符合程度为 μ (k)，则称 $\mu(k)$ 为浮标观测样本 c 对于 k 级水的隶属度。

b. 海水质量隶属度函数

海水质量评价相邻级别之间才存在判断上的模糊性，其隶属度函数的模糊区间为"质量一级"，在其他区间上，隶属度为常数 0 或 1。本书采用半梯形分布进行隶属度函数计算，对于数值越大海水质量越低的指标和其隶属度分别由式（6-18）给出：

$$\mu_i K = \begin{cases} 1 & C_i \geq b_{ik} \\ (C_i - b_{ik+1})/(b_{ik} - b_{ik+1}) & b_{ik} \leq C_i \leq b_{ik+1} \\ 0 & C_i \leq b_{ik+1} \end{cases} \tag{6-18}$$

对于多项指标，其综合隶属函数可通过线形加权方法得出：

$$\mu(k) = \sum a_i \times \mu_i K \tag{6-19}$$

式中，a_i 为第 i 项海水质量指标的权重。

根据上面式（6-18）和式（6-19）可得代表样本海水质量特征的特征向量 U。

$$U = \{\mu(1), \ \mu(2), \ \mu(3), \cdots, \ \mu(t)\} \tag{6-20}$$

由于用隶属度描述评价等级能够刻画出界线的模糊性，在实际应用中就更加显示出它的客观性和合理性。

c. 评判模型

由于 U 中各因素有不同的侧重，需要对每个因素赋予不同的权重，它可表示为 U 上的一个模糊子集：

$$U = \{a_1\mu(1), \ a_2\mu(2), \ a_3\mu(3), \cdots, \ a_n\mu(t)\} \tag{6-21}$$

并且规定 $\sum a_i = 1$，$a_i \geq 0$。

特征向量 U 反映了浮标样本对各级海水质量分级的隶属度，清晰地刻画了海水质量分级评价在判断上存在的模糊性。为了判断海水的质量级别，将特征向量 U 构成的模糊关系矩阵 R 与权重子集 A 进行模糊复合运算。

权重按照式（6-22）进行计算：

$$W_i = \frac{X_i/\overline{S_{ij}}}{\sum X_i/\overline{S_{ij}}} \tag{6-22}$$

式中，$\overline{S_{ij}}$ 为某个评价因子的均值；X_i 为浮标当前的观测值。

本书采用加权平均型模糊运算子，即 $M(\cdot, +)$。因此，最终的评价隶属度计算按照式（6-23）进行。

$$B_i = \sum a_i R_{ij} \tag{6-23}$$

B_i 隶属度最终获得的是该浮标站点对于第 i 类水体的隶属度。R_{ij} 为由隶属度函数算出的该浮标站点对于各级水体的模糊矩阵。从隶属度转换到 OHI，通过设定而 1~4 类水体,按照 1~4 分取值分配与该浮标站点的隶属度相乘得到,如式(6-24)所示。

$$OHI = B_i \cdot \begin{bmatrix} 4 \\ 3 \\ 2 \\ 1 \end{bmatrix} \tag{6-24}$$

3. 基于遥感数据的海岸带区域水质评价体系

用遥感技术监测水质可以反映水质在空间和时间上的分布情况和变化,并发现一些常规监测方法难以揭示的污染源和污染物迁移特征,其具有监测范围广、速度快、成本低和便于进行长期动态监测的优势。

我国的海水水质标准按海域不同的使用功能和保护目标,将海水水质分为四级,包括感官、物理、化学以及生物指标,共 35 种。我们在进行区域性水质遥感评价时,将所有的指标纳入评价体系不现实,也没必要,用影响该区域水质的主要因子,即特征因子,就可以快速而且相对准确地评价海水水质。表层水体的光学及热特性与水体中的悬浮物、叶绿素、黄色物质、石油及水温等水质指标密切相关,是运用遥感手段进行监测的主要因子。结合深圳海域的污染特点,我们选择人为造成的海表水温变化(ΔT)、悬浮物浓度(SS)及叶绿素含量(Chla)等在深圳水域具有较强指示意义的参数作为水质监测、评价、分类的指标和依据。

1)目标参数反演方法

A. 叶绿素 a

使用前文所述的 13 个实测点的叶绿素 a 浓度的实测数据与同步的 Landsat8 卫星影像数据,分别分析了 Landsat8 不同的波段及其组合对叶绿素 a 浓度的敏感性,通过相关分析选择合适的波段组合,再利用回归分析的方法构建起叶绿素 a 浓度的反演模型,从而得到深圳近海海域叶绿素 a 浓度的时空分布模型。结果表明,TM5 与 TM4 波段组合与叶绿素 a 浓度相关性最好,以 TM5/TM4 或(TM5–TM4)/(TM5+TM4)为自变量,以叶绿素 a 浓度的对数为因变量的回归模型效果最好。该研究将实测数据分为两部分,其中 2/3 用于建模,1/3 用于验证反演精度(表 6-3)。

表 6-3 叶绿素浓度相关性分析

波段组合	Pearson 相关性	显著性
TM5/TM4	0.72	<0.001
TM4/TM3	0.382	0.01
TM5/TM6	0.237	0.126
(TM5–TM4)/TM1	0.323	0.031
(TM5–TM4)/TM6	−0.038	0.809
(TM5+TM4)/TM3	0.58	<0.001
(TM4+TM3)/TM2	0.257	0.088
(TM5–TM4)/(TM5+TM4)	0.706	<0.001

水质参数的遥感反演已经形成了多种半经验模型，其中主要有：多元回归函数、幂函数、对数函数、指数函数及各类特殊曲线函数。选取相关性最好的波段，利用线性回归建立模型并计算精度。

从全部的实测数据中随机选取 2/3 作为训练数据训练模型，剩余作为精度验证数据。从相关性的分析中，我们发现第四和第五波段的组合与叶绿素 a 浓度相关性最好，所以我们分别取 TM5/TM4 及（TM5–TM4）/（TM5+TM4）作为自变量，Y 取 Chla 浓度的对数作为因变量，建立不同类型函数的回归模型，并进行对比研究。当 X=TM5/TM4 时，反演模型见表 6-4。

表 6-4 叶绿素 a 浓度反演模型 I

序号	模型	R^2	P	估算标准误差
1	$Y = 1.653X - 0.506X^2 + 0.342$	0.721	<0.001	0.374
2	$Y = 1.269X + 0.359$	0.704	<0.001	0.379
3	$Y = 1.315X - 1.542X^2 + 1.299X^3 + 0.569$	0.741	<0.001	0.366
4	$Y = 1.162 - 0.051/X$	0.153	<0.001	0.527

当 X=（TM5–TM4）/（TM5+TM4）时，反演模型如表 6-5 所示：

表 6-5 叶绿素 a 浓度反演模型 II

序号	模型	R^2	P	估算标准误差
5	$Y = 1.297X + 0.177X^2 + 1.464$	0.74	<0.001	0.368
6	$Y = 0.679X + 1.302$	0.706	<0.001	0.382
7	$Y = 1.557X + 0.569X^2 + 0.087X^3 + 1.495$	0.741	<0.001	0.372
8	$Y = 0.954 - 0.013/X$	0.28	<0.001	0.519

通过比较，选定多项式 1、3、5 和 7 进行叶绿素 a 浓度反演，并利用浮标实测水体叶绿素 a 浓度进行精度评价。结果显示，多项式 7 具有更高精度，因此选择多项式 7 作为深圳海域叶绿素 a 浓度反演模型。

B. 悬浮物浓度

在分析水体光谱规律的基础上，可以建立水体悬浮泥沙浓度与遥感反射率的统计模式。在这些数学统计模式中，大多是依据地面实测光谱分析或卫星遥感反射率与地面同步测量的泥沙浓度之间的关系，以经验统计模式为主。根据特定的遥感数据，分析悬浮泥沙浓度和光谱反射率值最早是利用含沙水体光谱峰值所在的遥感影像波段上的像元灰度值替代的关系，建立适合特定研究区域的数学模型。目前，半经验半分析算法主要有代数算法、非线性优化方法、主成分分析法和神经网络方法等。

本书采取经验公式的方法，经过光谱分析，建立适合深圳海域的悬浮物浓度反演模型。

实验数据：Lansat8 影像：2013 年 2 月 11 号发射的 Landsat 8 卫星上携带有两个主要载荷：OLI（operational land imager，陆地成像仪）和 TIRS（thermal infrared sensor，热红外传感器）。OLI 陆地成像仪包括 9 个波段，空间分辨率为 30m，其中包括一个 15m

的全色波段，成像宽幅为 185km×185km。

实测数据：本书使用深圳海域十三个浮标点所测量的浊度实测数据进行验证，具体信息见 2.1 节。浮标通过定点连续观测的方式获取数据，其测量内容包含温度、叶绿素 a、pH、浊度等。实测数据时间跨度为 2014 年 1 月～2016 年 10 月，时间分辨率为 30min（图 6-8）。

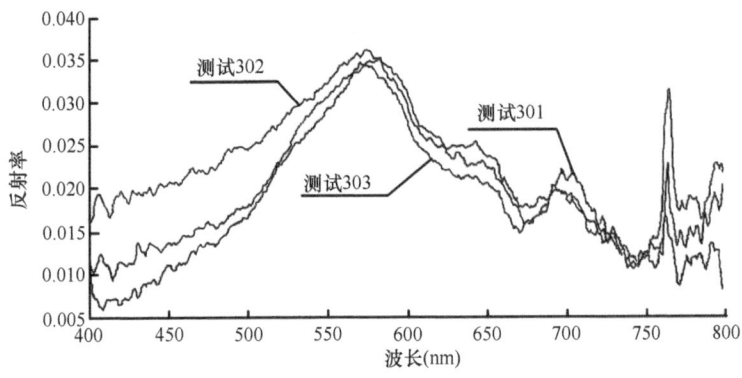

图 6-8　悬浮物光谱曲线

根据现有研究经验与上文实验分析可知，相比于原始光谱，归一化后的光谱与水质组分浓度相关关系较好，并且特征突出。因此，采用归一化后的水体出水反射光谱各波段进行组合，并对其与悬浮物浓度进行相关性分析。其中，波段组合采用了比值、差值以及和差组合算法。通过对比可知，波长为 488nm、551nm、667nm 的三个波段对悬浮物浓度较为敏感，适合构建反演模型，因此用这三个波段结合 NSOAS 算法建立深圳海域的悬浮物反演模型：

$$LGS = 0.36 + 29.67 \times (RRS551 + RRS667 + 0.05) \\ - 0.37 \times (RRS488 + 0.06) / (RRS551 + 0.06) \tag{6-25}$$

C. 海表温度

近年来，热红外通道应用广泛，在全球气候、海水温度等研究领域发挥了巨大的作用。海表温度（sea surface temperature，SST），即海洋水体表层一定深度内的温度。随着我国沿海城市的快速发展，近海海域的水体质量情况愈发受到人们的重视，海表温度的监测也日益重要。遥感通过远程非接触的方式获取信息，其技术具有实时性强，成本低，连续性好，尺度大等特点，因此非常适用于海洋的研究，越来越受到广大学者的青睐。

目前已有众多种类的遥感数据应用于全球海表温度遥感反演当中并产出了一系列高质量的海表温度产品，如 MODIS 的全球 SST 产品、AVHRR 的 SST 产品等。但这些卫星的分辨率为公里级，这就大大限制了它们在近海海域研究中的应用。NASA 发射的 Landsat 8 卫星携带的热红外传感器（thermal infrared sensor，TIRS）具有两个热红外通道（波段 10 和波段 11），波长范围分别为 10.60～11.20μm 和 11.50～12.50μm，空间分辨率为 100m，与之前的 Landsat 系列卫星 TM 或 ETM+传感器相比，热红外波段由单通道变为双通道；与 NOAA 系列卫星的 AVHRR 数据和 MODIS 数据相比，其空间分辨率显著提高；与国内卫星 HJ-1B 相比较，其具有更多的波段数和更好的空间分辨率。因此，

Landsat 8 卫星影像质量优秀，数据源稳定，适宜作为近海海域海表温度研究的影像数据来源，有必要对其进行进一步应用研究。

根据各类热红外遥感影像的波段特征，国内外学者已研究出不同种类的温度反演方法，它们大多建立在热辐射传输方程理论的基础上，常用的算法可以被归纳为单通道法（或单窗算法）、劈窗算法（分裂窗法）和温度发射率分离法（TES 模型）等几大类。单通道法反演的精准性依赖于大气辐射传输模型、大气轮廓线数据的质量等。温度发射率分离法的结果依赖于良好的大气校正与高精度的各类传感器间相适应的比辐射率经验关系，因而这两类算法均需要较高的数据条件。与之相对比，劈窗算法具有普适性和稳定的优点，利用波长为 11～13μm 的大气窗口处的两个红外通道来计算地球表面温度，计算中通过这两个热红外通道对大气水汽吸收作用的不同来进行大气和比辐射率的纠正。本实验使用劈窗算法，根据 Jiménez-Muñoz 和 Sobrino's 的研究，优化了部分参数，通过对普朗克函数在某个温度值附近作一阶泰勒展开，并以高斯三角滤波函数作为热红外波段通道响应函数对大气效应进行模拟，得到海表温度的反演结果。为了确定可行性，本实验将与 Landsat 影像同一日期的 MODIS 海表温度产品 MOD28 作为实验的对照组，利用实测数据对比验证两组数据的质量。类似的研究有张永红等（2015）利用 Landsat 8 卫星影像通过劈窗算法反演红沿河核电基地海表温度。于杰等（2009）利用 Landsat 5 卫星影像结合劈窗算法反演大亚湾海域 SST。但使用单窗算法反演 SST 时，需要获取目标区域的大气柱状水汽含量数据，张永红和于杰的研究均是使用 NCEP 探空数据来获取大气柱状水汽含量，然而由于 NCEP 数据集分辨率为全球 1°×1°经纬网格点，无法达到近海海域研究的要求，对实验结果精度影响很大。该实验则优化为使用 MODIS 的近红外水汽二级产品，产品使用近红外波段算法获取水汽估计，数据质量良好且空间分辨率为 1km，相比于 NCEP 数据，其更适宜于近海海域的研究应用，实验方法如下。

a. 数据选择

Landsat 数据：Landsat 数据是质量非常优秀的光学影像，非常适合本书的研究，以使用的 Landsat8 为例进行说明。其上携带有现今最为先进的两个主要载荷：OLI（operational land imager，陆地成像仪）和 TIRS（thermal infrared sensor，热红外传感器），可见光和近红外光谱范围覆盖 430～890nm，热红外光谱覆盖范围 10.60～12.51μm。Landsat 8 数据的热红外波段为第 10 和第 11 波段。根据徐涵秋（2016）的研究，Landsat 8 数据第 11 热红外波段的定标参数仍不理想，相较 10 波段误差较大，因此实验使用第 10 热红外波段进行反演。第 10 波段的中心波长为 10.9μm，最小波段边界为 10.6μm，最大波段边界为 11.2μm，空间分辨率为 100m，但经过 USGS 的处理，可下载的产品影像第 10 波段空间分辨率为 30m。深圳海域影像的行列号为 122-44、121-44，卫星过境时间为格林尼治时间 02：50 左右。

大气柱状水汽含量数据：MODIS 是美国对地观测系统（EOS）的主要传感器，搭载在 Terra 和 Aqua 在轨业务卫星上。MODIS 时间分辨率优秀，空间分辨率良好，同时具有较多的探测通道数目，其光谱分辨率良好，在海洋领域具有良好的应用。实验使用 MODIS 的近红外水汽二级产品 MOD05 作为大气柱状水汽含量参数，它使用近红外波段获取水汽估计，反演算法依赖于地表和云层反射的近红外太阳辐射水汽衰减观测，空间分辨率为 1km。数据验证是通过 NOAA、美国国家气象局（NWS）无线电探空仪网络，地面上视微波辐射计，地面 GPS 网络以及 Aerosol、ROOTO 网络（AERONET）等进行。

MODIS：SST 产品为确定实验结果，选择 MODIS SST 产品作为对比组，其使用的MODIS SST 产品 MOD28 为 2 级海洋数据，空间分辨率为 1km，由 NASA 下属的海洋水色工作组下发，经过长期的大洋浮标数据以及船舶报数据的验证表明，其精度为0.053～0.66℃，是海洋研究里公认的可靠数据。产品算法为劈窗算法，通过 11μm 和 12μm长波红外波段进行计算，其中亮度温度通过辐射与黑体温度关系的反演方法从观察到的校准辐射得到，最终以℃为单位返回海水表面温度。选取与实验所使用的 Landsat 影像同一天的 SST 产品，其影像时间为格林尼治时间 05：00 左右，与 Landsat 影像成像时间差约 2h，可近似看为一致。

b. 研究方法

数据预处理：表观辐射亮度，利用近红外波段反演海表温度时，要获取表观辐射亮度，通常叫辐射亮度值（radiance pixel values），是某一个面积辐射能量的总和。可以通过辐射定标将不同波段的像元灰度值转化成各波段的辐射亮度值，TM 的表观辐亮度计算如下：

$$L_\lambda^S = g \cdot DN + b \tag{6-26}$$

式中，L 为辐射亮度；DN 为像元灰度值；g 和 b 分别为影像头文件的增益值和偏移量；两个参数：0.0003342 和 0.1。

亮度温度：当一个物体的辐射亮度与某一黑体的辐射亮度相等时，该黑体的物理温度就被称为该物体的"亮度温度"，所以亮度温度具有温度的量纲，但是不具有温度的物理含义，它是一个物体辐射亮度的代表名词。利用 Landsat 8 影像反演海表温度的基础数据是亮温，最常用到的是大气顶层的亮温，就是将卫星处的辐射亮度转换成亮度温度。根据普朗克函数将辐射亮度值转化为亮度温度。

$$T_0 = \frac{k_2}{\ln\left(\dfrac{k_1}{L_\lambda^{\text{at-sensor}}} + 1\right)} \tag{6-27}$$

式中，T_0 为星上亮度温度，单位为 K；k_1、k_2 为 Landsat8 TIRS 第 10 波段的预设常量，k_1=774.89，k_2=1321.08。

大气水分含量：如前所述，使用单通道算法反演海表温度时需要目标区域的大气水分含量数据。对于近海区域，由于探空数据的缺乏，无法满足反演的需求，NCEP 再分析数据空间分辨率太低，也不适用于近海海域的研究。本书通过 MOD05 产品获取大气水分含量，该产品使用 MODIS 水汽吸收通道（0.905μm、0.936μm、0.940μm）与大气窗区通道（0.865μm 和 1.241μm）的比值法反演得到，空间分辨率为 1km，对其做几何校正，并使用克里金插值方式将其空间分辨率插值为 30m 后再参与反演计算。

海表温度反演：采用 Jiménez-Muñoz 和 Sobrino's 提出的单通道法进行海表温度反演，该算法是对普朗克函数在某个温度值附近作一阶泰勒展开，并以高斯三角滤波函数作为热红外波段通道响应函数对大气效应进行模拟，其公式为

$$T_s \approx \gamma(\lambda, T_0)\varepsilon^{-1}[\varphi_1^{sst}(\lambda, \overline{\omega})L_\lambda^{\text{at-sensor}} + \varphi_2^{sst}(\lambda, \varpi)] + \delta(\lambda, T_0) \tag{6-28}$$

其中，

$$\gamma(\lambda, T_0) = \left[\frac{(c_2 L_\lambda^{\text{at-sensor}})}{T_0^2}\left(\frac{\lambda^4 L_\lambda^{\text{at-sensor}}}{c_1} + \frac{1}{\lambda}\right)\right]^{-1} \tag{6-29}$$

$$\delta(\lambda, T_0) = -\gamma(\lambda, T_0)L_\lambda^{\text{at-sensor}} + T_0 \tag{6-30}$$

式中，以 Landsat 8 第 10 波段的中心波长 10.9μm 作为等效波长 λ；c_1 为 1.19104×10⁸W/（μm·m²·sr）；c_2 为 1.43877×10⁴μm·K。T_0 为星上亮度温度，由亮温计算获得；$L_\lambda^{\text{at-sensor}}$ 为表观辐射亮度，由辐射定标获得；参数 γ 与 δ 的表达式来源于普朗克法则的线性近似；参数 ε 为地物比辐射率，根据已有研究，这里将其值设为 0.98；参数 φ_1^{sst} 和 φ_2^{sst} 为大气影响因子，它们与大气水分含量 ω 的函数关系利用 MODTRAN 模拟得到，大气水分含量 ω 由使用 MODIS 近红外水汽二级产品 MOD05 得到。

$$\varphi_1 = 0.01098\varpi^3 + 0.00776\varpi^2 + 0.09935\varpi + 1.00859 \tag{6-31}$$

$$\varphi_2 = -0.12252\varpi^3 - 0.4543\varpi^2 - 0.6807\varpi + 0.08094 \tag{6-32}$$

c. 精度验证

SST 空间分布呈现季节性变化，尤其是冬夏对比最为明显，夏季分布呈西高东低的特点，冬季与夏季相反，表现为西低东高。选取实验的冬夏结果与同天的 MOD28 产品进行对比分析，图 6-9（a）和图 6-9（b）对应日期为 2016-02-07，图 6-9（c）和图 6-9（d）对应日期为 2016-08-09。

实验反演结果和 MODIS 数据 SST 产品具有相同的 SST 空间分布，也与田向平等（1994）的研究相符，这证明了反演结果的可信度。从反演结果可以看出，冬季珠江口东部和深圳湾湾口处温度较高，等温线多呈南北走向，海表温度分级明显。珠江口东侧整体温度较为稳定。形成冬季 SST 东高西低格局的主要影响因素是河流径流，冬季河流径流的水表温度要低于海水的海表温度，所以温度较低的冷水从珠江口西岸的各口门汇入，导致了珠江口SST 西低东高分布的形成。田向平教授也得出相同结论：枯水期河流径流较海水冷，因此具有径流盐度低温度低，海水盐度高温度高的特点，温度与盐度呈现一致的变化趋势，西低东高，沿海岸线呈带状分布。这也与马华荣的研究相佐证，他研究得出枯水期珠江口冲淡水呈由西向东的三级分布，对应盐度分布亦呈东高西低分布，其盐度锋线与本实验温度锋线较为吻合。夏季情况正好相反，河流径流的温度要高于海水温度，所以温度较高的水沿西岸各口门注入珠江口。珠江口 8 月又正值洪期，径流流量大，河流径流对 SST 分布影响显著，所以珠江口夏季 SST 整体呈西高东低，北部和西部几大口门处温度最高。

Landsat 8 影像 SST 反演结果的分辨率为 30m，具有清晰的纹理细节，可以看见 SST 有明显水团不同温度的分级。观察实验结果可以发现，冬季在虎门至珠海、澳门近海沿线有较为明显的锋线出现，可以看出在西部各口关径流水汇入海水的纹理现象。上述现象在 MODIS SST 产品上无法观测到。MODIS SST 产品的分辨率为 1km，可以观察到与反演结果相同的 SST 分布规律，但像素颗粒现象明显，缺少细节。显然反演结果更适合研究近海海域的现象。

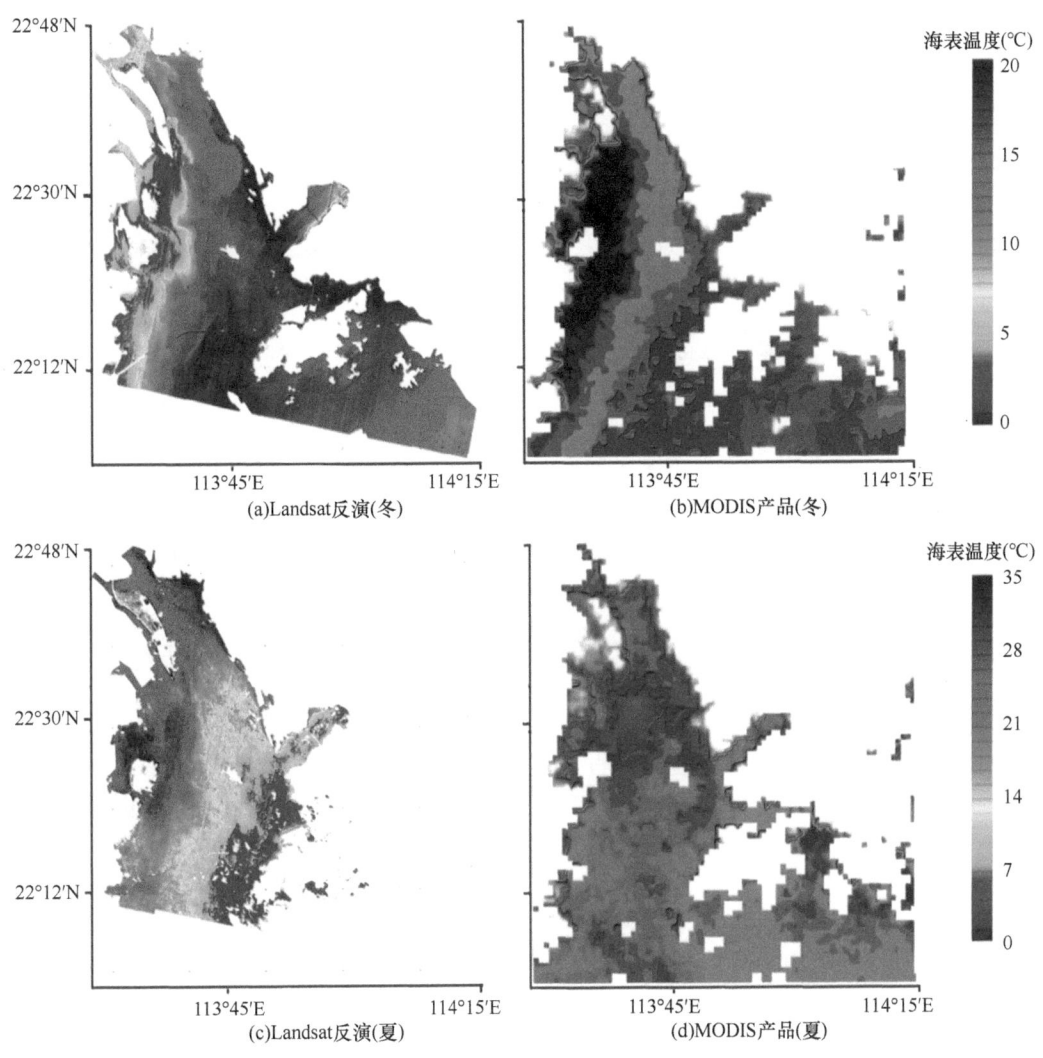

图 6-9　SST 结果对比

　　虎门、蕉门是珠江口西北重要的口门且具有较大的径流量，深圳湾是伶仃洋东侧中部的一个重要浅水海湾，珠海海域位于珠江口的西南方位，香港海域位于珠江口的东南方位，这 5 个区域具有典型性和代表性，选它们作为兴趣区有利于研究珠江口海域 SST 的时空分布。

　　逐月计算虎门、蕉门、深圳湾、珠海海域、香港海域这 5 个兴趣区内海水表面温度的平均值，统计全年分布情况，得到的结果如图 6-10 所示。

　　统计结果表明，实验反演结果和 MODIS SST 产品具有相同的周年变化规律，它们全年温度变化曲线均为近正弦曲线，受太阳辐射和冲淡水的影响，珠江口海域海水表面温度的峰值出现在 8 月，谷值出现在 2 月，2～8 月温度逐步上升，8 月至次年 2 月温度逐步下降，其中 10～11 月下降最快，珠江口各月的 SST 存在着 1～3℃的区域差异。汤超莲（2006）等通过多年月平均 SST 资料研究也得到了相同的结论，珠江口 SST 的年变化呈准正弦曲线，峰值多出现于 7～9 月，谷值多出现于 2 月，春季是升温最快的季

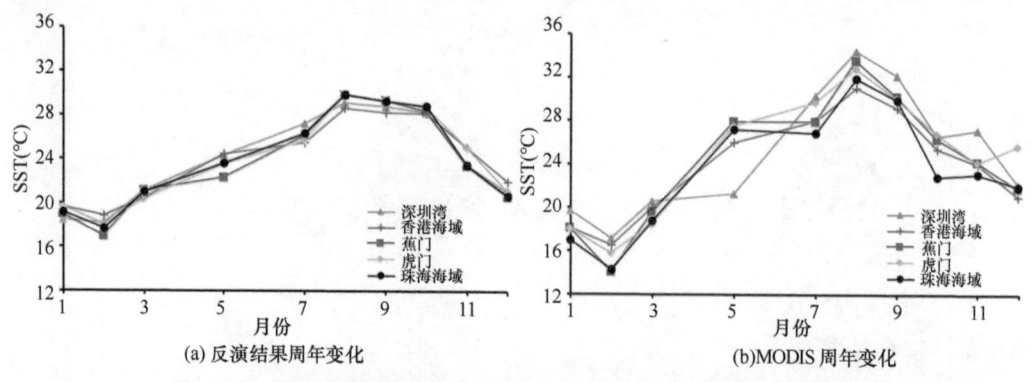

图 6-10　珠江口海表温度研究区 SST 周年变化

节。影响 SST 季节变化的主要因素是到达海洋表面的太阳总辐射（GSR）、海洋环流、季节环流等。夏季太阳辐射强，海水整体 SST 较高，冬季太阳辐射弱，海水整体 SST 较低。

　　为了进一步验证反演结果的可靠性，利用实测数据对反演结果和 MODIS SST 产品 MOD28 进行交叉验证。在总计 12 景 Landsat 8 影像中共有 6 景影像在对应的卫星过境时间里浮标点有实测数据，MODIS SST 产品情况相同，在 6 景影像对应的 24 个实测数据中有 8 个数据对应点位受到云覆盖的影像，为保证验证结果的精确性，将其剔除，因而共使用 16 个实测数据进行精度验证，考虑到邻近效应和质控因素，在进行时空匹配对比时，选取实测点所落像元为中心的 3×3 网格并剔除异常后的均值作为影像获取值与实测值进行对比验证。分别统计反演结果，MODIS SST 产品和实测数据之间的线性相关情况，并计算误差的绝对值，结果如图 6-11 所示：

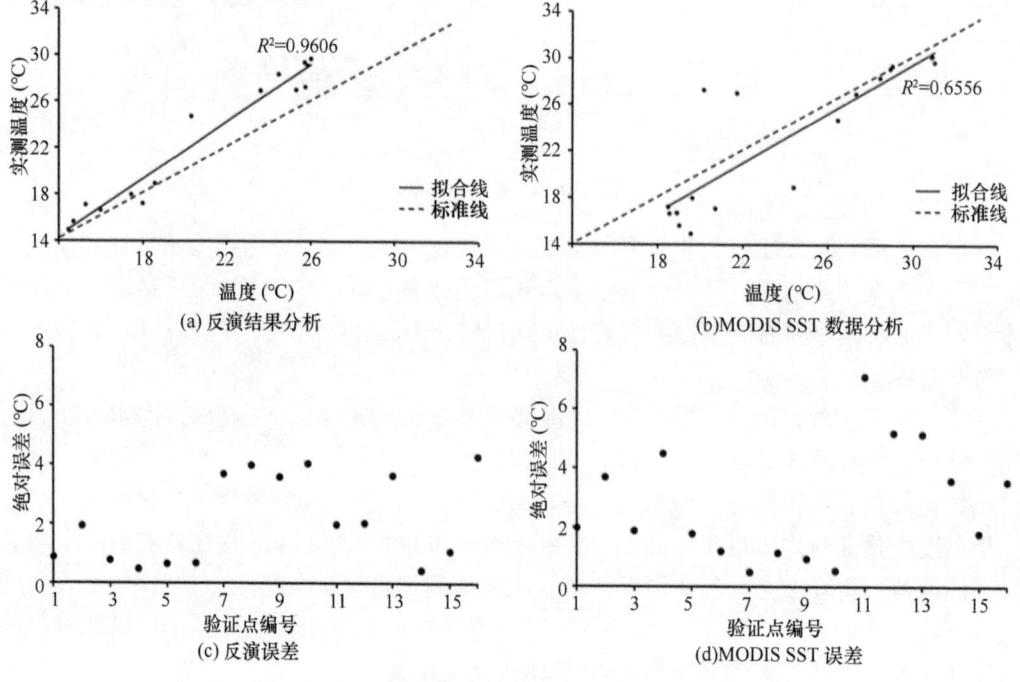

图 6-11　精度验证结果

精度验证结果显示，相较于 MODIS SST 产品，实验算法反演的稳定性和精度均更优。从图 6-11 可以看出，实验算法的样本点分布较为集中，拟合的相关系数为 0.9606，相关性好，算法反演结果稳定性良好。而 MODIS SST 产品样本点分布较为分散，拟合的相关系数为 0.6556，相关性弱于反演结果，稳定性较差。从绝对误差而言，反演结果的误差小于 SST 产品的误差。反演结果的样本点误差绝对值的平均值为 2.0806℃，标准差为 1.4605℃，最大误差为 4.4836℃，最小误差为 0.3495℃，绝对误差在 1℃以内的样本占 37.5%，绝对误差在 2℃以内的样本占 62.5%。MODIS SST 产品样本点误差绝对值的平均值为 2.6795℃，标准差为 1.9745℃，最大误差为 7.105℃，最小误差为 0.3535℃，绝对误差在 1℃以内的样本占 25%，绝对误差在 2℃以内的样本占 50%。另外，验证结果表明，Landsat 8 影像的反演结果在 1 月、2 月的误差较小，平均误差为 0.816℃，具有良好的可信度。

d. 方法分析

利用单通道方法反演海表温度，反演精度受到大气透射率、环境温度和大气廓线等多因素的制约。可以看出，实验反演值和实测值之间存在低估的现象，造成误差的原因主要可能有以下几点：①本书的研究中默认海表比辐射率 ε 为 0.98，但实际上由于入射角和海面风场的变化，实际比辐射率应该略小于 0.98，因此可以看出反演结果相较于实测数据会产生一定的低估现象。②"皮肤效应"是造成反演水温和实测水温间低估现象的主要因素之一，我们利用卫星影像反演得到的海表温度实际上是海水表面几微米深度的平均温度，而浮标点得到的实测数据是海表约 1m 深度的平均温度，两组数据探测范围的差异会造成部分误差。③另外，实验使用 MODIS 大气水分含量产品 MOD05，但因其分辨率不足，为了使其能与 Landsat 8 热红外波段匹配，对其进行了克里金插值操作，此过程会引进部分误差。④卫星数据有云的干扰时水温反演精度会大幅降低，所以云检测与云去除是非常关键的步骤。珠江口地区全年多云雨，实验进行了去云操作，但部分影像部分区域的薄云污染很难去除，这样就降低了大气透射率的精度，引进了误差。

MODIS SST 产品与实测数据之间存在高估现象，其原因与其业务算法过程、"皮肤效应"、MODIS SST 产品空间分辨率及实测数据自身误差有关，详细原理仍需要进一步研究。

总而言之，通过与 MODIS 对比，结果表明，反演结果时空分布规律与 MOD28 趋近一致，均呈现为夏季西高东低而冬季西低东高的趋势，全年温度变化接近准正弦曲线，并且反演结果精度更优，具有良好的应用前景。

2）基于遥感数据的水质评价模型

本书评价方法采用综合指数法，它是建立在单因子污染指数法基础上的方法。单因子或单要素评价虽可以得出某一因子或某一要素的环境特性，但由于生态环境是由生物和非生物因子组成的多层次的复杂体系和开放系统，其内部各因子和系统外部环境之间有着密不可分的相互联系和相互作用。因此，使用综合评价指数可以根据研究目的和研究区域的特点选择不同的指标和因子权重，进而做出更科学的评价。

根据时间尺度距平指数的设计思想，本书选择造成的海表水温变化（ΔT）、悬浮物浓度（SS）及叶绿素含量（Chla）作为评价因子，因此，公式改写为

$$\text{WQI}(x,y) = l_1 \cdot \frac{\Delta T_{(x,y,t)}}{T^*_{(x,y,t)}} + l_2 \cdot \text{SS}_{(x,y,t)}/S^*_t + l_3 \cdot \text{Chla}_{(x,y,t)}/C^*_t \qquad (6\text{-}33)$$

$$\Delta T_{(x,y,t)} = \left| T_{(x,y,t)} - T_{\min(x,y,t_0)} \right| \qquad (6\text{-}34)$$

$$T^*_{(x,y,t)} = \left| T_{\max(x,y,t_0)} - T_{\min(x,y,t_0)} \right| \qquad (6\text{-}35)$$

式中，$\Delta T_{(x,y,t)}$ 为在 t 时刻海表温度 $T_{(x,y,t)}$ 和历史同期海表温度的最低值 $T_{\min(x,y,t_0)}$ 之间的差异；$T^*_{(x,y,t)}$ 为历史同期海水温度最高值和最低值之间的差异，因此 OHI 公式中的第一项是当前海水温度与历史同期海表温度的距平值；$\text{SS}_{(x,y,t)}$ 为当前 t 时刻海水的悬浮颗粒物浓度；S^*_t 为深圳海域历史同期悬浮颗粒物的平均值，如果此项大于 1 则表明当前颗粒物浓度已经大于历史同期，说明颗粒物浓度偏高，反之亦然；$\text{Chla}_{(x,y,t)}$ 为当前 t 时刻海水的叶绿素浓度；C^*_t 为深圳海域历史同期叶绿素浓度平均值，如果此项大于 1 则表明当前叶绿素浓度已经大于历史同期，说明叶绿素浓度偏高，反之亦然；l_1，l_2，l_3 为三种因子的权重，通过深圳海域实测浮标站点观测和国家评分标准，认为近岸海域叶绿素和悬浮物浓度对海洋健康的影响较重，因此三种环境因子的权重分配如下：l_1=0.2，l_2=0.5，l_3=0.3。

3）深圳海岸带海域水质评价结果分析

a. 深圳湾近年水质变化

深圳湾区域 2000～2010 年具有大规模填海造地现象，填海造地过程中大量泥沙排入海中，对深圳市沿海的地理环境造成了显著的变化，十年间，海岸线变化如图 6-12～图 6-15 所示。

选取 2003-01-18、2005-01-23、2007-01-29 和 2009-02-23 深圳湾 TM 影像，提取出水域，按照本书方法反演区域的叶绿素 a、悬浮物和海表温度等参数，结合海洋水质评价模型进行水质分析，结果如图 6-16 所示。

图 6-16 选取深圳湾海域多年冬季的观测数据，可以看出随着填海的过程深圳湾的水质明显变差。深圳湾内及位于伶仃洋东北填海处的海域水质变化最为剧烈。

b. 基于遥感监测的滨海浴场水质评价

随着人民生活水平的不断提高，游泳、水上运动、旅游、度假等休闲娱乐活动日益增多，环境优美、水质优良的海滨浴场对游客具有相当高的吸引力，能促进旅游业的迅猛发展，由此可以带动其他第三产业的快速发展。在向世界出售阳光、大海和沙滩的西班牙，每年国际旅游收入多达 250 亿美元；在美国，海滨浴场在经济发展中取得了关键作用；有些地区，人们不惜重金购买人工沙滩建造海滨浴场。可见，海滨浴场在旅游业中占有极其重要的地位，深圳海岸线漫长，沙滩旅游资源优良，沙滩旅游业方兴未艾。因此，保护海滨浴场、提高其环境质量和合理规划、开发利用海滨浴场的重要性不言而喻。

图 6-12　深圳湾（2003 年）

图 6-13　深圳湾（2005 年）

图 6-14 深圳湾（2007 年）

图 6-15 深圳湾（2009 年）

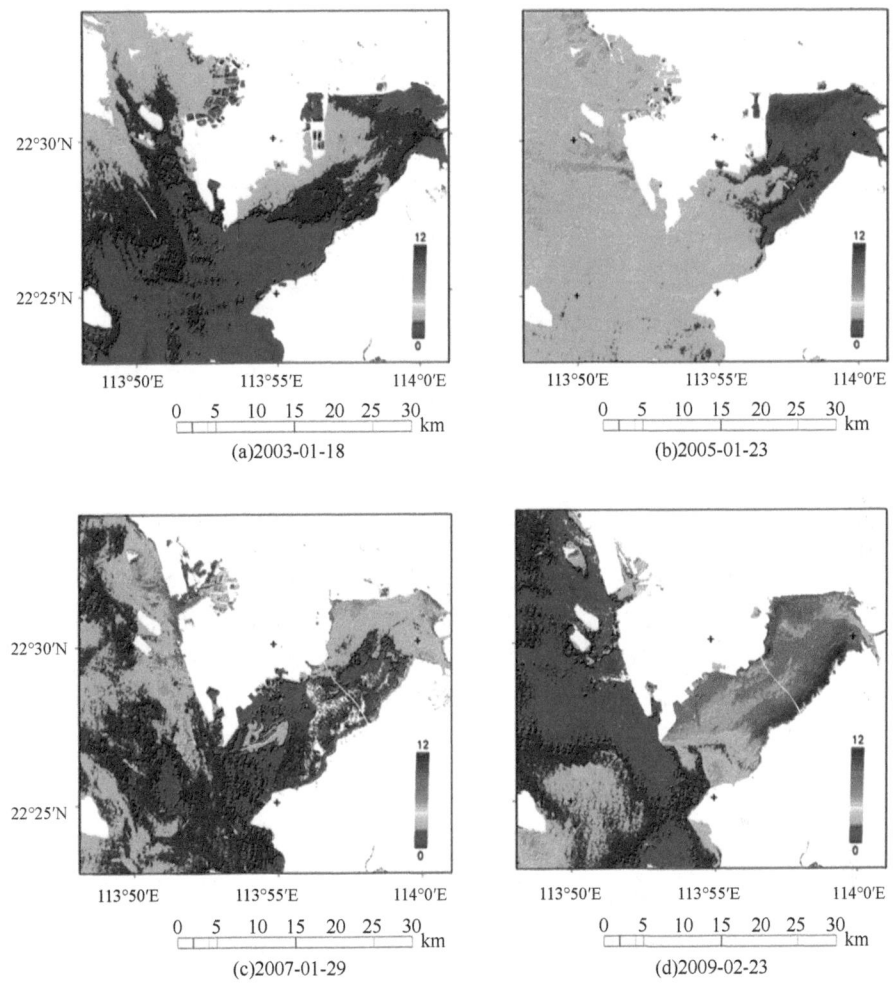

图 6-16　深圳湾水质变化

作为一种旅游资源，海滨浴场由海滩地貌、水体、生物、气候气象、人文等多种资源要素组成，是现代人梦寐以求的宝贵"3S"资源的集合体。由于海水浴疗具有使毛细血管畸形减少、缓解小动脉的痉挛、改善微循环、在短时间内消除疲劳、增强体质、防治疾病的功能，因此乐于享受海水浴的游客急剧增加，这也就不可避免地暴露和引发了众多的浴场问题。

浴场水质不达标：海滨浴场暴露在自然界，易受环境中有毒有害物质、尘埃、生活污水、各类船只泄漏的机油等污染，这些污染只能通过海水自然稀释净化。在影响海滨浴场的水质因子中，总大肠菌群、大肠杆群、类大肠杆群和肠球菌是当前国内外环境监测部门评价水体受生活污水污染程度以及在卫生学、流行病学上安全度的公认标准和主要监测项目，国外一般都仅选择总大肠菌群或粪大肠菌群等作为评价因子。曾有人对部分浴场距岸边 10m、50m 处的水质进行调查，大肠杆群合格率仅为 20% 和 75%。当游泳者嬉戏、海浪冲击等因素导致游泳者喝入受污染的海水时，他们有可能受病原微生物的感染。另外，国家卫生标准中没有禁止重症沙眼、极性结膜炎等患者在天然游泳场游泳的规定，因此这些疾病也有可能介水传播。

浴场沙滩污染问题严重：目前大多数海滨浴场属于开放式管理，客流量很大，有部分游客和入浴者在沙滩上吃零食、吸烟、吐痰、乱扔垃圾等杂物，甚至还有小孩大小便，如不及时清理，既污染了沙滩环境，又滋生苍蝇和细菌，在海浪和雨水冲刷条件下极大地降低浴场水质，给游客健康带来严重危害。

浴场承载量过大：近年来，许多海滨浴场的境外及国内游客人次急剧上升，一方面是海滨浴场的娱乐休闲功能确实很吸引人，另一方面是人民消费观念的转变，旅游热进一步升温，加上越来越多的商务往来和"五一""十一"长假及双休日制度的实施，为人们外出旅游提供了好时机，促进了旅游业的发展，同时也带来了环境容量问题。海滨浴场一方面构成了海岸带旅游观光度假的功能，另一方面为游客提供沙滩浴、阳光浴和海水浴功能。这两方面都存在容量问题，当游客容量超过海滨浴场所能承受的最大容量时，必将带来诸多不便，影响舒适感，还可能产生安全隐患。

深圳作为海滨城市，东临大亚湾和大鹏湾，西濒珠江口和伶仃洋，南边深圳河。其辽阔的海域连接南海及太平洋，多处可建深水港，海岸线长达 260.5km，海岸资源极为丰富，拥有大小无数个海滩。据考察，深圳市的主要海滨资源可分为 11 处：①大小梅沙沙滩岸线；②东涌沙滩岸线；③鹅公湾与柚柑湾沙滩岸线；④官湖海滩沙滩岸线；⑤金沙湾沙滩岸线；⑥玫瑰海岸沙滩岸线；⑦南澳沙滩岸线；⑧拾贝滩沙滩岸线；⑨西涌沙滩岸线；⑩杨梅坑沙滩岸线；⑪长湾沙滩岸线（图 6-17）。

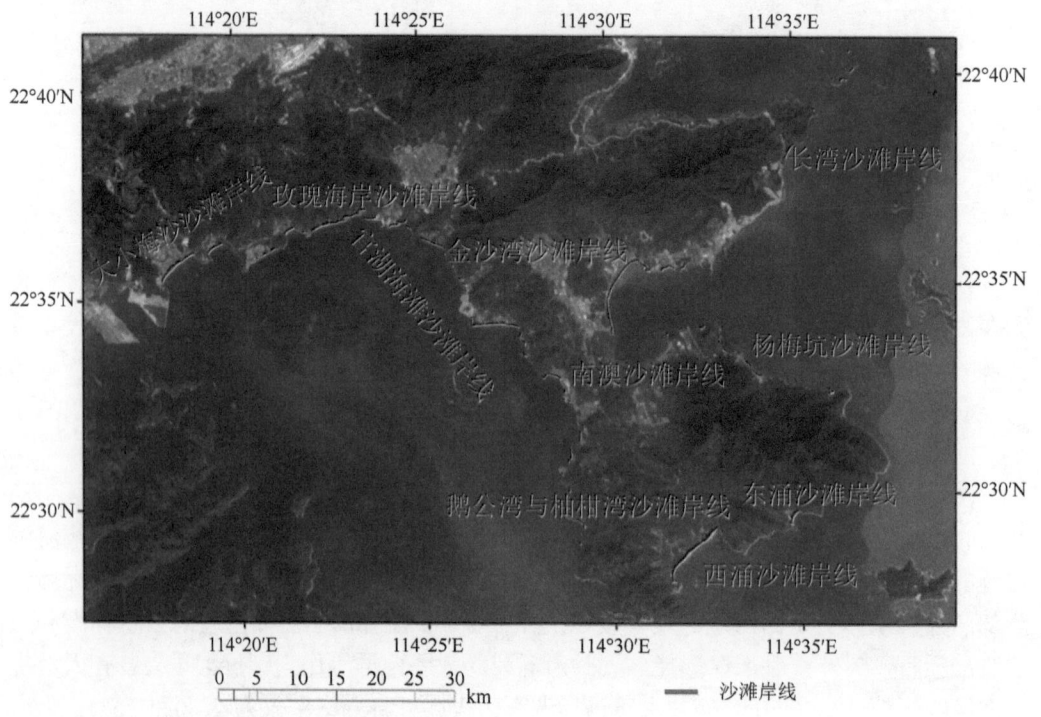

图 6-17　深圳主要海滨资源

　　同 2.3 节,海滨浴场水质评价的主要指标为叶绿素 a 浓度、海表温度和悬浮物浓度。评价模型见 2.3.2。水质分级为:0~3 为水质优,3~6 为水质良,6~9 为水质中,9~12 为水质差。水质差时不适合游人在海滨浴场游泳及旅游。以下结果对应影像日期依次为:2015097、2015188、2015278、2015351(图 6-18~图 6-21)。

图 6-18　海滨浴场水质评价结果(2015 年春)

图 6-19　海滨浴场水质评价结果(2015 年夏)

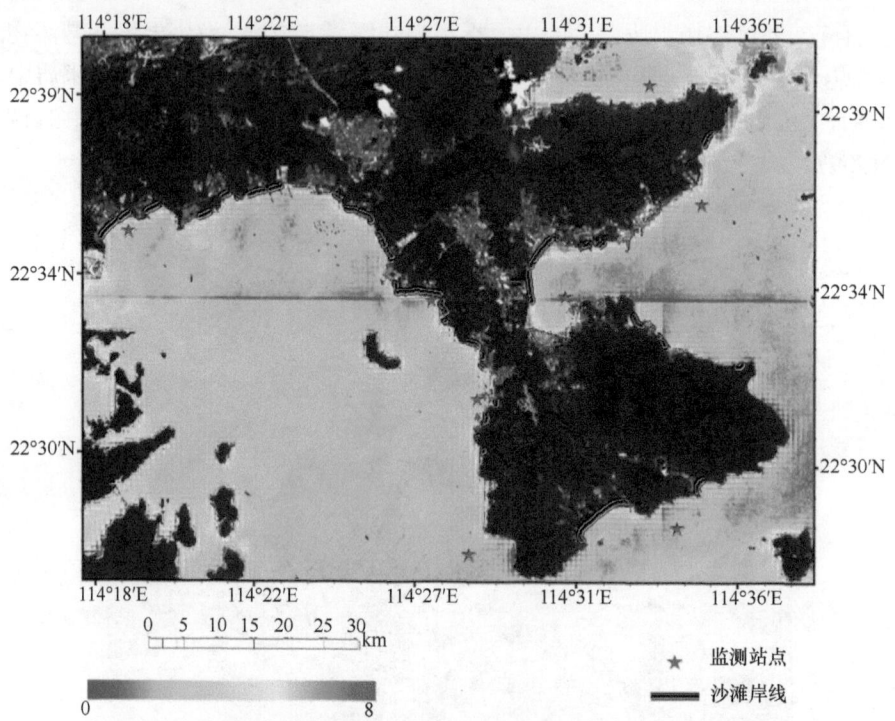

图 6-20　海滨浴场水质评价结果（2015 年秋）

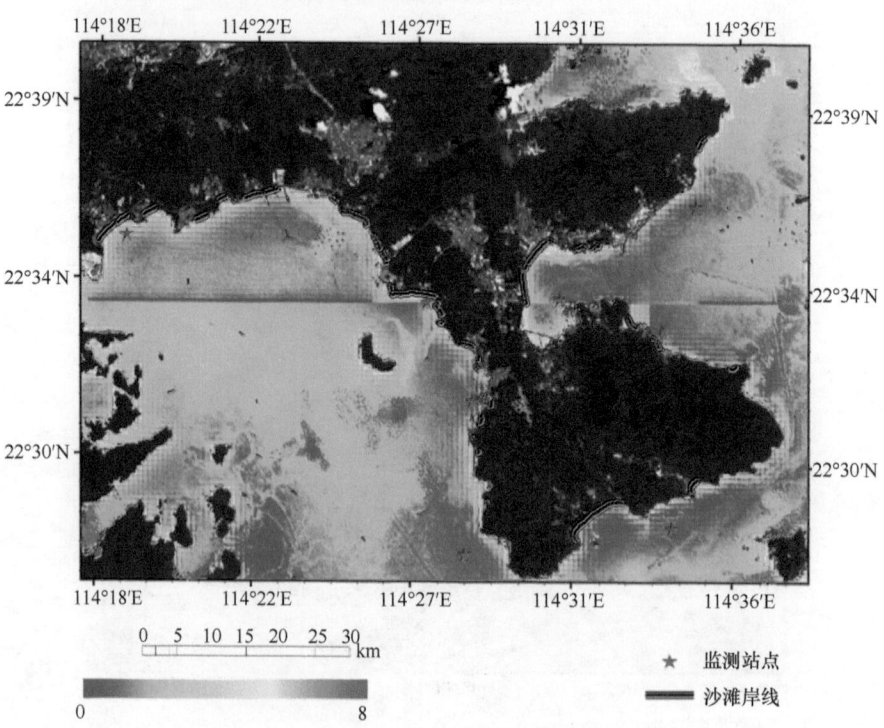

图 6-21　海滨浴场水质评价结果（2015 年冬）

6.3　海岸带区域生态安全评价方法

6.3.1　海岸带区域生态安全概述

海岸带作为衔接陆地与海洋的桥梁，是地球表面最为活跃的自然区域，拥有很高的能量和生物生产力。近年来，对海洋资源的过度开发和利用，引发了海平面上升、海洋资源退化、生物栖息地减少、污染加重、赤潮等一系列环境问题，海岸带生态环境开始严重退化，海洋生态系统面临巨大危机。因此，对海岸带生态安全进行科学有效的评价，进而实现近海区域综合安全和可持续发展尤为重要（左伟等，2002）。

生态风险（ecological risk）是具有不确定性的事件（如环境污染）或灾害对生态系统及其组分可能产生的不利作用，其具有不确定性、危害性、客观性、复杂性和动态性等特点。生态风险评价（ecological risk assessment，ERA）就是评价发生不利于生态影响可能性的过程，其是继早期人类健康风险评价之后发展起来的新的研究热点。

生态风险评价最早开始于 20 世纪 80 年代，其研究经历了从环境风险到生态风险再到区域生态风险评价的发展历程，风险源由单一风险源扩展到多风险源，风险受体由单一受体发展到多受体，评价范围由局地扩展到区域景观水平。

区域生态风险评价是在大尺度上研究复杂环境背景下包含多风险源、多风险受体的综合风险研究。它更强调区域性，是在区域水平上描述和评估环境污染、人为活动或自然灾害对生态系统及其组分产生不利作用的可能性和大小的过程。

目前，国内外对海岸带生态安全做了大量研究。其中，肖乐斌（1997）揭示了人类活动对海岸带产生的影响；Shu 等（2015）针对如何协调海水养殖与海岸带生态环境之间的关系提出了相应的建议；洪华生等（2003）综述了影响我国海岸带生态环境变迁的 10 个重要的环境问题，并提出了应对海岸带生态环境退化的 6 种调控对策；薛熊志（2015）采用压力-状态-响应（pressure-state-response）模型，即 P-S-R 模型，提出了海岸带生态安全指标体系的基本框架，对后续海岸带的研究提供了借鉴。为了进一步洞察我国海岸带生态安全状况，需要具体地对各个区域的海岸带生态安全进行科学的评价和分析（张宇和游和远，2015）。其中，林妍等（2017）基于 P-S-R 模型，运用综合指数法，对广西北部湾海岸带的生态安全进行评价研究，并提出了相应的建议；Li 等（2014）利用模糊综合方法，通过计算、分析和评价，得出深圳 1997~2006 年生态安全动态变化的结果；张婧（2006）采用综合指数法和模糊评价法对胶州湾海岸带的生态系统安全进行评价，为海洋可持续发展战略提供有价值的参考。

然而，上述文献使用综合指数法、模糊评价法和突变级数法对海岸带生态安全状况进行评价时，仍存在一定的缺陷。其中，综合指数法是对选取的生态安全指标进行加权求和，当近几年的海岸带生态系统评价指标数据波动过大时，综合指数法就不能提供清晰的解释；采用模糊评价法进行评价时，如果所选取的生态安全评价指标数目较多，权

向量 W 与模糊矩阵 R 不匹配，则易造成评判失败，另外该方法需要通过层次分析法（analytic hierarchy process），即 AHP 法，确定权重，这使得评价的主观性明显，结果存在客观性不足的问题；采用突变级数法进行评价时不使用权重，客观性较强且定量程度高，虽然避免了其他方法主权设置权重的做法，但仍需从主观上对指标的重要性进行排序，使得评价结果仍具有一定的主观随意性。因此，需要采用一种新的方法来进一步对海岸带生态安全状况进行评价研究。

多属性决策方法被广泛应用到经济、金融、行为分析等领域。其中，TOPSIS（technique for order preference by similarity to an ideal solution）评价方法是一种逼近于理想解的排序方法，通过定量测定评价对象到正负理想解的距离，来反映评价对象的优劣。本书将采用 TOPSIS 方法对海岸带生态系统进行评价分析。在对海岸带生态安全进行评价时，如何确定指标体系的权重是首要解决的问题。基于 TOPSIS 方法的研究中，大多采用了熵权法来确定指标的权重。然而，通过熵权法确定的权重是利用评价方案的客观数据得到的客观权重，没有考虑到评价者的经验和知识的积累这些主观因素对结果的影响。因此，为了达到主客观统一，可以采用组合赋权法计算指标权重，确保计算的指标权重既体现主观信息又体现客观信息（张安等，2013）。

6.3.2　深圳海洋生态环境安全评价方案探索

本着充分利用多源遥感数据提供的相关要素，综合考虑因果关系、生态过程和管理需求等方面，将网络分析与量化指标选择过程相结合，筛选海岸带和海洋中与生态环境安全密切相关的核心指标，构建适用于生态指标体系的目的，同时根据自适应的指标体系筛选模型，本书探索深圳市复合生态环境安全的弹性-安全-风险评价体系。

1. 海洋生态环境安全评价总流程

基于海洋学与宏观生态学研究视角，以"共性关键技术研发→生态环境安全评价→应用示范"为主线，开展相关理论与技术方法研究，开展生态环境安全评估，定量评估人类活动对生态环境安全的影响，服务于生态风险预警和防范。关键技术包括生态环境安全评价的框架体系研究和生态指标体系网络构建等。

总体研发框架和技术路线如图 6-22 所示。

2. 评价框架体系选择

目前常用的有压力-状态-响应模型（PSR）、驱动力-压力-状态-影响-响应模型（DPSIR）。DPSIR 模型能表达影响生态安全各因素之间的信息耦合关系，体现了生态安全的演进变化具有动力学特点。该模型从系统分析的角度看待人和生态环境系统的相互作用，是一种在生态环境系统中广泛使用的评价指标体系概念模型，其概念框架如图 6-23 所示。

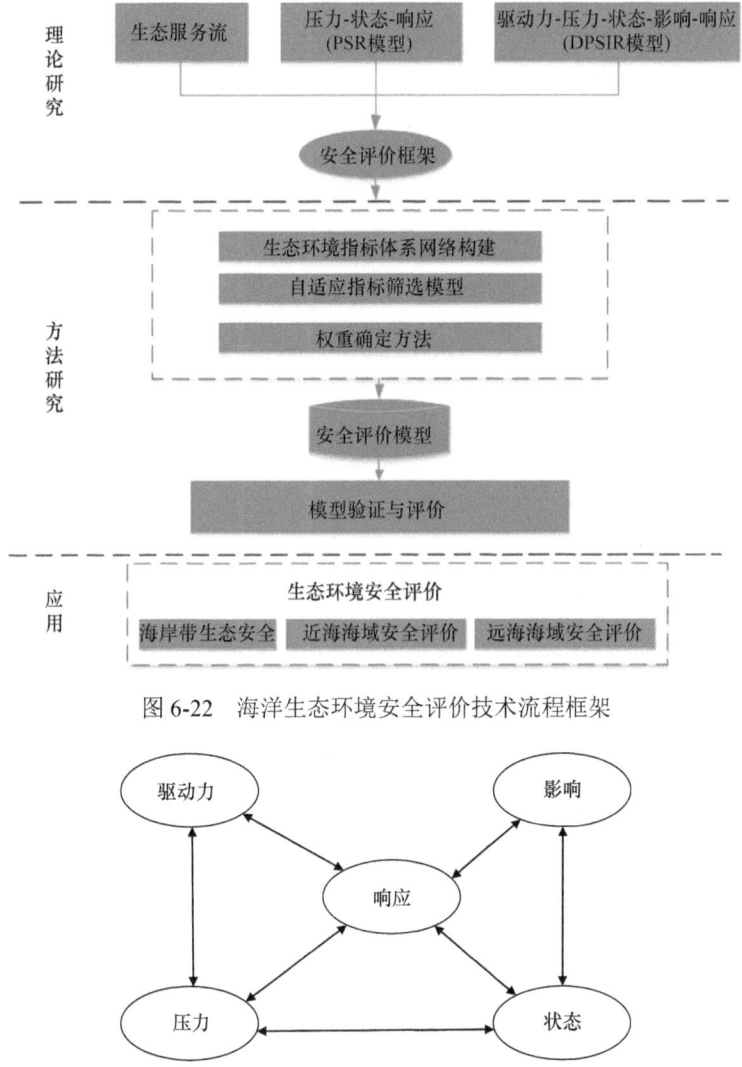

图 6-22　海洋生态环境安全评价技术流程框架

图 6-23　驱动力-压力-状态-影响-响应概念框架

　　充分利用多源遥感数据提供的相关要素，综合考虑因果关系、生态过程和管理需求等方面，将网络分析与量化指标选择过程相结合，筛选与生态环境安全密切相关的核心指标，以及反映不同区域特色的辅助指标，构建生态指标体系网络；基于 DPSIR 框架，从水安全、岸线安全、大气安全、生物质资源安全（即涵盖水、土、气、生四大要素）开展海洋生态环境安全评价。D 将从海洋经济发展与沿岸人口密度的增长方面进行考虑；P 主要考虑沿海工业、沿海养殖业污染的排放、海岸线开发方式、海洋资源需求等方面；S 将主要考虑海岸带及海洋生态系统质和量的变化；I 主要考虑人海矛盾、海洋污染等；R 主要从海洋环保意识提高、政策、资金投入等方面考虑（图 6-24）。

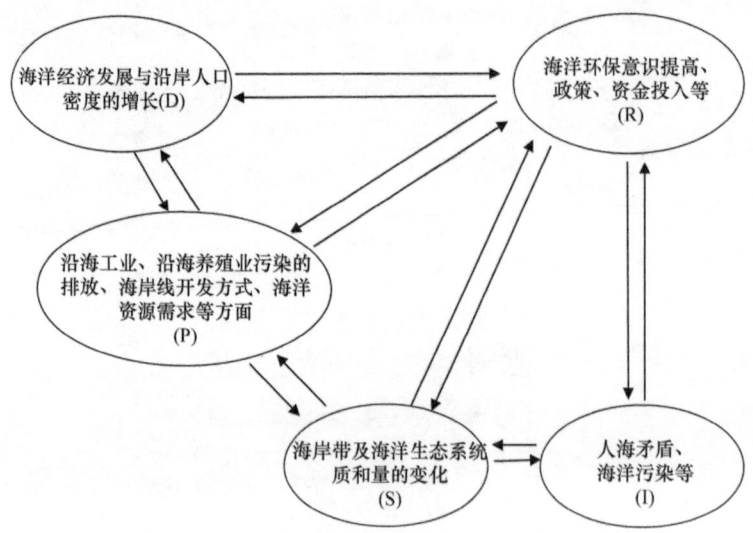

图 6-24　海洋生态安全评价的 DPSIR 框架

3. 自适应生态环境系统指标筛选

1）生态环境指标体系选择

海洋生态系统作为一个复杂的生态系统，可能存在各种类型的生态胁迫因素，这些胁迫因素造成的生态干扰会导致流域内水体水文、化学、栖息地状况发生改变，进而导致海洋的生物群落状况发生变化。在海洋生态环境安全评价中，需要充分掌握各种胁迫因素及其来源，并根据生物群落对环境条件的响应关系，分析环境生态功能存在的障碍以及造成障碍的主要胁迫因素。

海洋生态系统胁迫因子、生态状况和响应之间的关系如图 6-24 所示。指标集的构建也可以从这 3 个方面进行。辨识生态环境系统功能、结构和胁迫因子，充分利用遥感生态环境参数、常规地面监测、野外调查采样、统计资料等数据，将核心指标与辅助指标相结合，建立涵盖面较广的可选生态环境指标体系集。

2）生态环境安全评价指标的选择原则

（1）科学性原则

生态环境安全指标体系的建立，应尽可能地反映经济、社会和生态环境诸方面的内容。因而，建立的评价指标应有机地联系起来，组成一个指标意义明确、测定方法规范、统计方法科学、层次分明的整体，以反映生态环境质量与经济、社会发展的协调程度，保证评价结果的真实性和客观性。

（2）系统性原则

海岸带和海洋都是复杂的人-地系统，评价指标选取应遵循系统性原则，反映海岸带和海洋环境-经济-社会三维复合巨系统的整体状态和相互作用关系，必须实现指标体系的结构最优化，同时可以反映海岸带和海洋不同阶段的动态过程。

（3）代表性原则

生态环境的组成因子众多，各因子之间相互作用、相互联系构成一个复杂的综合体。评价指标体系不可能包括生态环境的全部因子，只能从中选择具有代表性的、最能反映生态环境本质特征的指标。

（4）综合性原则

生态环境各组成因子之间相互联系、相互制约，每一个状态或过程都是各种因素共同作用的结果。因此，评价指标体系中的每个指标都应是反映本质特征的综合信息因子，能反映生态环境的整体性和综合性特征。

（5）简明性原则

在建立指标体系的过程中，以能说明问题为目的，要有针对性地选择指标，不必面面俱到，指标繁多反而容易顾此失彼，重点不突出，掩盖了问题的实质。因此，评价指标要尽可能的少，评价方法要尽可能的简单。保证数据收集和加工处理的有效性和代表性。

（6）可操作性原则

指标的定量化数据要易于获得和更新。尽管有些指标对环境质量具有很强的代表性，但数据难以收集或定量化，因此就无法进行计算和纳入评价指标体系。选择指标必须充分考虑实用可行并具有较强的可操作性。

（7）适用性原则

建立指标体系的目的是要应用于实际工作中，选择的评价指标应具有广泛的空间适用性，既便于指标的搜集，又保证指标的可应用性。

3）生态环境指标相关性分析

利用线性相关分析、复相关分析和偏相关分析等方法，分析不同变量之间的相关性。在实际生态系统中，变量之间的相互影响往往涉及更深层次的因素。相关分析中往往因为第三变量的影响或作用，相关系数不能真实地反映两个变量之间的线性相关程度，这样也决定了二元变量相关分析的不精确性。因此，除了常规的线性相关分析外，还利用复相关分析和偏相关分析的方法定量研究不同变量之间的相互关系。

4）生态环境指标敏感性分析

敏感性分析就是一种定量描述模型输入变量对输出变量的重要性程度的方法，主要反映了输入变量（条件属性）对输出变量（决策属性）的影响程度。通过对复杂生态环境系统的敏感性分析，筛选出对生态模型起主导作用的属性。

根据敏感性分析的作用范围，将其分为局部敏感性分析和全局敏感性分析。局部敏感性分析只检验单个属性对模型的影响程度，无法充分描述模型参数的空间分布形态，并且忽略了参数之间的相互作用；而全局敏感性分析检验多个属性对模型结果产生的总体影响，并分析属性之间的相互作用对模型输出的影响，从而克服局部敏感性分析的缺点。由于生态环境各指标间相互作用，拟采用全局敏感性分析方法，对不同指标开展敏感性分析。

常用的全局敏感性分析方法包括回归分析法、Morris 筛选法、Sobol 方法、FAST 方法、RSA 方法和扩展傅里叶幅度检验法（extended Fourier amplitude sensitivity test，EFAST）等。Morris 方法无法定量分析敏感性，但可用于多参数条件下筛选潜在重要参数。首先利用 Morris 方法进行重要潜在指标筛选，然后选用 EFAST 对筛选出来的指标进行定量分析。

5）指标体系网络构建

基于敏感性分析和相关性的分析结果，理清指标之间的关系，确定核心指标和辅助指标。在评价框架体系及指标的敏感性和相关性分析的约束下，结合因果联系和网络分析的方法，分析指标之间存在的交叉联系，构建目标层与指标层的网络结构，形成网状的生态环境指标体系网络，使其能够反映复杂系统真实交叉联系。其一般分为三层或四层，即总目标层、分目标指标层（1 层或 2 层，也称为准则层、要素层）和操作指标层。

资源、社会经济、人类活动大因素对生态安全的影响是极其重要的。自然影响因素包括：地形地貌、气候、土壤、植被和水文等；社会经济因素包括：人口、经济增长率、城市化程度、产业结构等；人类活动包括：填海围垦、过度养殖、工农业污染等。因此，在构建指标时，应选取尽可能避免指标间信息重叠的指标，以增强湿地观测指标的实用性。

在具体指标的选择中，评价者力求全面反映评价对象本质，但由于生态安全评价作为一个针对复杂评价对象而进行的综合性评价，其指标体系的构建十分复杂，指标体系庞大。目前，有些学生的指标着重于一定时期的生态环境质量，或者过于强调人类社会经济活动所带来压力；有些则侧重生态系统的功能结构。结合生态安全评价模型和海洋环境特征，本书的研究的评价指标将从以下 3 个方面来选取。

压力系统，用资源、环境污染和人文社会指标反映，显示自然过程或人类活动给海洋生态环境所带来的影响与胁迫。压力产生与区域经济发展程度和人口指标有密切关系，压力系统反映某一特定时期海洋资源的利用强度，以及今后区域经济的发展变化趋势。

状态系统，指湿地生态环境目前所处的一个状态或者趋势。从海洋生态系统的结构、功能以及稳定性。其用海洋景观特征指数、社会经济等指标来表示。

响应系统，包括政府、企业、社会或个人为了停止、减缓、预防或恢复不利于人类生存与发展的环境变化而采取的措施，如管理、法规、技术的革新，以及规划海洋保护区的面积、环境意识的教育等。其反映对湿地生态压力和状态的解决能力，直接反映海洋生态的保护和管理力度。

通过文献调研，拟定的海洋生态环境安全评价指标见表 6-6。

4. 海洋生态环境安全评价方法

1）综合评价法

综合指数评价法是对海洋生态安全各个评价指标进行加权求和，能够较准确地评价其综合水平。其计算公式为式 6-36。

表 6-6　拟定的海洋生态环境安全评价指标

目标层	准则层	指标层
海洋生态系统安全评价	环境压力 P	降水 P1（气象数据） 空气质量 P2（环境数据） 气象温度 P3（气象数据） 海水表层温度 P4（遥感数据、浮标数据） 海水表层叶绿素浓度 P5（遥感数据、浮标数据） 海水表层悬浮物 P6（遥感数据、浮标数据） 海岸带土地利用 P7（资源调查） 人口密度 P8（人口数据） 海岸带土地覆被 P9（遥感分类） 经济发展水平 P10（统计数据） 区域开发指数 P11（遥感数据、统计数据） 城市化率 P12（遥感数据、统计数据） 海洋灾害发生次数 P13（统计数据） 填海造地确权面积 P14（统计数据） 全海域严重污染面积 P15（遥感估算） 自然岸线减少长度 P16（遥感估算）
	状态 S	红树林群落结构 S1（海岸带森林资源调查数据） 红树林林分郁闭度 S2（遥感估算） 海洋生物多样性 S3（资源调查、样点实地调查） 海岸带景观结构 S4（遥感估算） 海洋初级生产力 S5（遥感估算） 海岸带工程分布现状 S6（遥感估算） 海洋第三产业占国内生产总值的比重 S7（统计数据） 深圳市海洋生产总值占深圳市 GDP 的比重 S8（统计数据） 海水养殖面积 S9（遥感估算）
	响应 R	海岸带植被时序变化趋势度 R1（遥感估算） 海洋水质变化程度 R2（遥感专题提取+样点实地调查） 环保投资占 GDP 比 R3（统计数据） 沿海污染治理项目数 R4（统计数据） 海洋科研机构项目数量 R5（统计数据） 沿海海滨观测站分布 R6（资源调查） 海洋类自然保护区面积 R7（遥感估算、统计数据）

$$E = \sum_{i=1}^{n} w_i y_{ij} \tag{6-36}$$

式中，E 为海洋生态安全的综合评价值；w_i 为各指标的权重；y_{ij} 为各指标标准化后的数值。

2）指标赋权法

根据上小节构建的海洋生态安全评价指标体系，对深圳海洋生态安全评价指标进行筛选并赋权。由于所选取的各项指标数据的量纲不尽相同，本书的研究应采用指数化处理法对各项指标进行单位的统一。熵权法能非常客观地计算权重，完全是依据数学步骤完成，没有加入任何主观信息，有利于缩小极端值对于综合评价的影响，逻辑性较强。但是，没有反映专家的知识和多年实践积累的经验，再加上部分历史数据的统计偶然出错，指标的重要程度与否有时候不能够被真实地反映出来。层次分析法（AHP）是一种定性和定量相结合的系统分析方法，运用这种方法，决策者通过将复杂问题分解为若干层次和若干因素，用各因素直接进行简单的比较和计算，就可以得到不同指标的权重。层次分析法不受固定数值的影响，在计算权重的过程中完全依赖于专家的知识和经验，不能客观地反映各个评价指标对于评判海洋生态安全的重要程度。本书的研究可采用熵权法和层次分析法进行组合赋权，得出各指标相对科学的权重。

3）评价标准划分

本书的研究按照海洋生态所处的实际情况和目前对于海洋开发利用的程度，通过向有关专家咨询，确定了 5 个海洋生态安全状态的衡量等级，即良好、较好、一般、较差和极差（表 6-7）。

表 6-7　海洋生态安全状态等级划分标准

生态等级	一级	二级	三级	四级	五级
生态状态	良好	较好	一般	较差	极差
综合指数范围	0.8~1.0	0.6~0.8	0.4~0.6	0.2~0.4	0~0.2

评价指标类型复杂，数据性质、量纲不同，各指标之间没有可比性，为了消除这种影响，通过标准化处理成无量纲数据，统一在[0，1]，然后加权计算生态环境安全指数（index of ecological and environmental security）I_{EES}：

$$I_{EES} = \sum_{i=1}^{n} S_i W_i \tag{6-37}$$

式中，n 为指标个数；S_i 和 W_i（$i=1, 2, \cdots, n$）分别为归一化后的指标取值及其权重。参考相关标准，对 IEH 进行分级，如"很安全、比较安全、临界安全、较不安全、很不安全"等不同等级。

第7章　深圳近岸海域赤潮灾害的时空分析

近年来，随着我国沿海工农业的发展和人口的增加，工农业废水和生活污水向沿岸海域的排放量剧增，近岸海洋环境发生急剧变化，富营养化程度日趋严重，导致赤潮频发，灾害损失越来越严重。目前，赤潮是我国沿海主要的生态灾害之一，随着经济的发展，环境污染日益加剧，赤潮暴发的频率逐年升高，赤潮的发生对沿海的生态环境和水产养殖造成了严重的影响。赤潮灾害的监测和预报作为一个国际性的难题已引起人们的高度关注和重视。为了研究赤潮机理，预测赤潮灾害，减小赤潮灾害对沿海经济、环境造成的损失，世界各国的许多相关部门和机构都在邻近海域建立了赤潮监测系统，大部分的监测系统监测的参数项目众多、面积广、手段多样化，这势必会带来大量的监测数据和信息。在信息化高度发达的今天，数据的传输与存储早已不是难题，而对大量的监测数据和信息进行有效的处理与分析才是成功研究与预测赤潮的关键。由于赤潮现象本身的复杂性，人们对赤潮的机理还没有完全把握，因此在赤潮监测数据的处理与分析领域聚集了许多相关学科的专家，其中包括生物学、生态学、海洋学、化学、物理学、数学等，许多专家都利用本学科的知识甚至联合多个学科的知识，尝试通过赤潮监测数据对赤潮行为进行建模和解释，然而目前还没有一个成熟的模型能够合理地解释与描述所有的赤潮现象。近 20 年以来，随着计算机技术和人工智能技术的发展，一些大数据分析手段不断涌现，许多研究赤潮的学者也开始将这些新的方法论引入赤潮监测数据的处理与分析中并取得了不错的效果。

同时，为了更加全面地监控赤潮过程，多手段、全方位的立体监测系统的开发也势在必行。目前，对赤潮灾害减灾、防灾工作的需求主要集中在 4 个方面：一是管理需求，包括赤潮灾害发生的可能性，赤潮灾害状况，赤潮现象的预警、预报、对赤潮暴发的危害及灾害损失的评价；二是技术类别需求，包括灾害风险评价技术、孕灾环境要素监测技术、灾害监测和探测以及识别技术、灾害预测技术、灾害损失评价技术、信息管理和集成技术等；三是技术手段需求，包括模型技术、遥感技术、传感器技术、GPS 技术、GIS 技术、通信技术和计算机技术等；四是赤潮生消过程监测参数需求，包括监测的营养盐类、生物类、光学类、水动力类、气象条件类等因子。参数监测的时间分辨率为小时~天，参数的空间分辨率为 50~1000m。因此，发展赤潮立体监测技术，建立预警系统，研发海洋环境监测数据实测、统计分析、数值预报及环境评估等信息产品应用系统；开展数据采集、处理、存储、通信、共享及服务等技术研究；建立规范化赤潮监测数据集成和预警预报平台；实现各种海洋环境遥感数据的快速处理、传输、管理、共享、服务能力，对赤潮灾害进行准确监测，对海洋渔业生产环境进行评估，形成对海洋生态环境要素长期、连续、业务化监测的能力，快速评估赤潮灾害风险和造成的损失，可以为政府关于灾害应急响应工作提供全方位的技术支持，为深圳市各级涉海行政主管部门提供快速、便捷的管理和决策信息，为海洋环境监测和海洋资源可持续利用与管理提供信息支持。

7.1　国内外研究现状

世界上与赤潮有关的海洋环境监测系统有很多，然而由于海洋环境和赤潮现象的复杂性，这些监测数据分析系统也千差万别。其中，几个比较经典的智能监测数据分析系统介绍如下。

SEAKEYS（sustained ecological research related to management of the florida keys seascape）：该系统是由佛罗里达海洋大学和大西洋海文与气象实验室在佛罗里达湾联合建设的海洋环境监测系统，近几年 SEAKEYS 网络利用专家系统对原始数据进行处理，以获得准实时数据描述信息，然后将这些信息产品以电子邮件的形式发送给 SEAKEYS 网络的维护人员和佛罗里达湾的环境监督人员。

西班牙的 CCCMM（oceanographic environment quality control centre）是在中-戈湾组建的赤潮监测网络系统，针对这个监测网络的监测数据，研究人员建立一个基于事件推理技术（CBR）的数据处理与赤潮预报系统，对这个海域的主要优势藻种伪菱形藻的密度进行预测。预报系统的主要模块包括事件库、知识库、基于生长细胞结构神经网络的事件检索模块、截于径向截函数神经网络的事件重构模块、基于模糊系统的修正模块。其主要流程结构是以事件库和知识库为核心，由一个混合神经-符号系统进行事件推理，在事件的检索、重构、修正过程中应用了不同的机器学习算法，充分利用不同算法的优势，实现了单一藻种的可靠预测。

希腊萨洛尼卡科技教育学院的 Thessalomki 教授领导的课题组在塞尔马湾组建 Andromeda 网络，主要监测水质数据，并将其应用于赤潮预报和环境治理。针对这个网络的数据，研究人员设计了莅于模糊专家系统的赤潮和水质预测系统。以上赤潮监测系统都在相关海域的赤潮预报工作中发挥了重要的作用。赤潮的信息分析以及预测伴随着分析技术和手段的发展，主要经历了以下过程。

1. 早期方法

受制于水质监测起步时间和技术发展程度，早期的赤潮预测预报主要借助于肉眼、气味的表观识别或者人工对监测海域的水样进行采集，然后将水样带回实验室分析各种理化指标，再根据相应的阀值对当前赤潮阶段及未来时间段的赤潮暴发趋势进行预测。但该方法不仅费时费力，而且事实上仅能够了解到当前状态下海域的赤潮发展现状。虽然通过将各项指标与相应的阈值进行对比，能够对是否进入赤潮暴发阶段有一个大致预测，但是由于人工监测无法获取长时间的连续数据序列，而赤潮发生过程中各项指标的波动幅度又极其大，因此其预测准确性是很低的。

2. 基于大数据挖掘的机器学习法对赤潮的预警预报

随着近年来人工智能的发展，机器学习开始逐渐应用于各个细分领域。机器学习涉及多门学科，其是计算机模仿人类思维和学习过程。机器学习能够自主地从数据中挖掘特定的规律并将其应用于自身算法的改进，实现自主学习。目前，机器学习已经有了十分广泛的应用，包括金融数据分析、图片识别、视频跟踪、文本识别、天气预报、地震前兆分析、军工行业等各种领域。从报道来看，机器学习在赤潮预警预报业务所属的生态领域中也开始大量应用，且涉及的具体算法也多种多样。这得益于机器学习能够较好地处理赤潮发生过程中的大量序列数据，以探究其内在关联。关联规则学习的目的是对大数据进行挖掘，分析不同事件背后可能存在的关联联系，通过找到经常同时出现的频繁项来建立该频繁项所涉及事件的联系，常见的算法包括 Apriori 算法和 Eclat 算法等。关联规则学习可以用于挖掘赤潮暴发时期不同因子所处的状态，从而为后续监测过程中是否可能发生赤潮提供判据。例如，有研究者曾经对浙江海域多年监测数据进行关联规则学习，他们通过将数据分为赤潮暴发时期和非赤潮暴发时期，从海量数据中挖掘赤潮暴发时相关因子之间可能存在的特征。基于这些挖掘到的特征，当后续监测过程中相应指标均落入这些规则中时，可以初步判断该海域可能发生赤潮，由此实现预警预报功能。人工神经网络算法是机器学习的一个庞大的分支，属于模式匹配算法。神经网络通过模拟人类及其他生物大脑神经元的运行机制，从信息处理角度对神经元网络进行抽象，利用大量节点（神经元）建立网络模型，进而解决数据分类和回归的问题。人工神经网络自 20 世纪提出开始，经过数十年的发展已有几百种不同的算法，如感知器神经网络、自组织映射、学习矢量量化等是其中较为典型的代表。神经网络算法适合处理不精确、模糊的信息，在影响预测对象的因素还未完全明确之前，能够借助于算法的独特性，自适应建模学习，而不需要该对象的先验知识。因此，鉴于赤潮发生过程的复杂性和机理的模糊性，神经网络模型成为了一个赤潮预警预报的较佳选择。现有研究表明，在对复杂数据预测的过程中，神经网络模型相对于简单的多元回归分析能够大大提高其预测精度。

3. 遥感技术在赤潮立体监测中的区域化应用

从赤潮研究的技术层面，不论是早期方法还是更为复杂的机器学习方法，其本质上都需要去探究各项赤潮表征因子间的内在关联和相互影响，但赤潮发生过程的复杂性决定了其在准确性、时效性上必然会存在缺陷。近年来，遥感技术的发展为赤潮预警预报提供了一种更为宏观、及时的途径。遥感反演是通过卫星或者航拍等方式获取大面积范围内目标物的影像，通过对影像进行数据处理，从而获得空间分布和定性、定量分析结果。就赤潮而言，由于遥感影像是以宏观的尺度来展现赤潮特性的，因此能够清楚地反映出区域赤潮发生现状、空间分布特征以及其迁移扩散趋势等其他监测手段难以实现的信息。

在赤潮发生过程中，通常会在局部海域中爆发性聚集大量的高浓度赤潮生物，导致水体的颜色、密度、温度等特性发生变化，现有研究中主要通过三类监测目标（海洋水色、海面温度和叶绿素 a）对赤潮进行遥感跟踪预报。由于受观测手段的限制，现在的研究往往限于对局部、单次赤潮的描述，极大地限制了对赤潮时空演变过程的分析。而利用卫星遥感技术进行监测具有实时性、大尺度、快速和长时间连续的特点，这是其他监测方法所不可比拟的。利用卫星遥感技术，通过卫星监测图片的校正、合成、分析、解译，再进行判断分析，可以了解赤潮的特征、掌握赤潮灾害的发展和规律，从而为政府和各级管理部门的决策提供依据，有助于有效地防止或减少赤潮造成的损失和危害，对采取有效措施治理赤潮灾害有着十分重要的意义。

7.2　研究区域的生态背景与赤潮季节分布

7.2.1　研究区域概况

深圳市位于珠江三角洲的东南沿海，陆域面积 2020km²，海域面积 1145km²，海岸线长 260.5km。深圳海域被九龙半岛分为东、西两部分，东部海域包括大亚湾和大鹏湾，大亚湾与惠州分界，大鹏湾与香港特别行政区分界；西部海域包括深圳湾与珠江口，深圳湾自深圳河口至深圳湾口与香港特别行政区分界，珠江口北起东宝河口与东莞分界。

珠江口是珠江的河口湾，面积为 2210km²。深圳、香港位于其东岸，珠海、澳门位于其西岸，广州则位于其北部。珠江河口水域有着复杂的地理和水动力特征，河水在这片水域流经 8 个主要口门进入南海，其中 4 个汇入伶仃洋，并且占珠江总流量的 50%～55%，其余 4 条通路直接朝向南海，占总流量的 45%～50%。珠江口海域具有高温、雨量充足的亚热带气候的特点，一年可分为枯水期和丰水期两部分，年表层水温介于15.3～30.8℃，平均为 24.8℃，底层水温 14.8～29.3℃，平均为 23.6℃，丰水期平均温度为 29.0℃，枯水期平均温度为 15.0℃。年平均降水量 1600～2200mm，地表径流为3.124×10¹¹m³。

珠江口及其周边是华南人口最集中、经济最活跃的地区，在我国的社会和经济发展中占有重要的战略地位，随着珠江流域，尤其是珠江三角洲地区国民经济的持续高速发展，城市化进程加快，人口急剧增加，珠江三角洲周边新兴城镇及工矿企业较多，大量未经处理的生活污水、工业废水直接或间接排入珠江口。虽然进入 20 世纪 90 年代后，各地政府重视对工业废水的处理，工业污水排放量稳中有降，但污水排放总量并没有减少，而是逐年上升。据 2006 年的资料统计，排入珠江口的主要污染物总量达 250 余万吨。仅广东省排入珠江口的各种污水量平均每年就达到 39 多万吨。其中，城镇生活污水占 70%，约有 3/4 以上的城镇生活污水未经处理就直接排入；另外，海水养殖已成为珠江口的重要污染源，在暂时或局部利益的驱使下，一些水域出现超负荷养殖，导致养殖环境恶化。大量的残饵、鱼排泄物等耗氧有机物进入养殖水体，致使养殖海域内氮磷营养物质过剩，引起富营养化的有机污染。

20 世纪 90 年代以前，珠江口海域水质以重金属污染为主，而进入 90 年代后珠江口海域水质基本以营养盐污染为主。近 20 年来，珠江河口水体的溶解无机氮、磷酸盐含量迅速增多，其中溶解无机氮含量居全国各江河河口水域之首，达 1117mg/L。经济的迅速发展使得人口激增，人民生活用水持续增长，而城市生活污水处理设施滞后，造成珠江口的水质迅速恶化，由Ⅱ类急升到Ⅳ类，进入 2000 年以后，水质更攀升到劣Ⅳ类水平。1988～2002 年 14 年间，水质综合污染指数由原来最低的 0.83 上升至 1.53。调查结果显示，珠江口靠近内伶仃岛以北，南沙、虎门、宝安和南澳等海域的浅水层和深水层共约 250km^2 的海域，约有 95%的海水按国家标准监测达到了重污染级，5%属中污染级。

深圳湾沿岸主要入海河流有深圳河、元朗河和大沙河等。深圳河为深圳湾的最大入海河流，又是深圳和香港的界河；元朗河为香港一侧的最大入海河流，因其地处山地丘陵故而短小，流量季节变化明显；大沙河上游建有水库，流量主要取决于流域降水量、水库库容量及其泄水量。深圳河以三叉河为界，上游仅为山涧小溪，水面宽在 10m 以下。三叉河以下为深圳河主干流，长约 16km，比降较小，潮汐影响可到达三叉河处；三叉河处深圳河宽约 20m，至布吉河河口宽约 60m，深圳河入海口处宽达 200 多米。深圳河汇水总面积约 311.8km^2，年径流量约为 3 亿 m^3，其中 80%的径流量集中在 4～9 月的丰水期。大沙河流入深圳湾的后海，全长 22km，汇水面积约为 100km^2。上游西丽水库控制的汇水面积约为 29km^2。深圳湾夏季表层水温 17.22～30.28℃，底层水温 16.91～29.84℃；5～9 月水温高，最高可达 32℃，11 月至翌年 3 月水温低，表层最低可达 10℃。由于深圳湾水深较浅，其海水温度基本受控于气温，春夏季，由于受盛行东南季风的影响，温暖多雨，水温可达到 28～30℃，且具有湾内水温高于湾口水温的特点；秋冬季，由于气温下降，水温也随之降至 10～15℃，水温平面分布规律与春夏季刚好相反，即湾口水温高于湾顶水温。深圳湾香港一侧入海河流除元朗河之外，还有锦田河、红河桥河、屏山河等。但由于地处山地丘陵，河流短小，只在丰水期有较大流量。

深圳湾海水盐度的季节变化明显。夏季，丰沛的雨水造成珠江向伶仃洋排洪，使得整个珠江口海域盐度大幅度下降，再加上深圳河、元朗河等向深圳湾排洪，使深圳湾的盐度降至 5～15，甚至有些海区几乎成为淡水。自秋季到春初，随之淡水径流的减少，以及南海高盐水团的入侵，深圳湾的海水盐度保持在 26～32 的水平。由于潮汐作用，咸淡水在深圳湾内交汇，在外湾深槽区潮流作用较为强烈，盐度的垂直梯度大于水平梯度。然而，在内湾的浅水弱潮区，咸淡水混合较好，盐度的水平梯度大于垂直梯度，深圳湾盐度的垂直差异较小。

近年来，随着珠江口周边地区经济飞速发展，生活污水、工农业废水及养殖废水入海量不断扩大，海域污染日趋严重，海洋生物资源日渐衰竭，生物多样性锐减，海域功能明显下降，海洋再生资源和可持续利用能力不断减退，珠江口海域已成为我国近海污染最严重的海域之一。人们对珠江口的关注也越来越多，有关珠江口海域的环境生态方面已有大量的研究。戴明等（2004）对珠江口近海浮游植物生态特征的研究发现，珠江口近海浮游植物数量较为丰富，但季节变化悬殊，种类组成季节更替明显，周年的群落多样性水平均较稳定。有关营养盐的含量及分布特征也有了一定的研究。对于浮游植物赤潮生物与环境因子的相关性，也有一些报道。Liu 等（2015）从宏观上和特殊性两方面对珠江口浮游藻类生态与关键水质因子（盐度、溶解氧、PO_4^{3-}-P、NO_3^--N）进行分析的结果表明，珠江口伶仃水道水域在关键水质因子分布上有不同，藻类分布也不同，藻类生长和关键水质因子却有相关性。

大鹏湾的东部海域属于深圳，其西部海域属于香港。大鹏湾南部面临南海，其他三面为丘陵低山所环抱，海域面积约 400km²。大鹏湾的东海岸较平直，西海岸岛屿众多、水道纵横。水深从东北向西南逐渐变深，在大鹏湾西南部最深，大部分超过 20m，东部在 8～16m，北部在 12～14m。大鹏湾是一个半封闭性的海湾，避风条件较好，大鹏湾的盐田港已发展成为一个大型的港口，其集装箱的吞吐量已占全国第二位。大鹏湾海域的旅游资源非常丰富，北部有著名的大梅沙和小梅沙旅游区，中部有南澳旅游区，东南部有西涌旅游区，被深圳政府称为"黄金海岸"。同时，大鹏湾海域具有较丰富的渔业资源。

大鹏湾北部和东部沿岸海域无大河流入海，主要入海河流有上禾坑河、沙头角河、盐田河、大梅沙河、小梅沙河、溪涌河、葵涌河、乌泥冲、迭福河、下沙河、水头河和南澳河等。其总径流量不大，但降雨集中，故季节变化明显，如该处的最大河流葵涌河，发源于火烧山（高程 665m），长约 10km，中、下游河宽 20～30m，水深 1～2m，年平均流量约 0.44m³/s，枯水期（11 月至翌年 2 月）只有 0.1m³/s。大鹏湾口的波浪以风浪为主的混合浪，波向为 E-S 方向，频率为 92%，以 SE 方向最多，为 37%，其余方向较少出现。波高月平均值随季节变化不大，在偏北季风期间，平均波高 0.9m，最大波高为 2.8m。热带气旋盛行的夏秋季，湾口出现最大浪为 5.5m。台风天气影响下，当台风登陆点在深圳以北的沿岸时，湾口仅出现一定涌浪；当台风登陆点在深圳以南的区域时，湾口和湾内会出现较大的波浪。其中，8607 号台风期间测得最大波高 7.2m，最大有效波高为 5.2m，周期为 11.0 s。湾内常出现以涌浪为主的混合浪，其由湾口传入湾内，热带气旋影响该湾时，湾外的偏南向大浪可传入湾顶，水深 10m 处的波高可达湾口波高的一半以上。湾内的主浪向为 SSE，其频率达 70% 以上，由于风区很短，湾内成长起来的风浪全年都不大，湾内年平均波高为 0.4m，全年波高小于 0.6m 的波占 87.8%，大于 2.0m 的波占 0.14%。波浪的浪向季节变化不大，以 SSE 方向为主。平均波高冬半年小于夏半年，最大浪高出现在夏秋台风期间。

大鹏湾夏季表层水温 28.4～29.4℃，底层水温 20.6～25.9℃；冬季表层水温 15.00℃，底层水温 16.00℃左右。大鹏湾的海水温度年平均为 21.6℃，平均水温以 8 月最高，为 29.9℃，1 月最低，为 14.9℃，12 月至翌年 3 月的平均水温接近 20℃。

大鹏湾沿岸的主要污染源包括：沙头角的生活污水、盐田港的港口废水、葵涌的工业废水和生活污水、南澳的生活污水以及吐露港沿岸的生活污水、工业废水和农业污水等。大鹏湾近岸局部海域的水质已经受到一定程度的污染，吐露港海域和沙头角海域的富营养化问题尤为突出；特别值得注意的是，大鹏湾海域是赤潮的高发区，人们从不同的角度对其机理进行研究，但对其发生的真正原因尚不清楚。

对大亚湾海域的环境生态研究也有不少见诸报道。对营养盐含量的研究主要体现在营养盐的平面、垂直分布、季节变化及其影响因素和对营养盐结构变化的研究及对营养盐状况的分析与评价等的研究。大亚湾海域对浮游植物的研究主要集中在对浮游植物群落结构及其与环境因子之间的关系的研究上。也有少许学者对大亚湾海域浮游植物的限制性因素进行了研究。王小平等（1996）对大亚湾湾口海域冬季浮游植物生长限制性元素的研究结果表明，大亚湾湾口海域 N 和 Fe 限制了浮游植物的生长。Fe 是作为一种刺激因子在实验中起作用。N 限制的形成，是由优势种硅藻对 N 的需求高和 N 限制的外海水对湾口区的影响显著共同决定的。而春季大亚湾海域浮游植物限制性元素发生了转变，湾中和湾顶为 P 限制，湾口为 N 限制，大亚湾海域流场的区域差异可能是造成这种现象的主要原因。

7.2.2　深圳近岸海域赤潮孕灾基础条件及现状

赤潮发生的起因十分复杂，但大体上气候气象条件有温度、风力、风向、季风转换、气压等；海水的水文条件有海况、潮汐、流等；海水的理化特征包括盐度、营养元素等，这些均会成为某种赤潮暴发的诱发因子。对赤潮监控区监测资料分析显示，在南海海域的赤潮多发区，通常海水富营养化条件已经具备，因此气象、水文要素条件就成为赤潮暴发的重要启动因子。此外，赤潮生物从繁殖初期到后期的爆发性增殖，直到达到赤潮生物密度，这一过程一般需要 4～5 天的时间。针对这一现象，采用大数据分析方法对历史赤潮资料进行分析，结合水文、气象要素数据，筛选赤潮生成前期的各要素，找到赤潮暴发与前期要素之间的关联，并以此来作为预报赤潮生成的方法，其效果是令人满意的。

分析 1981～2016 年深圳市邻近海域暴发的 161 次赤潮资料发现，东部海域是赤潮暴发的主要区域，统计结果显示，有 69%的赤潮暴发在东部海域，31%的赤潮暴发在西部海域，如图 7-1 所示。

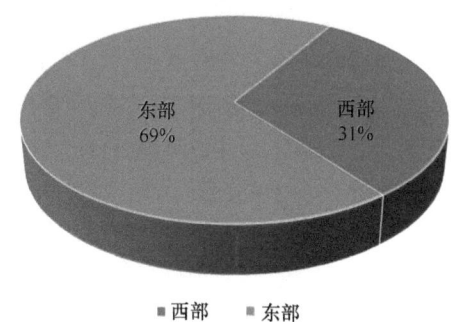

图 7-1　1981～2016 年深圳东西部赤潮暴发频次统计

从具体暴发区域来看，相对于大亚湾、珠江口和深圳湾，大鹏湾是深圳市赤潮的重灾区。其中，总计 55%的赤潮暴发在大鹏湾海域，深圳湾次之，为 24%，大亚湾为 14%，珠江口为 7%，如图 7-2 所示。

从赤潮的年际变化角度来看，深圳市赤潮总体暴发频次最高的时期主要集中在 2000～2009 年，1990～1999 年次之。其中，不同区域在不同年际变化分段中的暴发频次规律不同。西部海域（深圳湾和珠江口）赤潮暴发最高的年份为 2000～2009 年，大鹏湾为 1990～1999 年，大亚湾为 2000～2009 年。总体上来讲，在 2010～2016 年，深圳市"三湾一口"赤潮暴发有下降趋势。深圳市不同海域赤潮暴发年际变化的差异，可能和不同海区赤潮暴发的成因不同存在极大的关系，具体变化如图 7-3 所示。

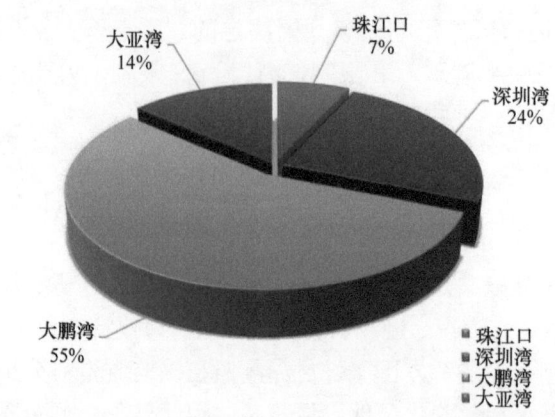

图 7-2　1981～2016 年深圳市"三湾一口"赤潮暴发频次统计

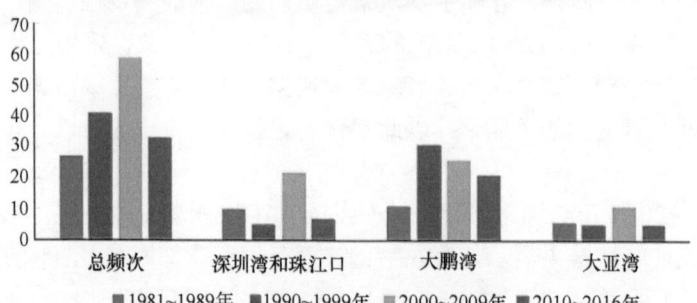

图 7-3　1981～2016 年深圳市海域赤潮暴发年际变化规律

　　根据深圳市的气象特点，将 4～9 月定义为雨季，10 月至次年 3 月定义为旱季。统计旱涝及深圳市赤潮暴发的规律时发现，深圳市赤潮在雨季暴发的频次明显高于旱季。其中，大鹏湾和大亚湾该现象尤为明显。对于深圳湾和珠江口，旱涝赤潮暴发差异并不明显。这可能与大鹏湾和大亚湾存在多个陆源排污口有很大关系，雨季有利于陆源污染物被输送到湾区，造成富营养化，进而引起赤潮的暴发，具体变化如图 7-4 所示。

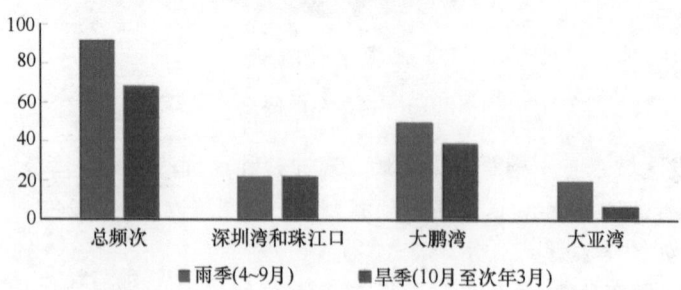

图 7-4　1981～2016 年深圳市赤潮的旱涝季节变化规律

　　根据深圳市的气象特征，将 3～5 月定义为春季，6～8 月定义为夏季，9～11 月定义为秋季，12 月至次年 2 月定义为冬季。分析研究 1981～2016 年深圳市"三湾一口"赤潮频次的季节变化规律发现，深圳市赤潮暴发最多的季节是春季，其次是冬季和夏季，秋季最少。其中，分别看"三湾一口"，春季是它们赤潮暴发的高发季节，尤其对于大鹏湾而言，春季赤潮暴发频次约是其他季节的 2 倍。从赤潮具体的月变化规律可以发现，深圳市海域赤潮暴发频次最多的月份为 4 月，百分比为 17.24%，2 月和 7 月次之，均为 13.79%，如图 7-5、图 7-6 所示。

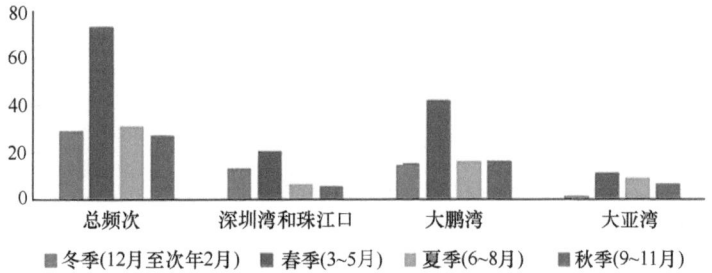

图 7-5　1981～2016 年深圳海域赤潮的季节变化规律

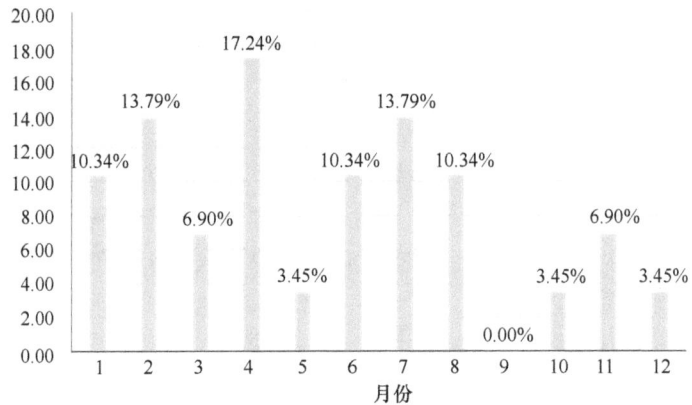

图 7-6　1981～2016 年深圳海域赤潮的月变化规律

分析深圳市海域近 36 年藻种变化规律可以发现，深圳市海域暴发频次最高的藻种是夜光藻（17.24%），其次是棕囊藻（13.79%）和锥状斯式藻（13.79%），如图 7-7 所示。

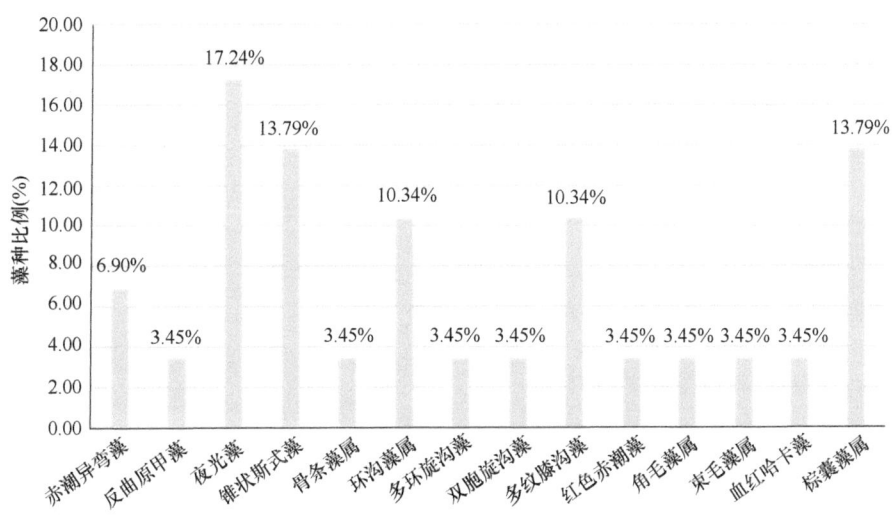

图 7-7　1981～2016 年深圳海域赤潮的藻种特征

7.3　基于时间序列的赤潮灾害的预测

7.3.1　深圳海域赤潮和气候变化的关联

赤潮是全球性的海洋灾害，是海洋污染的信号。虽然目前对赤潮形成的机制尚不十分清楚，但普遍认为赤潮的发生是气候因子和向海中排入污染物质以及其他有机物质，促使海水富营养化引起的。风、水温是厄尔尼诺为赤潮生物提供了有利环境。厄尔尼诺事件是指东赤道太平洋表面海水的一种增温现象，一般 2~7 年发生一次，每次持续 1~2 年。南方涛动是指印度尼西亚–北澳大利亚和东南太平洋之间气压的全球范围的翘班现象。它们一起成为全球气候变化系统相互作用的两个部分，称为 ENSO。厄尔尼诺引起的环境变化有以下几种。

（1）海水上翻。每次厄尔尼诺事件都会伴随大规模的海水上翻。海水在上翻过程中将深水层的矿物质、营养物质和沉降于海底的赤潮生物孢子推到表层。孢子在海底经过一定时间的低温休眠，然后由于海水上翻被带到表层水体，表层水体温度较高，孢子开始萌发，再加上有丰富的营养物质和矿物质，便大量繁殖，从而形成赤潮。

（2）底层营养水层移到近海面。大多数赤潮生物如某些甲藻能在海面和海水深层间往复垂直移动。近海面处营养物质随着浮游生物的增殖而减少，以致无游动能力的浮游生物不能迅速增殖，但只要富含营养的海水层升上来，能游动的赤潮生物即可增殖，从而独占所在的海域而发生赤潮。因此，赤潮的发生是富含营养的海水层上升到近海面处造成赤潮生物的大量繁殖所致。

（3）气候反常而使得赤潮频繁发生。在厄尔尼诺发生年，有的地区出现增温现象，有的地区则发生暴雨和水灾；有的地区则出现干旱或暖冬等比往年异常的气候。大自然是一个多因素的集合体，由众多的因素在各种比例、多种多样相互作用着，一旦这种比例失调将会产生连锁反应。气候反常导致海水理化要素激烈变化，如温度、盐度、湿度、气压等将会时高时低，这种刺激可能导致赤潮生物"生物钟"的"紊乱"而使其急剧增殖，产生赤潮。

7.3.2　研　究　方　法

1. 列联表分析

研究赤潮暴发频次和厄尔尼诺之间的关系主要使用了列联表分析方法，它可以用于表现两个多级别的离散型变量的相关情况，反映现象之间线性和非线性关系，是变量相关分析的有力工具。列联表分析的基本问题是，判明所考察的各属性之间有无关联，即是否独立。在 $r \times c$ 表中，若以 $p_{i\bullet}$、$p_{\bullet j}$ 和 p_{ij} 分别表示总体中的个体属于等级 A_i、属于等级 B_j 和同时属于 A_i、B_j 的概率（$p_{i\bullet}$，$p_{\bullet j}$ 称边缘概率，p_{ij} 称格概率），"A、B 两属性无关联"的假设可以表述为 H0：$p_{ij}=p_{i\bullet} \bullet p_{\bullet j}$，（$i=1, 2, \cdots, r$；$j=1, 2, \cdots, c$），未知

参数 p_{ij}、$p_{i•}$、$p_{•j}$ 的最大似然估计（见点估计）分别为行和及列和（统称边缘和）为样本大小。根据 K.皮尔森的拟合优度检验或似然比检验（假设检验），当 h0 成立，且一切 $p_{i•}>0$ 和 $p_{•j}>0$ 时，统计量的渐近分布是自由度为 $(r-1)(c-1)$ 的 X 分布，式中 $E_{ij}=n_{i•}•n_{•j}/n$ 称为期望频数。当 n 足够大，且表中各格的 E_{ij} 都不太小时，可以据此对 h0 作检验：若 X 值足够大，就拒绝假设 h0，即认为 A 与 B 有关联。在前面的色觉问题中，曾按该检验判定出变量之间存在某种关联。

2. 时间序列的季节分解

时间序列的分析方法就是将历史数据按照时间的顺序进行排列并进行统计分析研究，模拟出事物变化发展的规律，建立预测模型，预测事物未来发展及变化趋势，确定市场预测值。它是数据外推的高级方法。季节型时间数列的走势按日历时间周期起伏，即在某日历时间段内，时间数列的后序值逐步向上，到达顶峰后逐步向下，到谷底后又逐步向上，周而复始。因为最初的研究产生于伴随一年四季气候的变化而出现的现象数量变化，故称为季节型时间数列。其实，"季节"可是一年中的四季、一年中的 12 个月、一月中的 4 周、一周中的 7 天等。我们把时间序列看成是长期趋势因素、季节因素、周期因素以及不规则因素 4 个部分综合作用、复合叠加的结果。按对 4 种变动因素相互关系的不同假设，可将时间序列分为加法模型和乘法模型。

1）加法模型

这种模型的应用前提是 4 种变动因素为相互独立关系，时间数列便是各因素相加的和，表现为 $Y_t=T_t+S_t+C_t+I_t$

其中，Y_t 表示时间序列在 t 时刻的绝对数值；T_t 也是绝对指数，与 Y_t 同单位；S_t、C_t、I_t 表示季节变化、周期变化和不规则变化围绕长期趋势所产生的偏差，或是正直，或是负值，它们的量纲与 T_t 相同，表示在 T_t 的基础上变化了若干单位。

2）乘法模型

这种模型的应用前提为 4 种因素之间是交错的影响关系，时间序列便是各因素的乘积，表现为：$Y_t=T_t×S_t×C_t×I_t$

其中，Y_t、T_t 均为绝对指标；S_t、C_t、I_t 是指在 T_t 上下波动的数值，被称为指数，它们分别表示由于季节、周期以及不规则因素的影响，在序列 t 时刻的趋势值的基础上增加或减小的百分比。

这两种模型只是形式上的不同，乘法模型可以通过在等式两边取对数而转换为加法模型，而时间序列就是以上 4 个因素相叠加综合作用的结果。实际应用中，当采用年度数据时，季节因素就被掩盖了。事实上，有些现象的时间序列并非 4 种因素均存在，有时仅有 T_t、S_t 和 C_t，或其他形式。在社会经济系统中，主要采用乘法模型。

3）小波功率谱分析

小波功率谱分析方法是一种时间窗和频率窗都可改变的时频局部化分析方法。连续小波变换（CWT）和离散小波变换（DWT）是小波功率谱分析的两种最基本的方法。相对于离散小波变换，连续小波变换在信号的时频特征分析上更具优势。连续小波变换在数学上可看作是由一簇基函数张成的空间投影来表征该信号。

函数 $f(t)$ 的连续小波变换表示：

$$w(s,\tau) = \int f(t)\varphi(s, t-\tau)\mathrm{d}t \tag{7-1}$$

其中，函数 $\varphi(s,t) = |s|^{1/2} \phi(st)$ 由母小波定义。

小波功率谱为：

$$p_f(w) = \int w_f(s,\tau)\mathrm{d}t \tag{7-2}$$

小波交叉谱可定义为

$$c_{fg} = \int \overline{w_f(s,\tau)}\, w_{fg}(s,\tau)\mathrm{d}\tau \tag{7-3}$$

且

$$\begin{aligned}
\mathrm{VAR}(f) &= \frac{1}{c_\varphi}\int p_f^\omega(s)\mathrm{d}s \\
&= \frac{1}{c_\varphi}\iint |w_f(s,\tau)|^2\,\mathrm{d}s\mathrm{d}\tau
\end{aligned} \tag{7-4}$$

$$\begin{aligned}
\mathrm{cov}(f,g) &= \frac{1}{c_\varphi}\int cf_g(s)\mathrm{d}s \\
&= \frac{1}{c_\varphi}\iint \overline{w_f(s,\tau)}w_g(s,\tau)\mathrm{d}s\mathrm{d}\tau
\end{aligned} \tag{7-5}$$

显然，交叉小波变换 $w_f(s,\tau)w_g(s,\tau)$ 就是信号 $f(t)$ 和 $g(t)$ 协方差的时间尺度分解，它在时间轴上的积分为小波交叉谱。

本书选用 Morlet 母小波、连续功率谱检验及交叉小波谱变换。

7.3.3　研　究　结　果

1. 在厄尔尼诺年和次年深圳海域赤潮发生的次数较为频繁

对于赤潮多发年份没有统一定义，根据 1981～2006 年深圳赤潮发生频率的基本统计结果，近 36 年来，深圳赤潮的年平均发生率的中位数为 4，这里取赤潮发生频率≥4次的年份为赤潮多发年。据统计，1981～2006 年的 36 年中，深圳赤潮多发年份共出现了 20 次，分别为 1983 年、1987 年、1988 年、1989 年、1990 年、1991 年、1992 年、1998 年、2000 年、2001 年、2002 年、2003 年、2004 年、2007 年、2008 年、2009 年、2010 年、2011 年、2012 年、2014 年。在赤潮多发年中，有 5 次是发生在厄尔尼诺当年，有 9 次是发生在厄尔尼诺次年。根据卡方检验结果，在自由度为 1 时，0.05 显著水平下的卡方值为 4.425，表明其对应关系显著。也就是说，对于深圳海域，厄尔尼诺事件对当年影响不大，但是在厄尔尼诺事件出现的次年赤潮会大规模暴发。其原因可能是，在厄尔尼诺发生的当年，深圳海域的赤潮发生次数处于较低水平，于次年一般达较高水平，到厄尔尼诺结束后一年又恢复到较低的水平。厄尔尼诺事件发生当年深圳海域海温偏低，厄尔尼诺事件发生次年海温偏高，这正好与深圳海域赤潮发生次数特征相吻合。温度是赤潮发生的最重要因子，温度升高、气压下降有利于赤潮的形成，厄尔尼诺事件次年引起深圳海域温度升高，使得赤潮发生次数跟着增加，深圳海域赤潮发生次数在厄尔尼诺发生的次年呈现高频次的特征。可见，在厄尔尼诺当年和次年赤潮发生的次数较为频繁。

2. 深圳赤潮的季节变化规律

通过时间序列季节性分解方法对深圳海域提取的海表面温度数据进行分解，结果显示，深圳海域海表面温度在 2010 年 10 月左右存在一次突变（图 7-8）。

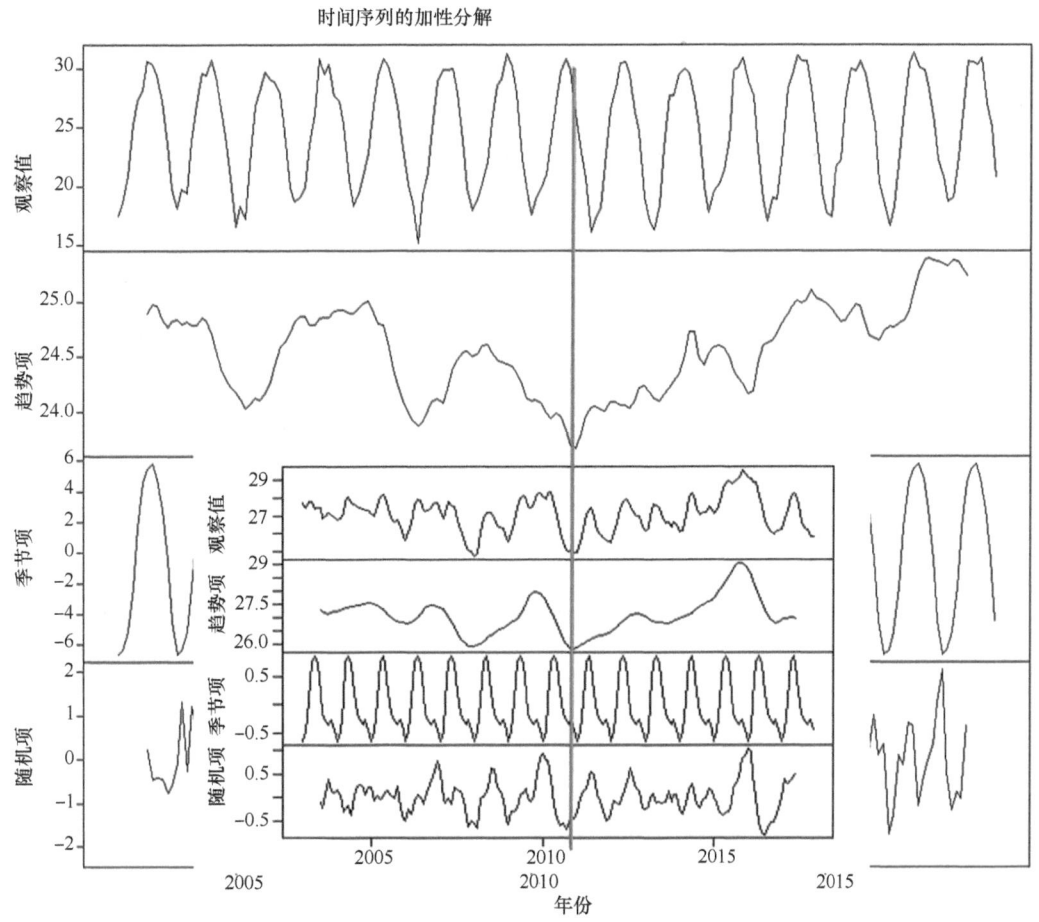

图 7-8　海表温度季节性分解

比较海表温度突变前后的赤潮数据可以发现，2010 年 10 月之后赤潮的暴发频次较之前明显降低，赤潮暴发面积有所增加，藻种多样性呈降低趋势，维持总时间呈现增加趋势（表 7-1）。海表温度于 2010 年 10 月出现突变特征，可能与厄尔尼诺现象存在关系。

表 7-1　海表温度突变前后赤潮各属性对比

	2010 年 10 月之前	2010 年 10 月之后
暴发频次	43	27（降低）
暴发平均面积	9.8	12.35（增加）
藻种多样性	20	10（降低）
维持总时间	181	200（增加）

7.4　深圳海域赤潮的灰度预测

7.4.1　灰度预测方法

灰色系统理论以"部分信息已知、部分信息未知"的"小样本""贫信息"不确定型系统为研究对象。在数学发展史上，最早研究的是确定型的微分方程，即在拉普拉斯决定论框架内的数学。他认为，一旦有了描写事物的微分方程及初值，就能确知事物任何时候的运动。随后发展了概率论与数理统计，用随机变量和随机过程来研究事物的状态和运动。模糊数学则研究没有清晰界限的事物，如儿童和少年之间没有确定的年龄界限加以截然划分等，它通过隶属函数来使模糊概念量化，因此能用模糊数学来描述如语言、不精确推理以及若干人文科学。灰色系统理论则认为不确定量是灰数，用灰色数学来处理不确定量，同样能使不确定量予以量化。

灰色系统视不确定量为灰色量。提出了灰色系统建模的具体数学方法，它能利用时间序列来确定微分方程的参数。灰色预测不是把观测到的数据序列视为一个随机过程，而是看作随时间变化的灰色量或灰色过程，通过累加生成和累减生成逐步使灰色量白化，从而建立对应于微分方程解的模型并作出预报，这样对某些大系统和长期预测问题就可以发挥作用。

灰色预测模型只要求较短的观测资料即可，这和时间序列分析、多元分析等概率统计模型要求的较长资料很不一样。因此，对于某些只有少量观测数据的项目来说，灰色预测是一种有用的工具。

7.4.2　研　究　结　果

本书采取的是 GM（1，1）灰度预测模型，灰色系统分析方法是通过鉴别系统因素之间发展趋势的相似或相异程度，即进行关联度分析，并通过对原始数据的生成处理来寻求系统变动的规律。生成数据序列有较强的规律性，可以用它来建立相应的微分方程模型，从而预测事物未来的发展趋势和未来状态。用等时距观测到的反映预测对象特征的一系列数量构造灰色预测模型，预测未来某一时刻的特征量，或者达到某特征量的时间。对深圳近岸海域从 1980 年起赤潮暴发频次数据进行 GM（1，1）灰度预测，可以看出赤潮未来十年中长期的变化趋势为总体呈现上升趋势（图 7-9）。

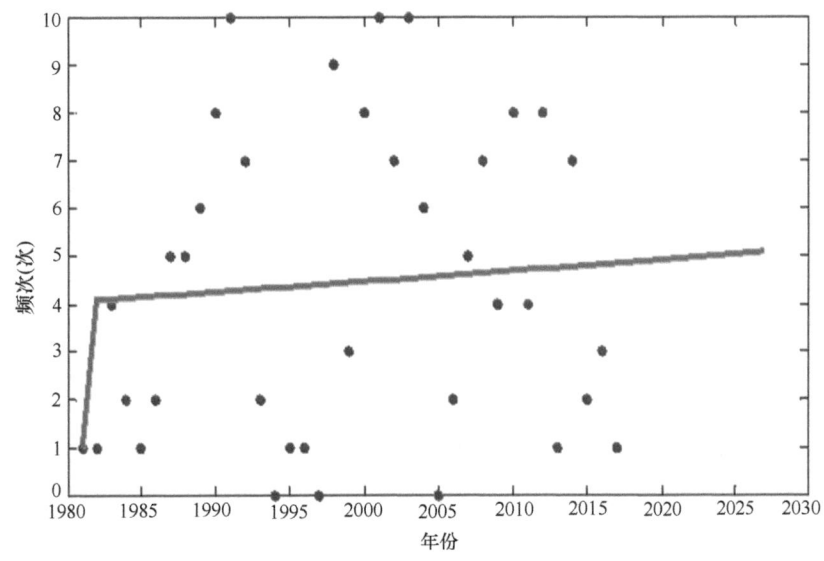

图 7-9　深圳赤潮 GM（1，1）灰度模型预测

7.5　结论与展望

　　赤潮是我国近海，特别是深圳近岸海域多发的一种自然灾害，赤潮的频发给海洋经济、海洋生物以及人类安全带来了巨大的危害。了解赤潮的发生机理，能够对赤潮进行实时的预警、验证以及时空变化监控，其对于赤潮灾害的应急决策至关重要。本书在充分了解国内外研究现状的基础上，基于点（浮标在线数据）、线（现场监测数据）、面（遥感监测数据）多源监测数据，利用大数据方法，在对数据进行插补和重构的基础之上，从时间序列的角度对深圳海域 30 年的赤潮数据进行了挖掘，寻找赤潮的变化规律、发展趋势以及与气候的关联，从而为深圳近岸海域赤潮预警预报决策服务。

　　通过我们的工作，我们建议今后监测中心可开展以下工作。建设以浮标（点）、船舶（线）、无人机载遥感（带）、卫星遥感（面）等各种监测手段为依托的赤潮灾害环境要素、灾情要素的信息采集传输监测系统，以 GIS 技术为依托的赤潮灾害预警预报系统，以模型技术为依托的赤潮灾情评估系统，形成不同类型赤潮灾害的监测预警能力，建立省级赤潮预警预报平台，实现业务化应用，满足示范重大赤潮灾害的应急要求，形成赤潮灾害的短期、中期和长期预警预报能力。建立遥感模型与立体监测平台，开发海洋赤潮预警预报系统。通过将信息发布与海洋经济企业联合，实现海洋立体监测数据及衍生信息的共享、分发服务。建立一套完整的数据服务、价值链，为政府机构、生产企业和公众服务，维持海洋信息服务平台的业务创新与开发，促进深圳市企事业单位的人员协作和优势互补，为公共服务平台以及广东省及国家相关开发海洋战略提供更好的科技支持。

参 考 文 献

包芸, 吕海滨. 2005. 近三十年来磨刀门河口地貌动力数值模拟[C]// 中国海岸工程学术讨论会.

蔡昱明, 宁修仁, 刘子琳, 等. 2002. 珠江口初级生产力和新生产力研究[J]. 海洋学报, 24(3): 101-111.

陈宝红, 杨圣云, 周秋麟. 2001. 试论我国海岸带综合管理中的边界问题[J]. 海洋开发与管理, (5): 27-32.

陈建裕, 潘德炉, 毛志华. 2006.高分辨率海岸带遥感影像中简单地物的最优分割问题[J]. 中国科学: 地球科学, 36(11): 1044.

陈利, 林辉, 孙华. 2014. 基于 WorldView-2 影像的外来物种薇甘菊入侵遥感监测[J]. 浙江农林大学学报, 31(2): 185-189.

陈晓翔, 丁晓英. 2004. 用 FY-1D 数据估算珠江口海域悬浮泥沙含量[J]. 中山大学学报(自然科学版), 43(s1): 194-196.

丛丕福, 牛铮, 曲丽梅, 等. 2005. 基于神经网络和TM图像的大连湾海域悬浮物质量浓度的反演[J]. 海洋科学, (4): 31-35.

丛丕福, 王臣立, 曲丽梅, 等. 2009. 海洋初级生产力的卫星遥感估算模型[J]. 生态环境学报, (3): 1016-1019.

崔秋文, 李建一, 董军, 等. 2005. 印度洋大地震与海啸灾害综述[J]. 山西地震, (3): 42–48.

戴明, 李纯厚, 贾晓平, 等. 2004. 珠江口近海浮游植物生态特征研究[J]. 应用生态学报, 15(8): 1389-1394.

杜聪, 王世新, 周艺, 等. 2009. 利用Hyperion高光谱数据的三波段法反演太湖叶绿素a浓度[J]. 环境科学, 30(10): 2904-2910.

段洪涛, 于磊, 张柏. 2006a. 查干湖富营养化状况高光谱遥感评价研究[J]. 环境科学学报, 26(7): 1219-1226.

段洪涛, 张柏, 宋开山, 等. 2006b. 查干湖透明度高光谱估测模型研究[J]. 干旱区资源与环境, 20(1): 156-160.

范开国, 黄韦艮, 傅斌, 等. 2012. 台湾浅滩浅海水深 SAR 遥感探测实例研究[J]. 地球物理学报, 55(1): 310–316.

房成义. 1996. 划分海岸带管理范围的探讨[J]. 海洋开发与管理, (3): 12-15.

冯家莉, 刘凯, 朱远辉, 等. 2015. 无人机遥感在红树林资源调查中的应用[J]. 热带地理, 35(1): 35-42.

付翔. 2007. 中国近海浮游植物光合作用研究——初级生产力模型计算与活体叶绿素荧光测量[D]. 青岛: 中国科学院海洋研究所博士学位论文.

高占国, 张利权. 2006. 应用间接排序识别盐沼植被的光谱特征: 以崇明东滩为例[J]. 植物生态学报, 30(2): 252-260.

官文江, 何贤强, 潘德炉, 等. 2005. 渤、黄、东海海洋初级生产力的遥感估算[J]. 水产学报, 29(3): 367-372.

贺肖芳, 陈燕, 朱敏, 等. 2016. 盐城海岸带植被覆盖度时空变化及其与土地利用变迁响应研究[J]. 中南林业科技大学学报, 36(2): 101-105.

胡善江, 贺岩, 臧华国, 等. 2006. 新型机载激光测深系统及其飞行实验结果[J]. 中国激光, 33(9): 1163-1167.

洪华生. 丁原江, 洪丽玉, 等. 2003. 我国海岸带生态环境问题及其调控对策[J]. 环境工程学报, 4(1):

89-94.

黄邦钦, 洪华生, 柯林, 等. 2005. 珠江口分粒级叶绿素 a 和初级生产力研究[J]. 海洋学报, 27(6): 180-186.

黄华梅, 张利权. 2007. 上海九段沙互花米草种群动态遥感研究[J]. 植物生态学报, 31(1): 75-82.

黄良民. 1989. 大亚湾叶绿素 a 的分布及其影响因素[J]. 海洋学报, 11(6): 769-779.

黄良民. 1992. 珠江口水域叶绿素 a 和类胡萝卜素的周年分布[J]. 海洋环境科学, (2): 15-20.

黄良民, 钱宏林. 1994. 大鹏湾赤潮多发区的叶绿素 a 分布与环境关系初探[J]. 海洋与湖沼, 25(2): 197-205.

黄小平, 黄良民. 2003. 大鹏湾水动力特征及其生态环境效应[J]. 热带海洋学报, 22(5): 47-54.

贾艳红, 孙莹, 牛博颖, 等. 2010. 基于 RS 和 GIS 的黄海海区海洋初级生产力估算[J]. 淮海工学院学报 (自然科学版), (4): 87-91.

蒋万祥, 赖子尼, 庞世勋, 等. 2010. 珠江口叶绿素 a 时空分布及初级生产力[J]. 生态与农村环境学报, 26(2): 132-136.

李国胜, 王芳, 梁强, 等. 2003. 东海初级生产力遥感反演及其时空演化机制[J]. 地理学报, (4): 483-493.

李海森, 周天, 徐超. 2013. 多波束测深声纳技术研究新进展[J]. 声学技术, 32(2): 73-80.

李恒鹏, 杨桂山. 2001. 长江三角洲与苏北海岸动态类型划分及侵蚀危险度研究[J]. 自然灾害学报, 10(4): 20-25.

李吉方, 李德尚, 张兆琪, 等. 1998. 微量元素对水库初级生产力的影响[J]. 中国海洋大学学报(自然科 学版), (4): 566-572.

李家彪. 1999. 多波束勘测原理技术与方法[M]. 北京: 海洋出版社.

李丽, 江涛, 吕颂辉. 2013. 大亚湾海域夏、秋季分粒级叶绿素 a 分布特征[J]. 海洋环境科学, (2): 185-189.

李蜜. 2011. 南海近岸水域藻类叶绿素 a 浓度遥感反演模型[D]. 北京: 中国地质大学(北京)硕士学位论文.

李茜. 2007. 区域土地生态环境安全评价及生态重建研究[D]. 西安: 陕西师范大学硕士学位论文.

李清泉, 卢艺, 胡水波, 等. 2016. 海岸带地理环境遥感监测综述[J]. 遥感学报, 20(05): 1216-1229.

李铁锋, 徐岳仁, 潘懋, 等. 2007. 基于多期 SPOT-5 影像的降雨型浅层滑坡遥感解译研究[J]. 北京大学 学报(自然科学版), 43(2): 204-210.

李微, 李媛媛, 田彦, 等. 2014. 基于包络线法的滨海滩涂 PLSR 盐分模型研究[J]. 海洋科学进展, 32(4): 501-507.

李小斌, 陈楚群, 施平, 等. 2006. 南海 1998-2002 年初级生产力的遥感估算及其时空演化机制[J]. 热带 海洋学报, 25(3): 57-62.

李云亮, 张运林. 2008. 基于 TM 影像的太湖夏季悬浮物和叶绿素 a 浓度反演[J]. 遥感信息, 8(6): 22-27, 80.

李云亮, 张运林, 李俊生, 等. 2009. 不同方法估算太湖叶绿素 a 浓度对比研究[J]. 环境科学, 30(3): 680-686.

林妍, 韦钰, 韦统. 2017. 广西北部湾海岸带生态安全评价研究[J]. 广西师范大学学报(自然科学版), 34(3): 82-88.

刘大召, 田礼乔, 杨锦坤, 等. 2008. 南海北部海域气溶胶光学厚度研究[J]. 热带气象学报, 24(2): 205-208.

刘华雪, 柯志新, 宋星宇, 等. 2011. 春季季风转换期间孟加拉湾的初级生产力[J]. 生态学报, 31(23): 7007-7012.

刘会玉, 林振山, 齐相贞, 等. 2015. 基于个体的空间显性模型和遥感技术模拟入侵植物扩张机制[J]. 生态学报, 35(23): 7794-7802.

刘锡清. 2006. 中国海洋环境地质学[M]. 北京: 海洋出版社.

刘亚岚, 魏成阶, 武晓波, 等. 2005. 印度洋海啸灾害遥感监测与评估——以印度尼西亚亚齐省为例[J].

遥感学报, 9(4): 494-497.

刘瑶, 江辉. 2018. 基于后向散射系数的鄱阳湖悬浮物浓度反演与垂直分布特征[J]. 生态环境学报, 27(12): 126-132.

柳帅, 林辉, 孙华, 等. 2014. 基于 Pleiades-1 卫星数据薇甘菊信息提取[J]. 中南林业科技大学学报, (11): 116-119.

卢晓宁, 张静怡, 洪佳, 等. 2016. 基于遥感影像的黄河三角洲湿地景观演变及驱动因素分析[J]. 农业工程学报, (S1): 214-223.

马田田, 梁晨, 李晓文, 等. 2015. 围填海活动对中国滨海湿地影响的定量评估[J]. 湿地科学, 13(6): 653-659.

聂鑫, 郭瑞琦, 汪晗, 等. 2018. 基于 GIS/RS 的海岸带生态环境变化研究综述[J]. 海洋湖沼通报, (3): 12-24

宁修仁, 蔡昱明. 2000. 南极研究的现实意义[J]. 今日科技, (6): 40.

潘德炉, 白雁. 2008. 我国海洋水色遥感应用工程技术的新进展[J]. 中国工程科学, (9): 16-26.

潘德炉, 毛天明, 李淑菁, 等. 2000. 卫星遥感监测我国沿海水色环境的研究[J]. 第四纪研究, (3): 240-246.

潘德炉, 毛志华. 2012. 海洋水色遥感机理及反演[M]. 北京: 海洋出版社.

覃志豪, Zhang M H, Karnieli A, 等. 2001. 用陆地卫星 TM6 数据演算地表温度的单窗算法[J]. 地理学报, 68(4): 456-466.

丘耀文, 王肇鼎, 朱良生. 2005. 大亚湾海域营养盐与叶绿素含量的变化趋势及其对生态环境的影响[J]. 应用海洋学学报, 24(2): 131-139.

申家双, 潘时祥. 2002. 沿岸水深测量技术方法的探讨[J]. 海洋测绘, (6): 62-67.

沈国英, 施并章. 2002. 海洋生态学(第二版)[M]. 北京: 科学出版社.

施益强, 温宥越, 肖钟湧, 等. 2015. 基于 MODIS 数据的福建海域近 10 年净初级生产力时空变化研究[J]. 中国海洋大学学报(自然科学版), (9): 61-68.

宋达泉. 1996. 中国海岸带土壤[M]. 北京: 海洋出版社.

隋立春, 张宝印. 2006. Lidar 遥感基本原理及其发展[J]. 测绘科学技术学报, 23(2): 127-129.

孙家柄. 2009. 遥感原理与应用[M]. 武汉: 武汉大学出版社.

汤超莲, 郑兆勇, 游大伟, 等. 2006. 珠江口近 30a 的 SST 变化特征分析[J]. 应用海洋学学报, 25(1): 96-101.

唐军武, 田国良. 1997. 水色光谱分析与多成分反演算法[J]. 遥感学报, (4): 252-256.

唐军武, 田国良, 汪小勇, 等. 2004. 水体光谱测量与分析 I: 水面以上测量法[J]. 遥感学报, 8(1): 37-44.

唐世林, 陈楚群, 詹海刚, 等. 2007. 南海真光层深度的遥感反演[J]. 热带海洋学报, (1): 9-15.

田向平. 1994. 珠江口伶仃洋温度分布特征[J]. 热带海洋, (1): 76-80.

王东晓, 杜岩, 施平. 2001. 冬季南海温跃层通风的证据[J]. 科学通报, 46(9): 758-762.

王李娟, 牛铮, 赵德刚, 等. 2010. 基于 ETM 遥感影像的海岸线提取与验证研究[J]. 遥感技术与应用, (2): 73-77.

王珊珊, 李云梅, 王永波, 等. 2015. 太湖水体叶绿素浓度反演模型适宜性分析[J]. 湖泊科学, 27(1): 150-162.

王小平, 蔡文贵, 林钦, 等. 1996. 大亚湾水域营养盐的分布变化[J]. 海洋湖沼通报, (4): 20-27.

王雨, 林茂, 林更铭, 等. 2012. 大亚湾生态监控区的浮游植物年际变化[J]. 海洋科学, 36(4): 86-94.

王治华. 2007. 中国滑坡遥感及新进展[J]. 国土资源遥感, (4): 7-10, 32, 123.

温礼, 吴海平, 姜方方, 等. 2016. 基于高分辨率遥感影像的围填海图斑遥感监测分类体系和解译标志的建立[J]. 国土资源遥感, 28(1): 172-177.

毋亭, 侯西勇. 2016. 海岸线变化研究综述[J]. 生态学报, 36(4): 1170-1182.

吴成业, 张建林, 黄良民. 2001. 南沙群岛珊瑚礁潟湖及附近海区春季初级生产力[J]. 热带海洋学报, (3): 59-67.

吴涛, 赵冬至, 康建成, 等. 2011. 辽东湾双台子河口湿地翅碱蓬(Suaeda salsa)生物量遥感反演研究[J]. 生态环境学报, 20(1): 24-29.

肖乐斌. 1997. 海岸带的人类活动作用[J]. 地球信息科学学报, (2): 59-60.

解学通, 吴志峰, 王婧, 等. 2016. 结合实测光谱数据的珠江口水质遥感监测[J]. 广州大学学报(自然科学版), 15(4).

邢伟, 王进欣, 王今殊, 等. 2011. 土地覆盖变化对盐城海岸带湿地生态系统服务价值的影响[J]. 水土保持研究, 18(1): 71-76.

徐涵秋. 2016. Landsat 8 热红外数据定标参数的变化及其对地表温度反演的影响[J]. 遥感学报, v.20(2): 77-83.

徐质斌, 牛增福. 2003. 海洋经济学教程[M]. 北京: 经济科学出版社.

许振, 左平, 王俊杰, 等. 2014. 6 个时期盐城滨海湿地植物碳储量变化[J]. 湿地科学, (6): 709-713.

薛熊志. 2015. 杭州湾南岸宁波段土地利用开发强度评价研究[D]. 宁波: 宁波大学硕士学位论文.

阎福礼, 吴亮, 王世新, 等. 2015. 水体表面温度反演研究综述[J]. 地球信息科学学报, 17(8): 969-978.

阎孟冬, 杨国范, 殷飞, 等. 2016. 基于 Landsat 影像的清河水库总悬浮物浓度反演模型研究[J]. 中国农村水利水电, (12): 74-78.

阎喜武. 1997. 虾池浮游植物初级生产力的研究[J]. 水产学报, 21(3): 288-295.

杨东方, 高振会, 孙培艳, 等. 2006. 胶州湾水温和营养盐硅限制初级生产力的时空变化[J]. 海洋科学进展, 24(2): 203-212.

杨留法. 1997. 试论粉砂淤泥质海岸带微地貌类型的划分——以上海市崇明县东部潮滩为例[J]. 上海师范大学学报(自然科学版), 26(3): 72-77.

叶锦昭, 卢如秀. 1990. 大鹏湾的环境水流特征[J]. 逻辑学研究, (4): 7-13.

叶琳, 于福江, 吴玮. 2005. 我国海啸灾害及预警现状与建议[J]. 海洋预报, 22(S1): 147–157.

殷燕, 张运林, 时志强, 等. 2012. 基于 VGPM 模型和 MODIS 数据估算梅梁湾浮游植物初级生产力[J]. 生态学报, (11): 3528-3537.

余成, 陈爽, 张路, 等. 2017. 坦噶尼喀湖东北部入湖河流表层沉积物中磷的形态和分布特征[J]. 湖泊科学, 29(2): 334-342.

于杰, 李永振, 陈丕茂, 等. 2009. 利用 Landsat TM6 数据反演大亚湾海水表层温度[J]. 国土资源遥感, (3): 24-29.

翟国君, 吴太旗, 欧阳永忠, 等. 2012. 机载激光测深技术研究进展[J]. 海洋测绘, 32(2): 67-71.

张安, 孙福军, 贾树海, 等. 2013. GIS 在县域耕地生态环境安全评价中的应用研究——以凌源市为例[J]. 土壤通报, 44(2): 292-295.

张才学, 周凯, 孙省利, 等. 2010. 深圳湾浮游植物的季节变化[J]. 生态环境学报, 19(10): 2445-2451.

张敏. 2017. 嘉兴水域叶绿素 α 和初级生产力的时空分布特征及影响因素[D]. 杭州: 杭州师范大学硕士学位论文.

张明, 蒋雪中, 张俊儒, 等. 2008. 遥感影像海岸线特征提取研究进展[J]. 人民黄河, (6): 7-9.

张婧. 2006. 胶州湾娄山河口退化滨海湿地的生态修复[D]. 青岛: 中国海洋大学硕士学位论文.

张晓祥, 王伟玮, 严长清, 等. 2014. 南宋以来江苏海岸带历史海岸线时空演变研究[J]. 地理科学, (3): 91-98.

张燕, 夏华永, 钱立兵, 等. 2011. 2006 年夏、冬季珠江口附近海域水文特征调查分析[J]. 热带海洋学报, 30(1): 20-28.

张永红, 殷亚秋, 李家国, 等. 2015. 基于高分辨率遥感影象的面向对象水体提取方法研究[J]. 测绘通报. (1): 81-85

张瑜斌, 章洁香, 张才学, 等. 2009. 赤潮多发区深圳湾叶绿素a的时空分布及其影响因素[J]. 生态环境学报, 18(5): 1638-1643.

张宇, 游和远. 2015. 基于 P-S-R 的土地资源生态环境安全评价——以湖北省为例[J]. 生态经济(中文版), 31(8): 125-128.

章莹, 卢剑波. 2010. 外来入侵物种互花米草(Spartina alterniflora)及凤眼莲(Eichhornia crassipes)的遥感监测研究进展[J]. 科技通报, (1): 130-137.

赵焕庭. 1990. 华南海岸带自然资源的开发研究——Ⅰ.资源开发的历史及其经验[J]. 热带海洋学报, (2): 48-55.

赵辉, 张淑平. 2014. 中国近海浮游植物叶绿素、初级生产力时空变化及其影响机制研究进展[J]. 广东海洋大学学报, 34(1): 98-104.

赵建虎, 刘经南. 2008. 多波束测深及图像数据处理[M]. 武汉: 武汉大学出版社.

赵锐, 赵鹏. 2014. 海岸带概念与范围的国际比较及界定研究[J]. 海洋经济, 4(1): 58-64.

赵文, 邢辉, 安立会. 2001. 粒级浮游植物对淡水初级生产力的作用[J]. 大连海洋大学学报, 16(3): 157-162.

赵怡本. 2009. 三都澳海岸带区域经济发展研究[M]. 杭州: 浙江大学出版社.

周旋, 杨晓峰, 吕学珠, 等. 2012. 基于大气辐射传输模型的单通道海表温度反演算法研究[J]. 热带气象学报, 28(5): 743-748.

周媛, 郝艳玲, 刘东伟, 等. 2018. 基于 Landsat 8 影像的黄河口悬浮物质量浓度遥感反演[J]. 海洋学研究, 36(1).

朱艾嘉, 黄良民, 许战洲. 2008. 氮、磷对大亚湾大鹏澳海区浮游植物群落的影响 I.叶绿素 a 与初级生产力[J]. 热带海洋学报, 27(1): 38-45.

宗玮. 2012. 上海海岸带土地利用/覆盖格局变化及驱动机制研究[D]. 上海: 华东师范大学硕士学位论文.

宗玮, 林文鹏, 周云轩, 等. 2011. 基于遥感的上海崇明东滩湿地典型植被净初级生产力估算[J]. 长江流域资源与环境, 20(11): 1355-1360.

左伟, 王桥, 王文杰, 等. 2002. 区域生态安全评价指标与标准研究[J]. 地理学与国土研究, (1): 67-71.

Akramkhanov A, Vlek P L. 2012. The assessment of spatial distribution of soil salinity risk using neural network[J]. Environ mental Monitoring and Assessment, 184(4): 2475-2485.

Akumu C E, Pathirana S, Baban S M, et al. 2010. modeling methane emission from wetlands in north-eastern NSW, Australia using Landsat ETM[J]. Remote Sensing, 2: 1378-1399.

Allan M G, Hamilton D P, Hicks B J, et al. 2011. Landsat remote sensing of chlorophyll a concentrations in central North Island lakes of New Zealand[J]. International Journal of Remote Sensing, 32(7): 2037-2055.

Alparslan E, Aydöner C, Tufekci V, et al. 2007. Water quality assessment at Ömerli Dam using remote sensing techniques[J]. Environmental Monitoring & Assessment, 135(1-3): 391.

Anding D, Kauth R. 1988. Estimation of sea surface temperature from space[J]. Remote Sensing of Environment, 1(4): 217-220.

Anne N J P, Abd-Elrahman A H, Lewis D B. 2014. Modeling soil parameters using hyperspectral image reflectance in subtropical coastal wetlands[J]. International Journal of Applied Earth Observation and Geoinformation, 33: 47-56.

Antoine D, Andre J M, Morel A. 1996. Oceanic primary production 2. Estimation at global scale from satellite(coastal zone color scanner)chlorophyll[J]. Global Biogeochemical Cycles, 10(1): 57-69.

Antoine D, Morel A. 1996. Oceanic primary production. Adaptation of a spectral light-photosynthesis model in view of application to satellite chlorophyll observations[J]. Global Biogeochemical Cycles, 10(1): 43-55.

Amous M O, Green D R. 2011. GIS and remote sensing as tools for conducting geo-hazards risk assessment along Gulf of Aqaba coastal zone, Egypt[J]. Journal of Coastal Conservation, 15(4): 457-475.

Aurin D A, Dierssen H M. 2012. Advantages and limitations of ocean color remote sensing in CDOM-dominated, mineral-rich coastal and estuarine waters[J]. Remote Sensing of Environment,

125(10): 181-197.

Bailey S W, Franz B A, Werdell P J. 2010. Estimation of near-infrared water-leaving reflectance for satellite ocean color data processing[J]. Optics Express, 18(7): 7521-7527.

Behrenfeld M J, Falkowski P G. 1997. Photosynthetic rates derived from satellite-based chlorophyll concentration[J]. Limnology & Oceanography, 42(1): 1-20.

Behrenfeld M J, Maranon E, Siegel D A. 2002. Photoacclimation and nutrient-basedmodel of light-saturated photosynthesis for quantifying oceanic primary production[J]. marine Ecology Progress Series, 228: 103-117.

Bi W H, Zhang Q. 2010. Design of oil spill detection system based on near-infrared optical sensing technology[J]. Instrument Techniques and Sensor, (9): 43-49.

Bourgeau-Chavez L L, Kowalski K P, Carlson Mazur M L. 2013. Mapping invasive Phragmites australis in the coastal Great Lakes with ALOS PALSAR satellite imagery for decision support[J]. Journal of Great Lakes Research, 39: 65-77.

Brando V E, Dekker A G. 2003. Satellite hyperspectral remote sensing for estimating estuarine and coastal water quality[J]. IEEE Transactions on Geoscience Remote Sensing, 41: 1378-1387.

Breber P, Povilanskas R, Armaitienė A. 2008. Recent evolution of fishery and land reclamation in Curonian and Lesina lagoons[J]. Hydrobiologia, 611: 105-114.

Bunn A G, Urban D L, Keitt T H. 2000. Landscape connectivity: a conservation application of graph theory[J]. Journal of Environmental Management, 59: 265-278.

Burt J A. 2014. The environmental costs of coastal urbanization in the Arabian Gulf[J]. City, 18(6): 760-770.

Byrd K B, O'Connell J L, Tommaso S D, et al. 2014. Evaluation of sensor types and environmental controls on mapping biomass of coastal marsh emergent vegetation[J]. Remote Sensing of Environment, 149(149): 166-180.

Cadée G C, Hegeman J. 1974. Primary production of the benthic microflora living on tidal flats in the dutch wadden sea[J]. Netherlands Journal of Sea Research, 8(2-3): 260-291.

Cai F F, Vliet J V, Verburg P H, et al. 2017. Land use change and farmer behavior in reclaimed land in the middle Jiangsu coast, China[J]. Ocean Coast Manag, 137: 107-117.

Cai Y, Zou Y Y, Liang C. 2016. Research on polarization of oil spill and detection[J]. Acta Oceanologica Sinica, 35(3): 84-89.

Campbell G, Phinn S R, Dekker A G, et al. 2011. Remote sensing of water quality in an Australian tropical freshwater impoundment using matrix inversion and MERIS images[J]. Remote Sensing of Environment, 115(9): 2402-2414.

Camps-Valls G, Gómez-Chova L, Muñoz-Marí J, et al. 2006. Retrieval of oceanic chlorophyll concentration with relevance vector machines[J]. Remote Sensing of Environment, 105(1): 23-33.

Carr M E, Friedrichs M A M, Schmeltz M. 2006. A comparison of global estimates of marine primary production from ocean color[J]. Deep-Sea Research Part Ii-Topical Studies in Oceanography, 53(5-7): 741-770.

Celliers L, Moffett T, James N C, et al. 2004. A strategic assessment of recreational use areas for off-road vehicles in the coastal zone of KwaZulu-Natal, South Africa[J]. Ocean Coast Manag, 47: 123-140.

Chadwick J. 2011. Integrated LiDAR and IKONOS multispectral imagery for mapping mangrove distribution and physical properties[J]. International Journal of Remote Sensing, 32(21): 6765-6781.

Chauvin J P, Glaeser E, Ma Y, et al. 2016. What is different about urbanization in rich and poor countries? cities in Brazil, China, India and the United States[J]. Journal of Urban Economics, 3: 17-49.

Chen B, Huang B, Xu B. 2015. Comparison of spatiotemporal fusion models: a review[J]. Remote Sensing, 7(2): 1798-1835.

Chen K J, Zamora N, Babeyko A Y, et al. 2015. Precise positioning of BDS, BDS/GPS: implications for tsunami early warning in South China Sea[J]. Remote Sensing, 7(12): 15955-15968.

Chen K P, Jiao J J. 2008. Metal concentrations and mobility in marine sediment and groundwater in coastal reclamation areas: a case study in Shenzhen, China[J]. Environmental Pullution, 151: 576-584.

Chen K P, Jiao J J, Huang J M, et al. 2007. Multivariate statistical evaluation of trace elements in groundwater in a coastal area in Shenzhen, China[J]. Environmental Pullution, 147: 771-780.

Chen L, Deng R, Jian X. 2009. Study on monitoring offshore platform oil spill based on aisa-airbore hyperspectral image taking the zhujiang river estuary as an example[J]. Transactions of Oceanology and Limnology, (1): 179-184.

Chen W W, Chang H K. 2009. Estimation of shoreline position and change from satellite images considering tidal variation[J]. Estuarine Coastal and Shelf Science, 84(1): 54-60.

Chen X, Lu J, Cui T, et al. 2010. Coupling remote sensing retrieval with numerical simulation for SPM study-Taking Bohai Sea in China as a case[J]. International Journal of Applied Earth Observation and Geoinformation, 12(suppl. 2): 203-211.

Chen Z L, Liu P F, Xu S Y, et al. 2001. Spatial distribution and accumulation of heavy metals in tidal flat sediments of Shanghai coastal zone[J]. Sci China(Series B), S1: 197-208.

Cheng C, Wei Y, Xu J, et al. 2013. Remote sensing estimation of Chlorophyll a and suspended sediment concentration in turbid water based on spectral separation[J]. Optik - International Journal for Light and Electron Optics, 124(24): 6815-6819.

Cheng S, Kuang C, Wang J, et al. 2002. Water color remote sensingmodel[J]. Journal of Tsinghua University, 42(8): 1027-1031.

Cheng Y C, Li X F, Xu Q. 2011. SAR observation and model tracking of an oil spill event in coastal waters[J]. Marine Pollution Bulletin, 62(2): 350-363.

Cherukuru N, Ford P W, Matear R J, et al. 2016. Estimating dissolved organic carbon concentration in turbid coastal waters using optical remote sensing observations[J]. International Journal of Applied Earth Observation and Geoinformation, 52: 149-154.

Concha J A, Schott J R. 2016. Retrieval of color producing agents in Case 2 waters using Landsat 8[J]. Remote Sensing of Environment, 185: 95-107.

Corresponding H S, Gerth M, Ohde T, et al. 2005. Ocean colour remote sensing relevant water constituents and optical properties of the Baltic Sea[J]. International Journal of Remote Sensing, 26(2): 315-330.

Crawford T W. 2007. Where does the coast sprawl the most? Trajectories of residential development and sprawl in coastal North Carolina, 1971-2000[J]. Landscape and Urban Planning, 83: 294-307.

Dall'Olmo G. 2012. Towards a unified approach for remote estimation of chlorophyll-a in both terrestrial vegetation and turbid productive waters[J]. Geophysical Research Letters, 30(18): 1938.

Dall'Olmo G, Gitelson A A, Rundquist D C, et al. 2005. Assessing the potential of SeaWiFS and MODIS for estimating chlorophyll concentration in turbid productive waters using red and near-infrared bands[J]. Remote Sensing of Environment, 96(2): 176-187.

Darmawan S, Takeuchi W, Vetrita Y, et al. 2015. Impact of Topography and Tidal Height on ALOS PALSAR Polarimetric Measurements to Estimate Aboveground Biomass of Mangrove Forest in Indonesia[J]. Journal of Sensors: 1-13.

Dasgupta S, Singh R P, Kafatos M. 2009. Comparison of global chlorophyll concentrations using MODIS data[J]. Advances in Space Research, 43(7): 1090-1100.

Davranche A, Lefebvre G, Poulin B. 2010. Wetland monitoring using classification trees and SPOT-5 seasonal time series[J]. Remote Sensing of Environment, 114(3): 552-562.

Deng L, Liu G H, Zhang H M, et al. 2015. Levels and assessment of organotin contamination at Futian Mangrove Wetland in Shenzhen, China[J]. Regional Studies in Marine Science, 1: 18-24.

Denner K, Phillips M R, Jenkins R E, et al. 2015. A coastal vulnerability and environmental risk assessment of Loughor Estuary, South Wales[J]. Ocean Coast Management, 116: 478-490.

Di X H, Hou X Y, Wu L. 2014. Land use classification system for China's coastal zone based on remote sensing[J]. Resources Science, 36(3): 463-472.

Dolan R, Hayden B P, May P, et al. 1980. Reliability of shoreline change measurements from aerial photographs[J]. Shore & Beach, 48(4): 22-29.

Dong C, Loy C C, He K. 2016. Image super-resolution using deep convolutional networks[J]. IEEE Transactions on Pattern Analysis and Machine Intelligence, 38(2): 295-307.

Dörnhöfer K, Scholze J, Stelzer K, et al. 2018. Water colour analysis of lake kummerow using time series of remote sensing and in situ data[J]. Pfg-Journal of Photogrammetry, Remote Sensing\s &\ Sgeo-Information Science, (6): 1-18.

Emelyanova I V, McVicar T R, Van Niel T G, et al. 2013. Assessing the accuracy of blending Landsat-MODIS surface reflectances in two landscapes with contrasting spatial and temporal dynamics: a framework for algorithm selection[J]. Remote Sensing of Environment, 133: 193-209.

Eppley R W. 1992. Chlorophyll, photosynthesis and new production in the Southern California Bight[J]. Progress in Oceanography, 30(1-4): 0-150.

Esaias W E, Abbott M R, Barton I, et al. 1998. An overview of MODIS capabilities for ocean science observations[J]. IEEE Transactions on Geoscience and Remote Sensing, 36(4): 1250-1265.

Fan K G, Huang W G, Fu B. 2012. SAR shallow water bathymetry surveys: a case study in Taiwan Shoal[J]. Chinese Journal of Geophysics-Chinese Edition, 55(1): 310-316.

Farifteh J, Van der Meer F, Atzberger C. 2007. Quantitative analysis of salt-affected soil reflectance spectra: a comparison of two adaptive methods(PLSR and ANN)[J]. Remote Sensing of Environment, 110(1): 59-78.

Feng X, Su F Z, Wang W X, et al. 2016. Study on land use changes of Shenzhen bay and Danang Bay for 30 years[J]. J Geo-Information Science, 18: 1276-1286.

Fernandez-Beltran R, Latorre-Carmona P, Pla F. 2016. Single-frame super-resolution in remote sensing: a practical overview[J]. International Journal of Remote Sensing, 38(1): 314-354.

Fernandez-Diaz J C, Glennie C L, Carter W E. 2014. Early results of simultaneous terrain and shallow water bathymetry mapping using a single-wavelength airborne LiDAR sensor[J]. IEEE Journal of Selected Topics in Applied Earth Observations and Remote Sensing, 7(2): 623-635.

Fisher J I, Mustard J F. 2004. High spatial resolution sea surface climatology from Landsat thermal infrared data[J]. Remote Sensing of Environment, 90(3): 293-307.

Franz B A, Bailey S W, Kuring N, et al. 2014. Ocean color measurements from Landsat-8 OLI using SeaDAS[J]. Proc Ocean Optics, (October), 26-31.

Franz B A, Bailey S W, Kuring N, et al. 2015. Ocean color measurements with the Operational Land Imager on Landsat-8: implementation and evaluation in SeaDAS[J]. Journal of Applied Remote Sensing, 9(1): 96070.

Gao F, Anderson M C, Zhang X, et al. 2017. Toward mapping crop progress at field scales through fusion of Landsat and MODIS imagery[J]. Remote Sensing of Environment, 188: 9-25.

Gao F, Kustas W P, Anderson M C. 2012. A data mining approach for sharpening thermal satellite imagery over land[J]. Remote Sensing, 4(11): 3287-3319.

Gao F, Masek J, Schwaller M, et al. 2006. On the blending of the landsat and MODIS surface reflectance: predicting daily Landsat surface reflectance[J]. IEEE Transactions on Geoscience and Remote Sensing, 44(8): 2207-2218.

Gao X, Chen C T A. 2012. Heavy metal pollution status in surface sediments of the coastal Bohai Bay[J]. Water Research, 46(6): 1901-1911.

Gao Z G, Zhang L Q. 2006. Identification of the spectral characteristics of salt marsh vegetation using indirect ordination: a case study from chongming dongtan, shanghai[J]. Acta Phytoecologica Sinica, 30(2): 252-260.

Gautam A P, Webb E L, Shivakoti G P, et al. 2003. Land use dynamics and landscape change pattern in amountain watershed in Nepal[J]. Agriculture Ecosystems Environment, 99: 83-96.

Gillespie A, Yu Q, Lobo A. 2011. Assessing the effectiveness of high resolution satellite imagery for vegetation mapping in small islands protected areas[J]. Journal of Coastal Research, 1663-1667.

Gong G C, Liu G J. 2003. An empirical primary production model for the East China Sea[J]. Continental Shelf Research, 23(2): 213-224.

Goodwin B J. 2003. Is landscape CONNECTivity a dependent or independent variable[J]? Landscape Ecology, 18: 687-699.

Gordon H R, Franz B A. 2008. Remote sensing of ocean color: assessment of the water-leaving radiance bidirectional effects on the atmospheric diffuse transmittance for SeaWiFS and MODIS intercom-parisons[J]. Remote Sensing of Environment, 112(5): 2677-2685.

Gordon H R, Wang M H. 1994. Retrieval of water-leaving radiance and aerosol optical-thickness over the oceans with seawifs-a preliminary algorithm[J]. Applied Optics, 33(3): 443-452.

Guan W J, He X Q, Pan D. 2005. Estimation of ocean primary production by remote sensing in Bohai Sea, Yellow Sea and East China Sea[J]. Journal of Fisheries of China, 29(3): 367-372.

Guan Y J, Zhang L Q. 2008. Application of inter-tidal wetlands classified by image fusion technique[J]. Marine Environmental Science, 27(6): 647-652.

Guerschman J P, Paruelo J M, Dibella C, et al. 2003. Land cover classification in the Argentine Pampas using multi-temporal Landsat TM data[J]. International Journal of Remote Sensing, 24: 3381-3402.

Guo W, Li S, Zhu D. 2011. Modern geomorphological environment research during rapid urbanization in Shenzhen east coastal zone[J]. Journal of Geographical Science, 21: 372-384.

Guo W, Li S H, Zhu D K. 2007. Geomorphological environment and sustainable development of Shenzhen East coastal zone[J]. Acta Geographica Sinica, 62: 377-386.

Haboudane D, Miller J R, Tremblay N, et al. 2002. Integrated narrow-band vegetation indices for prediction of crop chlorophyll content for application to precision agriculture[J]. Remote Sensing Environment, 81: 416-426.

Hadjimitsis D G, Marinos H, Toulios L. 2006. Satellite remote sensing for water quality assessment and monitoring-an overview on current concepts, deficits and future tasks[J]. Proceedings of the 2nd WSEAS International Conference on Remote Sensing, Tenerife, Canary Islands, Spain, December 16-18.

Hargis C D, Bissonette J A, David J L. 1998. The behavior of landscape metrics commonly used in the study of habitat fragmentation[J]. Landscape Ecology, 13: 167-186.

He Q, Bertness M D, Bruno J F, et al. 2014. Economic development and coastal ecosystem change in China[J]. Science Reports, 4: 5995.

He X F, Chen Y, Zhu M. 2016. Study on spatial and temporal vegetation coverage change of Yancheng coastal and response to its land-use dynamic change[J]. Journal of Central South University of Forestry & Technology, 36(2): 101-105.

Held A, Ticehurst C, Lymburner L. 2003. High resolution mapping of tropical mangrove ecosystems using hyperspectral and radar remote sensing[J]. International Journal of Remote Sensing, 24(13): 2739-2759.

Heumann B W. 2011. An object-based classification of mangroves using a hybrid decision tree-support vector machine approach[J]. Remote Sensing, 3(11): 2440-2460.

Hieronymi M, Krasemann H, Müller D, et al. 2016. Ocean Colour Remote Sensing of Extreme Case-2 Waters[C]. Living Planet Symposium.

Hilker T, Wulder M A, Coops N C, et al. 2009. A new data fusion model for high spatial- and temporal-resolutionmapping of forest disturbance based on Landsat and MODIS[J]. Remote Sensing of Environment, 113(8): 1613-1627.

Hou X Y, Xu X L. 2011. Spatial patterns of land use in coastal zones of China in the early 21st century[J]. Geographical Research, 30: 1370-1379.

Hu C, Lee Z, Franz B. 2012. Chlorophyll a algorithms for oligotrophic oceans: a novel approach based on three-band reflectance difference[J]. Journal of Geographical Systems, 117: 1-25.

Hu L T, Jiao J J. 2010. modeling the influences of land reclamation on groundwater systems: a case study in Shekou peninsula, Shenzhen, China[J]. Engineering Geology, 114: 144-153.

Hu S J, He Y, Zang H G. 2006. A new airborne laser bathymetry system and survey result[J]. Chinese Journal of Lasers, 33(9): 1163-1167.

Huang B, Zhang H. 2014. Spatio-temporal reflectance fusion via unmixing: accounting for both phenological and land-cover changes[J]. International Journal of Remote Sensing, 35(16): 6213-6233.

Huang C, Li Y, Hao Y, et al. 2014. Assessment of water constituents in highly turbid productive water by optimization bio-optical retrieval model after optical classification[J]. Journal of Hydrology, 519: 1572-1583.

Huang H M, Zhang L Q. 2007. Remote sensing analysis of range expansion of spartina alterniflora at jiuduansha shoals in Shanghai, China[J]. Acta Phytoecologica Sinica, 31(1): 75-82.

Huang J L, Tu Z S, Lin J. 2009. Land-use dynamics and landscape pattern change in a coastal gulf region, southeast China[J]. International Journal of Sustainable Development & World Ecology, 16: 61-66.

Huang J, Huang R, Jiao J J, et al. 2007. Speciation and mobility of heavymetals in mud in coastal reclamation areas in Shenzhen, China[J]. Environment Geology, 53: 221-228.

Huete A, Didan K, Miura T. 2002. Overview of the radiometric and biophysical performance of the MODIS vegetation indices[J]. Remote Sensing of Environment, 83(1-2): 195-213.

Ishizaka J, Kiyosawa H, Ishida K, et al. 1994. Meridional distribution and carbon biomass of autotrophic picoplankton in the Central North Pacific Ocean during Late Northern Summer 1990[J]. Deep Sea Research Part I: Oceanographic Research Papers, 41(11-12): 1745-1766.

Jia M M, Wang Z M, Li L. 2014. Mapping China's mangroves based on an object-oriented classification of Landsat imagery[J]. Wetlands, 34(2): 277-283.

Jiang M, Li Z W, Ding X L. 2011. Modeling minimum and maximum detectable deformation gradients of interferometric SAR measurements[J]. International Journal of Applied Earth Observation and Geoinformation, 13(5): 766-777.

Jiang T J, Niu T, Ying W Y. 2007. Relationships between pollutants discharge and red tide occurrence in Shenzhen eastern coast[J]. Chinese Journal of Applied Ecology, 18: 1102-1106.

Jimenez-Muñoz J C, Sobrino J A. 2003. A generalized single-channel method for retrieving land surface temperature from remote sensing data[J]. Journal of Geophysical Research: Atmospheres(1984-2012), 108(D22): ACL2. 1-ACL2. 9.

Jiménez-Muñoz J C, Sobrino J A, Guanter L, et al. 2005. Fractional vegetation cover estimation from PROBA/CHRIS data: Methods, analysis of angular effects and application to the land surface emissivity retrieval[C]//Proc. 3rd Workshop CHRIS/Proba.

Jimenez-Munoz J C, Sobrino J A, Mattar C, et al. 2014. Temperature and emissivity separation from MSG/SEVIRI data[J]. IEEE Transactions on Geoscience & Remote Sensing, 52(9): 5937-5951.

Jones T G, Coops N C, Sharma T. 2010. Assessing the utility of airborne hyperspectral and LiDAR data for species distribution mapping in the coastal Pacific Northwest, Canada[J]. Remote Sensing of Environment, 114(12): 2841-2852.

Kameda T, Ishizaka J. 2005. Size-fractionated primary production estimated by a two-phytoplankton community model applicable to ocean color remote sensing[J]. Journal of Oceanography, 61(4): 663-672.

Kindlmann P, Burel F. 2008. Connectivitymeasures: a review[J]. Landscape Ecology, 23: 879-890.

Kiselev V, Bulgarelli B, Heege T. 2015. Sensor independent adjacency correction algorithm for coastal and inland water systems[J]. Remote Sensing of Environment, 157: 85-95.

Klemas V. 2010. Tracking Oil Slicks and Predicting their Trajectories Using Remote Sensors and Models: Case Studies of the Sea Princess and Deepwater Horizon Oil Spills[J]. Journal of Coastal Research, 26(5): 789-797.

Klemas V. 2011. Beach profiling and LiDAR bathymetry: an overview with case studies[J]. Journal of Coastal Research, 27(6): 1019-1028.

Klemas V. 2013. Remote sensing of emergent and submerged wetlands: an overview[J]. International Journal of Remote Sensing, 34(18): 6286-6320.

Klemas V V. 2015. Coastal and environmental remote sensing from unmanned aerial vehicles: an overview[J]. Journal of Coastal Research, 31(5): 1260-1267.

Kozai K, Ishida H, Okamoto K, et al. 2006. Feasibility study of ocean color remote sensing for detecting ballast water[J]. Advances in Space Research, 37(4): 787-792.

Kuleli T, Guneroglu A, Karsli F, et al. 2011. Automatic detection of shoreline change on coastal Ramsar wetlands of Turkey[J]. Ocean Engineering, 38: 1141-1149.

Kumar V, Sharma A, Chawla A, et al. 2016. Water quality assessment of river Beas, India, using multivariate and remote sensing techniques. [J]. Environmental Monitoring & Assessment, 188(3): 1-10.

Laba M, Downs R, Smith S. 2008. Mapping invasive wetland plants in the Hudson river national estuarine research reserve using quickbird satellite imagery[J]. Remote Sensing of Environment, 112(1): 286-300.

Lammoglia T, de Souza Filho C Roberto. 2011. Spectroscopic characterization of oils yielded from Brazilian offshore basins: potential applications of remote sensing[J]. Remote Sensing of Environment, 115(10): 2525-2535.

Lausch A, Herzog F. 2002. Applicability of landscape metrics for the monitoring of landscape change: issues of scale, resolution and interpretability[J]. Ecological Indicators, 2: 3-15.

Le C, Li Y, Zha Y, et al. 2009. A four-band semi-analytical model for estimating chlorophyll a in highly turbid lakes: the case of Taihu Lake, China[J]. Remote Sensing of Environment, 113(6): 1175-1182.

Lee S Y, Rjk D, Young R A, et al. 2006. Impact of urbanization on coastal wetland structure and function[J]. Austral Ecology, 31: 149-164.

Lee Z P, Carder K L, Arnone R A. 2002. Deriving inherent optical properties from water color: a multiband quasi-analytical algorithm for optically deep waters[J]. Applied Optics, 41(27): 5755-5772.

Lee Z P, Hu C M, Arnone R. 2012. Impact of sub-pixel variations on ocean color remote sensing products[J]. Optics Express, 20(19): 20844-20854.

Lee Z P, Hu C M, Casey B, et al. 2010. Global shallow—water bathymetry from satellite ocean colordata[J]. Eos Transactions American Geophysical Union, 91(46): 429-430.

Leifer I, Lehr W J, Simecek B D. 2012. State of the art satellite and airborne marine oil spill remote sensing: application to the BP Deepwater Horizon oil spill[J]. Remote Sensing of Environment, 124: 185-209.

Li C, Hui L, Hua S. 2014. Remote sensing of a Mikania micrantha invasion in alien species with WordView-2 images[J]. Journal of Zhejiang A&F University, 31(2): 185-189.

Li H S, Zhou T, Xu C. 2013. New developments on the technology ofmulti-beam bathymetric sonar[J]. Technical Acoustics, 32(2): 73-80.

Li J G, Pu L J, Zhu M, et al. 2014a. Evolution of soil properties following reclamation in coastal areas: a review[J]. Geoderma , 226-227, 130-139.

Li W, Li Y Y, Tian Y. 2014. Study on the PLSR salt content model of coastal shoals based on enveloping line method[J]. Advances inmarine Science, 32(4): 501-507.

Li W, Wu H P, Jiang F F. 2016. Establishment of remote sensing monitoring classification system and interpretation criteria for the reclamation area based on the high-resolution remote sensing image[J]. Remote Sensing for Land & Resources, 28(1): 172-177.

Li Y F, Shi Y L, Zhu X D, et al. 2014. Coastal wetland loss and environmental change due to rapid urban expansion in Lianyungang, Jiangsu, China[J]. Regional Environmental Change, 14: 1175-1188.

Liao M S, Tang J, Wang T. 2012. Landslide monitoring with high-resolution SAR data in the Three Gorges region[J]. Science China-Earth Sciences, 55(4): 590-601.

Lie H J, Cho C H. 1994. On the origin of the tsushima warm current[J]. Journal of Geophysical Research-Oceans, 99(C12): 25081-25091.

Liedtke J L. 1987. Discrimination of Suspended Sediment Concentrations Using Multispectral Remote Sensing Techniques[D]. Vancouver: Simon Fraser University.

Lin X. 2016. New Patterns of Global Governance and China's Strategy of Free Trade Zone[M]. New York: Springer.

Lipa B, Barrick D, Saitoh S I. 2011. Japan tsunami current flows observed by HF radars on two continents[J]. Remote Sensing, 3(8): 1663-1679.

Liu C C, Miller R L, Carder K L, et al. 2006. Estimating the underwater light field from remote sensing of ocean color[J]. Journal of Oceanography, 62(3): 235-248.

Liu D, Zou Z. 2012. Water quality evaluation based on improved fuzzy matter-elementmethod[J]. Journal of Environmental Sciences, 24(7): 1210-1216.

Liu H X, Huang L M, Song X Y, et al. 2012. Using primary productivity as an index of coastal eutrophication: a case study in Daya Bay[J]. Water and Environment Journal, 26(2): 235-240.

Liu H Y, Lin Z S, Qi X Z. 2015. The dispersal mechanism of invasive plants based on a spatially explicit individual-based model and Remote sensing technology: a case study of Spartina alterniflora[J]. Acta Ecologica Sinica, 35(23): 7794-7802.

Liu P, Li Z H, Hoey T. 2013. Using advanced InSAR time series techniques tomonitor landslide movements in Badong of the Three Gorges region, China[J]. International Journal of Applied Earth Observation and Geoinformation, 21: 253-264.

Liu Y L, Wei C J, Wu X B. 2005. Monitoring and assessment for the tsunami disaster of Indian ocean by remote sensing: a case study in aceh province of indonesia[J]. Journal of Remote Sensing, 9(4): 494-497.

Liu Z S. 1990. Estimate of maximum penetration depth of lidar in coastal water of the China Sea[C]// Proceedings of SPIE 1302, Ocean Optics X. Orlando, FL, United States: SPIE: 655–661 [DOI: 10.1117/12.21476]

Lodhi M A, Rundquist D C, Han L, et al. 1998. Estimation of suspended sediment concentration in water using integrated surface reflectance[J]. Geocarto International, 13(2): 11-15.

Longhurst A, Sathyendranath S, Platt T, et al. 1995. An estimate of global primary production in the ocean from satellite radiometer data[J]. Journal of Plankton Research, 17(6): 1245-1271.

Lorenzen C J. 1970. Surface chlorophyll as an index of the depth, chlorophyll content, and primary productivity of the euphotic layer[J]. Limnology & Oceanography, 15(3): 479-480.

Louis I. 1990. Amycorrhizal survey of plant species colonizing coastal reclaimed land in Singapore[J]. Mycologia, 82: 772-778.

Lu Y, Qin X S. 2014. A coupled K-nearest neighbour and Bayesian neural network model for daily rainfall downscaling[J]. International Journal of Climatology, 34(11): 3221-3236.

Luck M, Wu J. 2002. A gradient analysis of urban landscape pattern: a case study from the Phoenix metropolitan region, Arizona, USA[J]. Landscape Ecology, 17: 327-339.

Lucke R L, Corson M, McGlothlin N R. 2011. Hyperspectral Imager for the coastal ocean: instrument description and first images[J]. Applied Optics, 50(11): 1501-1516.

Ma J W, Wu X Q, Zhou D, et al. 2012. Scenario simulation of urban spatial expansion and its ecological risks assessment in coastal zones[J]. Resour Science, 34: 185-194.

Ma T T, Liang C, Li X W. 2015. Quantitative assessment of impacts of reclamation activities on coastal wetlands in China[J]. Wetland Science, 13(6): 653-659.

Ma W D, Zhang Y Z, Shi P, et al. 2008. Review of research on land use and land cover change in coastal zone[J]. Progress in Geography, 27(5): 87-94.

Maina J, Jones K, Hicks C, et al. 2015. Designing climate-resilient marine protected area networks by combining remotely sensed coral reef habitat with coastal multi-use maps[J]. Remote Sensing, 7(7): 16571-16587.

Mao Z H, Zhu Q K, Pan D L. 2003. A temperature error control technology for an operational satellite application system[J]. Acta Oceanologica Sinica, 25(5): 49-57.

Mars J C, Houseknecht D W. 2007. Quantitative remote sensing study indicates doubling of coastal erosion rate in past 50 yr along a segment of the Arctic coast of Alaska[J]. Geology, 35: 583-586.

Martin S. 2014. An Introduction to Ocean Remote Sensing, 2th edition[M]. New York: Cambridge University Press.

Matthews M W. 2011. A current review of empirical procedures of remote sensing in inland and near-coastal transitional waters[J]. International Journal of Remote Sensing, 32(21): 6855-6899.

McCarthy M J, Halls J N. 2014. Habitat mapping and change assessment of coastal environments: an examination of WorldView-2, QuickBird, and IKONOS satellite imagery and airborne LiDAR for mapping barrier island habitats[J]. Isprs International Journal of Geo-Information, 3(1): 297-325.

McClain C R. 2009. A decade of satellite ocean[J]. Annual Review of marine Science, 1: 19-42.

McFeeters S K. 1996. The use of the normalized difference water index(NDWI)in the delineation of open water features[J]. International Journal of Remote Sensing, 17(7): 1425-1432.

Mélin F, Zibordi G. 2006. Development and validation of an optically-based technique for merging water leaving radiances from ocean colour remote sensing[C]// Cospar Scientific Assembly.

Mertes L A K, Smith M O, Adams J B. 1993. Estimating suspended sediment concentrations in surface waters of the Amazon River wetlands from Landsat images[J]. Remote Sensing of Environment, 43(3): 281-301.

Ming X. 2012. A new water quality assessment method based on BP neural network[C]// World Automation Congress.

Miskin J, MacKay D C. 2000. Advances in Independent Component Analysis[M]. New York: Springer.

Mizuochi H, Hiyama T, Ohta T, et al. 2017. Development and evaluation of a lookup-table-based approach to data fusion for seasonal wetlands monitoring: an integrated use of AMSR series, MODIS, and Landsat[J]. Remote Sensing of Environment, 199(8): 370-388.

Morel A. 1991. Light and marine photosynthesis—a spectral model with geochemical and climatological implications[J]. Progress in Oceanography, 26(3): 263-306.

Morel A, Berthon J F. 1989. Surface pigments, algal biomass profiles, and potential production of the euphotic layer - relationships reinvestigated in view of remote-sensing applications[J]. Limnology and Oceanography, 34(8): 1545-1562.

Morel A, Huot Y, Gentili B, et al. 2007. Examining the consistency of products derived from various ocean color sensors in open ocean(Case 1)waters in the perspective of amulti-sensor approach[J]. Remote Sensing of Environment, 111(1): 69-88.

Morel A, Maritorena S. 2001. Bio-optical properties of oceanic waters: a reappraisal[J]. Journal of Geophysical Research, 106: 7163-7180.

Mori N, Takemi T. 2016. Impact assessment of coastal hazards due to future changes of tropical cyclones in the North Pacific Ocean[J]. Weather Climate Extremes, 11: 53-69.

Motagh M, Wetzel H U, Roessner S, et al. 2013. A TerraSAR-X InSAR study of landslides in southern Kyrgyzstan, Central Asia[J]. Remote Sensing Letters, 4(7): 657-666.

Mouw C B, Greb St, Aurin D. 2015. Aquatic color radiometry remote sensing of coastal and inland waters: challenges and recommendations for future satellite missions[J]. Remote Sensing of Environment, 160: 15-30.

Mulder E F J, Bruchem A J, Claessen F A M, et al. 1994. Environmental impact assessment on land reclamation projects in the Netherlands: a case history[J]. Engineering Geology, 37: 15-23.

Munné A, Prat N. 2009. Use of macroinvertebrate-based multimetric indices for water quality evaluation in Spanish Mediterranean rivers: an intercalibration approach with the IBMWP index[J]. Hydrobiologia, 628(1): 203-225.

Murthy R C, Rao Y R, Inamdar A B. 2001. Integrated coastal management of Mumbai metropolitan region[J]. Ocean Coastal Management, 44: 355-369.

Myhre B E, Shih S F, Still D A. 1992. Using remote sensing and geographical information system in water-quality assessment[J]. Proceedings, 51: 34-38.

NASA Goddard Space Flight Center, Ocean Ecology Laboratory, O. B. P. G. 2014. moderate-resolution Imaging Spectroradiometer(MODIS)Aqua Ocean Color Data; 2014 Reprocessing. NASA OB. DAAC, Greenbelt, MD, USA.

Naumann J C, Anderson J E, Young D R. 2008. Linking physiological responses, chlorophyll fluorescence and hyperspectral imagery to detect salinity stress using the physiological reflectance index in the coastal shrub, Myrica cerifera[J]. Remote Sensing of Environment, 112(10): 3865-3875.

Odermatt D, Gitelson A, Brando V E. 2012. Review of constituent retrieval in optically deep and complex waters from satellite imagery[J]. Remote Sensing of Environment, 118: 116-126.

Oliveira S N, Carvalho Junior O A, Trancoso Gomes R A, et al. 2017. Landscape-fragmentation change due to recent agricultural expansion in the Brazilian Savanna, Western Bahia, Brazil[J]. Regional Environmental Change, 17: 411-423.

Olmanson L G, Brezonik P L, Bauerm E. 2015. Remote Sensing for Regional Lake Water Quality Assessment: Capabilities and Limitations of Current and Upcoming Satellite Systems[M]// Advances in Watershed Science and Assessment.

O'Neill R V, Krummel J R, Gardner R H, et al. 1988. Indices of landscape pattern[J]. Landscape Ecology, 1: 153-162.

O'Reilly J E, Maritorena S, Mitchell B G, et al. 1998. Ocean color chlorophyll algorithms for SeaWiFS[J]. Journal of Geophysical Research, 103(C11): 24937-24950.

O'Reilly J E, Maritorena S, O'Brien M C, et al. 2000. SeaWiFS Postlaunch Calibration and Validation Analyses, Part 3[J]. SeaWiFS Postlaunch Technical Report Series, 11: 51.

Pahlevan N, Sarkar S, Franz B A. 2016. Uncertainties in coastal ocean color products: Impacts of spatial sampling[J]. Remote Sensing of Environment, 181: 14-26.

Pahlevan N, Schott J R. 2013. Leveraging EO-1 to evaluate capability of new generation of landsat sensors for coastal/inland water studies[J]. IEEE Journal of Selected Topics in Applied Earth Observations and Remote Sensing, 6(2): 360-374.

Pahlevan N, Schott J R, Franz B A, et al. 2017. Landsat 8 remote sensing reflectance (Rrs) products: evaluations, intercomparisons, and enhancements[J]. Remote Sensing of Environment, 190: 289-301.

Parinet B, Lhote A, Legube B. 2004. Principal component analysis: an appropriate tool for water quality evaluation andmanagement-application to a tropical lake system[J]. Ecological modelling, 178(3): 295-311.

Pavelsky T M, Smith L C. 2009. Remote sensing of suspended sediment concentration, flow velocity, and lake recharge in the Peace-Athabasca Delta, Canada[J]. Water Resources Research, 45(11): 6100-6108.

Pavlićević D. 2015. China, the EU and the one belt, one road strategy[J]. China Brief, 15: 10.

Pearcy W G, Keene D F. 1974. Remote sensing of water color and sea surface temperatures off the Oregon coast[J]. Limnology & Oceanography, 19(4): 573-583.

PEMSEA. 2005. Bohai Sea Environmental Risk Assessment. PEMSEA Technical Report No. 12. Quezon City, Philippines: Partnerships in Environmental Management for the Seas of East Asia(PEMSEA).

Peng B, Tian J, Tian Q J. 2012. Preliminary simulation study of lake water color monitoring oriented satellite remote sensing system: based on hyperion scene[J]. Remote Sensing Information, 27(6): 91-98.

Peng J, Liu Y X, Wu J S, et al. 2015. Linking ecosystem services and landscape patterns to assess urban ecosystem health: a case study in Shenzhen city, China[J]. Landscape Urban Planning, 143: 56-68.

Peng J, Zhao M Y, Guo X N, et al. 2017. Spatial-temporal dynamics and associated driving forces of urban ecological land: a case study in Shenzhen city, China[J]. Habitat International, 60: 81-90.

Pengra B W, Johnston C A, Loveland T R. 2007. Mapping an invasive plant, Phragmites australis, in coastal wetlands using the EO-1 Hyperion hyperspectral sensor[J]. Remote Sensing of Environment, 108(1): 74-81.

Platt T. 1986. Primary production of the ocean water column as a function of surface light-intensity-algorithms for remote-sensing[J]. Deep-Sea Research Part a-Oceanographic Research Papers, 33(2): 149-163.

Platt T, Caverhill C, Sathyendranath S. 1991. Basin-scale estimates of oceanic primary production by remote-sensing-the north-atlantic[J]. Journal of Geophysical Research-Oceans, 96(C8): 15147-15159.

Platt T, Sathyendranath S. 1988. Oceanic primary production-estimation by remote-sensing at local and regional scales[J]. Science, 241(4873): 1613-1620.

Platt T, Sathyendranath S, Caverhill C M. 1988. Ocean primary production and available light - further algorithms for remote-sensing[J]. Deep-Sea Research Part a-Oceanographic Research Papers, 35(6): 855-879.

Qin Z, Karnieli A, Berliner P. 2001. A mono-window algorithm for retrieving land surface temperature from Landsat TM data and its application to the Israel-Egypt border region[J]. International Journal of Remote Sensing, 22(18): 3719-3746.

Redman C L. 1999. Human dimensions of ecosystem studies[J]. Ecosystems, 2: 296-298.

Rempel R S, Kaukinen D, Carr A P. 2012. Patch analyst and patch grid. Ontarioministry of Natural Resources Centre for Northern Forest Ecosystem Research, Thunder Bay, Ontario.

Rozenstein O, Qin Z, Derimian Y, et al. 2014. Derivation of land surface temperature for landsat-8 TIRS using a split window algorithm[J]. Sensors, 14(4): 5768-5780.

Ryther J H, Yentsch C S. 1957. The estimation of phytoplankton production in the ocean from chlorophyll and light data[J]. Limnology and Oceanography, 2(3): 281-286.

Salovaara K J, Thessler S, Malik R N, et al. 2005. Classification of Amazonian primary rain forest vegetation using Landsat ETM+ satellite imagery[J]. Remote Sensing Environment, 97: 39-51.

Sathyendranath S, Longhurst A, Caverhill C M. 1995. Regionally and seasonally differentiated primary production in the North Atlantic[J]. Deep-Sea Research Part I—Oceanographic Research Papers, 42(10): 1773-1802.

Scherner F, Horta P A, De Oliveira E C, et al. 2013. Coastal urbanization leads to remarkable seaweed species loss and community shifts along the SW Atlantic[J]. Marine Pollution Bulletin, 76: 106-115.

Selvaraj G S D. 2002. An approach to differentiate net photosynthetic and other biochemical production and consumption of oxygen in estuarine water bodies and aquaculture systems[J]. Biochimie, 84(9): 849-858.

Shen P, Zhang J. 2011. Remote sensing of suspended sediment water research: principles, methods and progress[J]. Proceedings of SPIE—The International Society for Optical Engineering, 8006(1): 66.

Shi T Z, Chen Y Y, Liu Y Z. 2014b. Visible and near-infrared reflectance spectroscopy-An alternative for monitoring soil contamination by heavy metals[J]. Journal of Hazardous Materials, 265: 166-176.

Shi T Z, Liu H Z, Chen Y Y. 2016. Estimation of arsenic in agricultural soils using hyperspectral vegetation indices of rice[J]. Journal of Hazardous Materials, 308: 243-252.

Shi T Z, Liu H Z, Wang J J. 2014a. Monitoring arsenic contamination in agricultural soils with reflectance spectroscopy of rice plants[J]. Environmental Science & Technology, 48(11): 6264-6272.

Siegel D A, Westberry T K, O'Brien M C. 2001. Bio-optical modeling of primary production on regional scales: the Bermuda BioOptics project[J]. Deep-Sea Research Part Ii-Topical Studies in Oceanography, 48(8/9): 1865-1896.

Singh D. 2011. Generation and evaluation of gross primary productivity using Landsat data through blending with MODIS data[J]. International Journal of Applied Earth Observation and Geoinformation, 13(1): 59-69.

Singleton A, Li Z, Hoey T. 2014. Evaluating sub-pixel offset techniques as an alternative to D-InSAR for monitoring episodic landslide movements in vegetated terrain[J]. Remote Sensing of Environment, 147: 133-144.

Sklair L. 1991. Problems of socialist development: the significance of Shenzhen special economic zone for China's open door development strategy[J]. International Journal of Urban and Regional, 15: 197-215.

Smith R C, Eppley R W, Baker K S. 1982. Correlation of primary production as measured aboard ship in southern-california coastal waters and as estimated from satellite chlorophyll images[J]. Marine Biology, 66(3): 281-288.

Smith W H F, Sandwell D T. 1997. Global sea floor topography from satellite altimetry and ship depth soundings[J]. Science, 277(5334): 1956-1962.

Song X Y, Huang L M, Zhang J L, et al. 2004. Variation of phytoplankton biomass and primary production in Daya Bay during spring and summer[J]. Marine Pollution Bulletin, 49(11-12): 1036-1044.

Štambuk-Giljanović N. 1999. Water quality evaluation by index in Dalmatia[J]. Water Research, 33(16): 3423-3440.

Sui D Z, Zeng H. 2001. modeling the dynamics of landscape structure in Asia's emerging desakota regions: a case study in Shenzhen[J]. Landscape Urban Planning, 53: 37-52.

Sun Q, Zhang L, Ding X. 2015. Slope deformation prior to Zhouqu, China landslide from InSAR time series analysis[J]. Remote Sensing of Environment, 156: 45-57.

Suzuki T. 2003. Economic and geographic backgrounds of land reclamation in Japanese ports[J]. Marine Pollution Bulletin, 47: 226-229.

Syahreza S, Matjafrim Z, Lim H S, et al. 2012. Water quality assessment in Kelantan delta using remote sensing technique[J]. Proceedings of SPIE—The International Society for Optical Engineering, 8542: 85420X-7.

Takeda H, Farsiu S, Milanfar P. 2007. Kernel regression for image processing and reconstruction[J]. IEEE Transactions on Image Processing, 16(2): 349-366.

Tan S C, Shi G Y. 2005. Satellite remote sensing for oceanic primary productivity[J]. Advance in Earth Sciences, 20(8): 863-870.

Tang A, Ji H, Wang B, et al. 2012. A Surface Water Quality Assessment method Based on Combination

Weight[C]// International Conference on Electric Technology & Civil Engineering.

Tang D L, Di B P, Wei G F. 2006. Spatial, seasonal and species variations of harmful algal blooms in the South Yellow Sea and East China Sea[J]. Hydrobiologia, 568: 245-253.

Tang D L, Kawamura H, Lee M A, et al. 2003. Seasonal and spatial distribution of chlorophyll—a concentrations and water conditions in the Gulf of Tonkin, South China Sea[J]. Remote Sensing of Environment, 85(4): 475-483.

Tao W U, Zhao D Z, Kang J C. 2011. Suaeda salsa dynamic remote monitoring and biomass remote sensing inversion in Shuangtaizi River estuary[J]. Ecology and Environmental Sciences, 20(1): 24-29.

Tassan S. 1993. An improved in-water algorithm for the determination of chlorophyll and suspended sediment concentration from the matic mapper data in coastal waters[J]. International Journal of Remote Sensing, 14(6): 1221-1229.

Theile W B. 2006. Tsunami risk site detection in greece based on remote sensing and GIS methods[J]. Science of Tsunami Hazards, 24(1): 35-48.

Thiemann S, Kaufmann H. 2002. Lake water quality monitoring using hyperspectral airborne data—a semiempirical multisensor and multitemporal approach for the Mecklenburg Lake District, Germany[J]. Remote Sensing Environment, 81: 228-237.

Tian B, Wu W T, Yang Z Q, et al. 2016. Drivers, trends, and potential impacts of long-term coastal reclamation in China from 1985 to 2010[J]. Estuar Coast Shelf Science, 170: 83-90.

Tong Z G, Ju F, Chen Y S. 2011. Water quality assessment method of water supply pipe[J]. Environmental Science & Technology, 34(9): S81.

Turner M G. 1989. Landscape ecology: the effect of pattern on process[J]. Annual Review of Ecology and Systemation, 20: 171-197.

Underwood E C, Ustin S L, Ramirez C M. 2007. A comparison of spatial and spectral image resolution for mapping invasive plants in coastal California[J]. Environmental Management, 39(1): 63-83.

UNEP. 2002. Adult Award Winner in 2002: municipal Government of Shenzhen. Global 500 Forum. http: //www.global500.org/index.php/thelaureates/online-directory/item/34-municipal-government-of-shenzhen

Uuemaa E, Mander Ü, Marja R. 2013. Trends in the use of landscape spatial metrics as landscape indicators: a review[J]. Ecology Indication, 28: 100-106.

Van De Ven G P. 1994. man-made lowlands: history of water management and land reclamation in the Netherlands[J]. Agric Water Management, 26: 150-152.

Vignolo A, Pochettino A, Cicerone D. 2006. Water quality assessment using remote sensing techniques: Medrano Creek, Argentina[J]. Journal of Environmental Management, 81(4): 429-433.

Villa P, Boschetti M, Morse J L. 2012. A multitemporal analysis of tsunami impact on coastal vegetation using remote sensing: a case study on Koh Phra Thong Island, Thailand[J]. Natural Hazards, 64(1): 667-689.

Walsh I, Dymond J, Collier R. 1988. Rates of recycling of biogenic components of settling particles in the ocean derived from sediment trap experiments[J]. Deep-Sea Research Part a-Oceanographic Research Papers, 35(1): 43-58.

Wang C S, Li Q Q, Liu Y X. 2015. A comparison of waveform processing algorithms for single-wavelength LiDAR bathymetry[J]. Isprs Journal of Photogrammetry and Remote Sensing, 101: 22-35.

Wang J F, Li L F. 2008. Improving tsunami warning systems with remote sensing and geographical information system input[J]. Risk Analysis, 28(6): 1653-1668.

Wang J J, Lu X X, Liew S C, et al. 2010. Remote sensing of suspended sediment concentrations of large rivers using multi-temporal MODIS images: an example in the middle and Lower Yangtze River, China[J]. International Journal of Remote Sensing, 31(4): 1103-1111.

Wang J, Xu Y, Jia W, et al. 2010. Study on Urbanization Information Rapid Extraction Technique in China Coastal Zone Area Based on Remote Sensing: Case in Yancheng City, Jiangsu Province, China[C]// International Conference on Multimedia Technology.

Wang J, Zhang Y, Yang F, et al. 2015. Spatial and temporal variations of chlorophyll-a concentration from 2009 to 2012 in Poyang Lake, China[J]. Environmental Earth Sciences, 73(8): 4063-4075.

Wang L J, Zheng N, Zhao D G. 2010. The study of coastline extraction and validation using ETM remote sensing image[J]. Remote Sensing Technology and Application, 25(2): 235-239.

Wang Q, Shi W, Atkinson P M, et al. 2015. Downscaling MODIS images with area-to-point regression kriging[J]. Remote Sensing of Environment, 166: 191-204.

Wang Q, Shi W, Atkinson P M. 2016. Spatiotemporal subpixel mapping of time-series images[J]. IEEE Transactions on Geoscience and Remote Sensing, 54(9): 5397-5411.

Wang T, Zhang H S, Lin H. 2016. Textural-spectral feature-based species classification of mangroves in mai po nature reserve from worldview-3 imagery[J]. Remote Sensing, 8(1): 24.

Wang X H, Zou X Q, Yu W J. 2007. Heavy metal contamination in coastal sediments of Wanggang, Jiangsu Province[J]. Journal of Agro-Environment Science, 26(2): 784-789.

Wang X Q, Shi Y F, Wei L. 2014. Wetlands classification and analysis in Fuzhou coastal zone[J]. Journal of Geo-Information Science, 16(5): 833-838.

Wang Z H. 2007. Remote sensing for landslides in china and its recent progress[J]. Remote Sensing for Land & Resources, (4): 7-10, 32, 123.

Wannasiri W, Nagai M, Honda K. 2013. Extraction of mangrove biophysical parameters using airborne LiDAR[J]. Remote Sensing, 5(4): 1787-1808.

Wen L, Xiao Z X, Xiang A X, et al. 2009. Research on inversion methods of chlorophyll concentrations in Bohai Sea[C]// Wri World Congress on Computer Science & Information Engineering. IEEE Computer Society.

Weng Y L, Gong P, Zhu Z L. 2008. Reflectance spectroscopy for the assessment of soil salt content in soils of the Yellow River Delta of China[J]. International Journal of Remote Sensing, 29(19): 5511-5531.

Wentz F J, Gentemann C, Smith D, et al. 2000. Satellite measurements of sea surface temperature through clouds[J]. Science, 288(5467): 847-850.

Werdell P J, Bailey S W. 2005. An improved in-situ bio-optical data set for ocean color algorithm development and satellite data product validation[J]. Remote Sensing of Environment, 98: 122-140.

Williamson A N . 1973. Movement of suspended particle and solute concentrations with inflow and tidal action[J]. Interim Report August 1972- February 1793.

Woodroffe C D. 2002. Coasts: Form, Process and Evolution[M]. Cambridge: Cambridge University Press.

Wu J D, Li N, Li C H. 2008. Change and threats of coastal wetlands in Shenzhen[J]. Marine Environment Science, 27: 278-282.

Wu T, Hou X Y. 2016. Review of research on coastline changes[J]. Acta Ecologica Sinica, 36(4): 1170-1182.

Xing W, Wang J X, Wang J S. 2011. Effects of land cover change on the ecosystem services values in Yancheng coastal wetlands[J]. Research of Soil and Water Conservation, 18(1): 71-76, 81.

Xu Z, Zuo P, Wang J J. 2014. Changes of vegetation carbon storage in yancheng coastal wetlands for six periods[J]. Wetland Science, 12(6): 709-713.

Yamada K, Ishizaka J, Nagata H. 2005. Spatial and temporal variability of satellite primary production in the Japan Sea from 1998 to 2002[J]. Journal of Oceanography, 61(5): 857-869.

Yang H, Gordon H R. 1997. Remote sensing of ocean color: assessment of water-leaving radiance bidirectional effects on atmospheric diffuse transmittance[J]. Applied Optics, 36(30): 7887-7897.

Yang J, Wright J, Huang T S, et al. 2010. Image super-resolution via sparse representation[J]. IEEE Transactions on Image Processing, 19(11): 2861-2873.

Yang X L, Huang L L, Cheng J M, et al. 2008. Dynamic remote-sensing monitoring of wetland resources in the western coast of Shenzhen city[J]. Safety and Environmental Engineering, 15: 38-42.

Ye H B, Chen C Q, Sun Z H, et al. 2015. Estimation of the primary productivity in pearl river estuary using MODIS data[J]. Estuaries & Coasts, 38(2): 506-518.

Ye Y, Jia K. 2015. A water quality assessment method based on sparse autoencoder[C]// IEEE International Conference on Signal Processing.

Yu D Y, Liu Y P, Xun B, et al. 2015. Measuring landscape connectiviting a urban area for biological conservation[J]. Clean-Soil, Air, Water, 43: 605-613.

Yu H B, Mo D W, Wu J S. 2009. Study on the dynamic changes and driving forces based on remote sensing images of land reclamation in Shenzhen[J]. Progress in Geography, 28: 584-590.

Yue L, Shen H, Li J, et al. 2016. Image super-resolution: the techniques, applications, and future[J]. Signal Processing, 128: 389-408.

Zhang B, Zhang L, Xie D, et al. 2016. Application of synthetic NDVI time series blended from landsat and MODIS data for grassland biomass estimation[J]. Remote Sensing, 8(1): 1-21.

Zhang E J, Zhang J J, Zhao X Y, et al. 2008. Study on urban heat island effect in Shenzhen[J]. Journal of Natural Disasters, 17: 19-24.

Zhang H, Huang B. 2013. Support vector regression-based downscaling for intercalibration of multiresolution satellite images[J]. IEEE Transactions on Geoscience and Remote Sensing, 51(3): 1114-1123.

Zhang H K, Huang B, Zhang M, et al. 2015. A generalization of spatial and temporal fusion methods for remotely sensed surface parameters[J]. International Journal of Remote Sensing, 36(17): 4411-4445.

Zhang K Q, Simard M, Ross M. 2008. Airborne laser scanning quantification of disturbances from hurricanes and lightning strikes to mangrove forests in Everglades National Park, USA[J]. Sensors, 8(4): 2262-2292.

Zhang S , Pavelsky T . 2017. Remote Sensing of Lake Ice Phenology in Alaska[C]// Agu Fall Meeting. AGU Fall Meeting Abstracts.

Zhang T, Yang X M, Hu S S, et al. 2013. Extraction of coastline in aquaculture coast from multispectral remote sensing images: object-based region growing integrating edge detection[J]. Remote Sensing, 5: 4470-4487.

Zhang T T, Zeng S L, Gao Y. 2011. Using hyperspectral vegetation indices as a proxy to monitor soil salinity[J]. Ecological Indicators, 11(6): 1552-1562.

Zhang X X, Tang Y J, Yan C Q. 2014. The study of Jiangsu coastal land use/cover change based on series of remote sensing images in the last 30 years[J]. Marine Sciences, 38(9): 90-95.

Zhang Y, Giardino C, Li L. 2017. Water optics and water colour remote sensing[J]. Remote Sensing, 9(8): 818.

Zhang Z L, Wang L. 2007. Driving mechanism of land use/coverage change in southern Laizhou bay[J]. Scientia Geographica Sinica, 27(1): 40-44.

Zhu D K. 2005. Studies on coastal zone environment and planning in Shenzhen area, China[J]. Quaternary Sciences, 25: 45-53.

Zhu G R, Xie Z L, Xu X G, et al. 2016. The landscape change and theory of orderly reclamation sea based on coastal management in rapid industrialization area in Bohai Bay, China[J]. Ocean Coast Management, 133: 128-137.

Zhu X, Chen J, Gao F, et al. 2010. An enhanced spatial and temporal adaptive reflectance fusion model for complex heterogeneous regions[J]. Remote Sensing of Environment, 114(11): 2610-2623.

Zhuang D F, Liu J Y. 1997. Modeling of regional differentiation of land-use degree in China[J]. Chinese Geographical Science, 7: 302-309.

Zinnert J C, Nelson J D, Hoffman A M. 2012. Effects of salinity on physiological responses and the photochemical reflectance index in two co-occurring coastal shrubs[J]. Plant and Soil, 354(1/2): 45-55.

Zong W, Lin W P, Zhou Y X. 2011. Estimation of typical wetland vegetation npp in shanghai chongming dongtan based on remote sensing[J]. Resources and Environment in the Yangtze Basin, 20(11): 1355-1360.

Zou Y R, Liang C, Chen J L. 2011. An optimal parametric analysis of monitormg oil spill based on SAR[J]. Acta Oceanologica Sinica, 33(1): 36-44.

Zurita M R, Clevers J G P W, Schaepman M E. 2008. Unmixing-based landsat TM and MERIS FR data fusion[J]. IEEE Geoscience and Remote Sensing Letters, 5(3): 453-457.

Zurita M R, Kaiser G, Clevers J G P W, et al. 2009. Downscaling time series of MERIS full resolution data to monitor vegetation seasonal dynamics[J]. Remote Sensing of Environment, 113(9): 1874-1885.